低碳经济
理念下的室内设计理论与研究

李 锐／著

吉林教育出版社

图书在版编目（CIP）数据

低碳经济理念下的室内设计理论与研究 / 李锐著
. — 长春：吉林教育出版社，2019.6 （2021.4重印）
ISBN 978-7-5553-7361-2

Ⅰ.①低… Ⅱ.①李… Ⅲ.①室内装饰设计—研究
Ⅳ.①TU238.2

中国版本图书馆 CIP 数据核字（2019）第 142889 号

DITAN JINGJI LINIAN XIA DE SHI NEI SHEJI LILUN YU YANJIU

低碳经济理念下的室内设计理论与研究

著　者　李　锐

责任编辑　王　威　　　　　　　　　　装帧设计　周　凡

出版发行　吉林教育出版社

（长春市同志街1991号　　130021）

印　　刷　三河市元兴印务有限公司

开　　本　787mm×1092mm　1/16

印　　张　16

字　　数　205千字

版　　次　2020年6月第1版

印　　次　2021年4月第2次印刷

定　　价　108.00元

如有印装质量问题，请直接与承印厂联系调换随着全球人口数量的上升和经济规模的不断扩大，全球气候变暖、能源短缺、自然灾害加剧造成的环境问题及其后果引起了人们的重视和反思。在我国城市化进程脚步不断加快的同时，城市的居住环境也随之发生了变化，环境问题亟待解决。因此，在全球低碳经济背景下将低碳理念引入住宅室内设计既是需要也是趋势。室内设计存在很大问题，比如在设计风格上来讲，过多地追求奢华，大多使用贵重金属、磨光石材、高档木材、高级玻璃制品等材料，这些都与室内设计的可持续发展观相违背，甚至会直接导致环境资源的加速枯竭；比如目前的装饰物中多数是人工合成的工业材料，其中包含着大量对人体有害的化学物质，对于人们的伤害可以说是长期的；再比如目前室内设计的风格更新过快，许多不可再生的装饰材料在装修的过程中被丢弃、拆除，这对于不可再生资源是一种极大的浪费，同时也对环境造成了极大的污染。许多装修设计公司、家居家具、涂料等产业都在积极地以低碳环保的理念进行设计。新时代低碳经济理念已经渗透到人们学习生活的方方面面，人们对于低碳环保提出了更高的要求。在室内设计中有效融入低碳经济理念，将会为居住者提供更健康、更舒适、更环保的居住环境。

作者以"低碳经济理念下的室内设计理论与研究"为选题，从不同的方面和角度，上古至今，从国内到国外，对室内设计进行了全面系统的研究和阐述。全书共七章，其中第一章和第二章对绿色低碳发展的理论基础和面临的挑战以及可持续发展做了详细的解读；第三章、第四章、第五章和第六章基于低碳经济理念，对室内设计的基础、原则与应用及其理论与实践进行了探讨；第七章对原生态材料在室内设计中的应用进行了深层次地诠释。

本书循序渐进、由浅入深，力求以准确与科学的文字进行表述，用理性和科学的态度取代感性和随意性。全书力图以完整、详细、重点突出的框架阐述低碳理念下的室内设计的原理和相关知识。

为了使写作严谨、逻辑清晰，为了拓宽研究思路，丰富理论知识与实践表达，作者阅读了很多相关学科的著作与成功案例，并吸取了大量交叉学科的知识。希望本书能够为学习和研究低碳经济与室内设计的学者同仁们提供一些有资可寻的学术信息。当然，至于本书的研究实用价值究竟如何，还有待专家、学者们的检验，如有疏漏之处，还请得到谅解，不吝赐教。

此外，书稿的完成还得益于前辈和同行的研究成果，具体已在参考文献中列出，在此一并表示诚挚的感谢！

作者

2018 年 7 月

CONTENTS 目录

第一章　绿色低碳与可持续发展研究

进入 21 世纪以来，伴随着巨大的能源消耗，中国宏观经济开始进入了新一轮的高增长周期。同时，中国能源发展也获得了显著的成就。但随着能源的大量消耗，资源和环境压力日渐增大。以高能耗、高污染、高排放，牺牲环境为代价的粗放型经济发展方式已不适应未来中国发展，也不利于我国能源的可持续发展。

第一节　低碳经济的内涵解读

一、低碳经济的定义

低碳（Low Carbon）意指较低的排放温室气体（其中以二氧化碳为主）。低碳经济指的是应用技术、制度、转型、开发等创新措施，最大限度地降低诸如煤炭、石油等高碳能源的使用范围，达到节能减排的目的，从而促使温室气体减少排放，最终达成经济、环境相辅相成、造福子孙的一种经济发展形式。这种低碳经济是以低能耗、低污染、低排放为基础的经济模式，也是人类社会继农业文明、工业文明之后的又一次重大的进步。[①]

低碳经济是现今社会经济发展的碳排放量、生态环境代价及社会经济成本最低的经济，是一种能够改善地球生态系统自我调节能力的可持续发展性能很强的经济运转模式。这种经济运行模式下，人类可以提升能源使用率，优化能源构成，实现绿色 GDP 的目标。它的核心就是能源技术的创新、制度的创新和人类生存发展观念的根本性转变。而对于每个国家来说，

---

① 张坤民等.低碳经济论 [M].北京：中国环境科学出版社，2008.

1

倡导低碳经济，无论是个人还是集体都要主动对环境保护负起责任，不惜一切代价完成国家分配下来的节能降耗指标。此外，我们不能一味地追求经济效益，还要主动优化产业结构，提高能源利用率，创新产业链条，这样才能完好地体现出社会主义提倡的生态文明建设。

广义上说，我们目前提倡的低碳经济能够最有效地降低二氧化碳排放量，减慢气候变暖，只有发展低碳经济才能确保人类共同的家园不遭受毁坏。而"低碳经济"的理想其实是充分发展"阳光经济、风能经济、氢能经济、生物质能经济"。

自英国提出低碳经济的概念后，不同学者对低碳经济给予了不同的解释。目前，对于低碳经济尚未形成统一权威的定义，低碳经济的内涵可包括以下内容：低碳经济是以低能耗、低排放、低污染为根本的经济运转模式；其本质就是增长能源效率，建立能源结构。

二、低碳经济的由来

低碳经济概念主要是由于全球气候突然变暖而引发的。伴随世界经济日益增长、人口数量急剧提升、人类贪婪程度无限庞大以及生产方式向着多元化发展，世界气候问题越来越严重，成为人类不可忽视的一个问题。目前，伴随二氧化碳每日排放量的急剧增长，全球气候变暖已成了不争的事实，海平面的上升，一些岛国的消失、大量物种的灭绝、极端的天气等等，已经明显地危害到了人类的生存环境和健康。然而随着经济的发展，能源的需求量在一定时期内仍然呈现着增长的趋势，这也预示着二氧化碳的排放量在未来的一段时间内仍会继续增长。而能源的短缺和环境的污染却成了摆在人类面前最大的矛盾。[1]

因此，很多国家开始走低碳型发展的道路，也就是低碳经济。低碳经济被认定是继工业革命、信息革命之后的又一次重大的社会变革，它明确地要求用尽量少的能源消耗，尽量低的二氧化碳排放来推动人类社会更快更好地发展。换一个说法就是，低碳经济其实是一种低消耗、低污染、低排放的经济模式。

---

[1] 雷鹏.低碳经济发展模式论［M］.上海：上海交通大学出版社，2011.

我们普遍认为，"低碳经济"始终运行在囊括《联合国气候变化框架公约》《京都议定书》在内的国际均认可的一些国际制度框架内，而《联合国气候变化框架公约》《京都协定书》分别于1992年、1997年提出，后者更是在严峻的空气质量条件下由英国首先提出的。2003年2月24日，时任英国首相的布莱尔发表了白皮书《我们能源的未来——创建低碳经济》（DTL2003）。

早期，英国发布了能源白皮书，该书道明了英国计划于2050年之前彻底减少二氧化碳排放量，具体是在1990年的基础上继续削减60%，以此实现一个低碳国家的最终目标。我们在这份白皮书中可以得知：英国政府采取了政府引导、商业激励等方式鼓励市场运用最新的低碳技术，为工业和投资者提供一个明确而稳定的政策框架，从而快速推动经济结构转变。它的宗旨就是解决国际气候谈判中各国的争执，并统一各国的思想认识，着重建设国际气候制度。英国政府期盼着通过这种方式实现发达国家、发展中国家的互相理解，互利共赢。值得兴奋的是，世界经济发展趋势目前已经开始向低碳经济转型。法国、日本、加拿大等几个国家也紧随其后制定了类似的政策。尽管有一定话语权的美国没有表示明确态度，但却提倡世界各国采取先进创新的技术途径解决气候问题，这点是符合全球主旋律的。

三、低碳经济的特征

未来，我国低碳经济的现代产业发展新体系将在传统产业体系这个模板上，以绿色市场为需求、以高端生产要素为基底，不断通过创新、演变而形成。它与传统产业链路在市场、竞争、生产、发展等多个因素上有着本质的区别。

（一）满足绿色化的多样性需求

现代产业链路有一项最明显的特征，那就是要与客户各种需求、竞争对手各种创新相匹配。目前，我国的经济正在日益壮大，国民对环境最基本的需求也开始多元化，对服务内容的需求也不断增长，这就需要我们不断对新的环境需求进行发掘。

（二）服务绿色、创新竞争

经历了长时间的发展历程，中国在产业体系规模化产业速度上飞速提升，同时对经验、资本、知识等高级因素进行了大批量的积攒。此外，传统产品由于经济发展加快，需求量开始逐渐减少，一定程度上限制了产业体系因数量扩张而获得发展的能力。由此，我国为了在市场竞争中拔得头筹，应该及时应用创新平台来确保各家企业足额使用资源，致力于高成效、低成本的绿色创新工作，同时采取形式多样的措施激励各家企业积极参与到绿色创新中来，大力变更自身传统的盈利创收方式，又好又快地实现产业体系发展方式——绿色创新化发展。

（三）以产业链方式组织生产

处在创新竞争条件下的当代，考虑到个别企业在应对市场、创新生产上存在的缺陷，产业体系以产业链路的形式不断对各家企业进行合并，基本实现了企业与企业之间的协作和互赢。以此种形式诞生的创新型链路方式基本满足了目前的需求，它可以实现柔性化生产，达到高效降低成本、高度匹配的绿色化需求。

（四）绿色技术、产品和生产方式驱动产业体系发展

在当今社会普遍开展的绿色创新竞争活动中，产业体系赖以发展的一个关键点就是不断充实绿色技术方面的知识，这是任何一家企业竞争的核心所在，直接决定着各家企业在市场经济条件下的竞争能力。在这种产业体系中，每家企业应当充分结合各自的分工地位，采取创新引进的方法不断学习和享有绿色化知识。而后，再以形式多样的产业链知识共享平台为途径，将这些绿色化知识与其他企业进行分享和协作，实现产业体系最大程度上的发展和互赢。

（五）知识型生产性服务业发展充分

按照广义上的定义，知识型生产服务业是一种能够为生产、研发、经营提供支撑的工作，它不直接涉及研发与生产工作，仅仅提供服务，表现

出投入密集、附加值高的特点。知识型生产服务业囊括了以金融、设计、商务、教育、物流、科技为代表的各项服务。面临着当前以低碳经济为目标的现代产业，为了推动多样性产品择优选取，最终达成绿色化创新的目标，从中获得多品种供给的竞争优势，这些就对生产性服务业提出了新的要求，从而与企业频繁的技术经济联系、降低成本的需求相匹配，最终达成外部协作、外部规模经济协调发展、共同发展的根本目的。

(六) 以差异化的生产要素参与全球价值链

跨国公司提倡的全球一体化价值链其实就是指全球价值链。这条链路可以全面掌控全球生产体系。在全球化经济风起云涌的当今，中国应当结合全国地区差异下的各项生产要素，全力将产品内分工引入全球价值链路，从而通过国内外市场需求，进一步加快绿色现代产业的发展历程。例如，一些具有高端知识、人力资本的地区应当积极开展绿色研发、绿色销售、绿色生产，具有一些中端技术和资本的地区应当从事生产绿色产品零部件，具有一些低端劳动力资源的地区应当做好辅助生产工作。

(七) 形成节能减排型的发展方式

当今社会的经济正在日益壮大，无论是个人还是企业集体都对环境要求有着普遍的需求。然而在中国，我们通过大数据统计发现，以数量增长为典型代表的资源、能源、劳动力及其他生产要素长期消耗巨大，同时衍生出碳排放量始终居高不下的问题，这样的现象将会导致发展不可持续。为了全面做好与市场需求绿色化匹配工作，中国政府应该及时完善以创新型为代表的低能耗、低碳排放的低碳经济，最终实现以节能减排为要求的发展方式。通过这种方式，我国可以真正扭转传统产业高能耗、高碳排放的现状。

第二节　低碳经济发展现状分析

一、低碳经济的理论现状

(一) 国外低碳经济的理论现状

2006 年 10 月 30 日，英国发布了由前世界银行首席经济学家尼古拉斯·斯特恩牵头完成的《气候变化的经济学》(以下简称《斯特恩报告》)，对全球变暖可能造成的经济影响进行了具有里程碑意义的评估。《斯特恩报告》以气候科学为基础，用"成本—效益分析"方法对欧盟提出的全球 2℃升温上限加以论证 (进行学术和方法论阐释)，通过该论证，《斯特恩报告》紧急对全球各国呼吁，恳请采取及时有效的措施尽快开展低碳转型工作。[①]

在《斯特恩报告》中，重点对 3 种观点进行了论证：①倘若全球各国的政府部门在十年内仍然不主动阻止温室效应，气候变化引发的风险差不多就是在一个自然年度内失去了全球 5% ~ 20% 的 GDP。相反，如果各国政府及时采取了行之有效的措施，这个总代价就可以降低 1% 的 GDP；②2050 年前，倘若要达到温室气体浓度维持在 550ppm 左右的总体目标，那么从现在起就必须达到峰值，然后每年按 1% ~ 3% 速率不断下降；③2050 年年底，全球碳排放量必须低于现在水平的 25%，就是说 2050 年之前，全球范围内的发达国家要把排放量尽量减少到 70% 左右，而发展中国家要将碳排放量控制在同期 1990 年的 25% 左右。

在环境与经济脱钩研究方面，Sturluson (2002) 认为，脱钩指标虽然有很多缺点，诸如缺乏与环境容量的自动联系，难以兼顾各国国情以及受环境压力的最初水平和时期选择的影响等，但脱钩研究仍然是非常重要的。联合国经济合作与发展组织 (OECD)(2002) 研究了环境压力与经济增长脱钩指标的国家差别，发现环境与经济脱钩的现象普遍存在于 OECD 国家中并且有进一步脱钩的可能，从而得出结论：在 OECD 国家，环境与经济的冲突，已经得到有效控制，并在继续向好的方面转化。可以预计，在不远

[①] 低碳经济课题组编著. 低碳战争：中国引领低碳世界 [M]. 北京：化学工业出版社，2010.

的将来，环境与经济的冲突，可以得到满意的解决。

塔皮奥（2005）利用"脱钩弹性"（Decoupling Elasticity）的概念，进一步将脱钩指标在原有的初级脱钩（经济增长与资源利用即能源与 GDP 的脱钩）、次级脱钩（自然资源与环境污染即二氧化碳与能源的脱钩）和双重脱钩（同时达到初级脱钩和次级脱钩）的基础上进一步细分为连接、脱钩和负脱钩 3 种状态，再依据不同的弹性值，进一步细分为弱脱钩、强脱钩、弱负脱钩、扩张负脱钩、扩张连接、衰退脱钩与衰退连接等，使得脱钩指标进入新阶段。该指标的优点在于对环境压力指标与经济驱动力指标的各种可能组合给出了合理的定位。

此外，国外许多学者都对本国及世界温室气体排放与经济发展的环境库兹涅茨曲线进行了检验。帕纳尤多（2003）认同格鲁斯曼等人对部分环境污染物（如颗粒物、二氧化硫等）排放总量与经济增长的长期关系呈倒"U"型曲线的论断，并从人们对环境服务的消费倾向角度解释了原因：随着国民收入的提高，产业结构发生了变化，人们的消费结构也随之产生了变化。此时，人们开始关注环境的保护问题，环境服务成为常态，环境恶化的现象逐步减缓乃至消失。

安卡亨（2005）考察了瑞典的情况后指出，1918～1994 年间，二氧化碳、二氧化硫（SO_2）和挥发性有机物（VOC）的排放状况也呈环境库兹涅茨曲线分布。而弗里德尔等人（2003）认为，1960～1999 年间奥地利的二氧化碳排放状况与经济增长呈"N"型而非倒"U"型关系。格拉布等人（2004）认为，在工业化初期，随着人均收入的增加，人均二氧化碳的排放量增高，但是跨越这一阶段以后，人均二氧化碳排放量将在不同水平上趋于饱和。

（二）国内低碳经济的理论现状

自 2003 年 5 月适时提出低碳经济理论以后，大多数中国专家不仅长期致力于研究全球领域内先进的国家从事推动低碳经济的经验，而且还探索中国发展低碳经济的可行性途径、存在的潜力、面临的挑战和机遇、可行性的技术、对于社会经济的影响等方面问题。

1.参考国外发展低碳经济的经验方面

在介绍国外发展低碳经济的经验方面，赵娜、何瑞、王伟 3 人于 2007

年就英国在发展低碳经济进程中的实际举措和获得的收益进行了详细的阐述，对运用的前景进行了展望，同时也对该国低碳可持续性经济发展表示了一定的担忧。姚良军、孙成永又于2008年对意大利推动低碳经济的政策举措进行了详细的介绍；胡淙洋再于2008年介绍了其他一些发达国家在这些年对低碳经济的探索过程，总结了经验，并根据这些分析调研数据为中国接下来推行低碳经济发展的历程提出了建议。

2. 中国发展低碳经济的途径与潜力、机遇与挑战方面

李俊峰、马玲娟分别于2008年对丹麦的做法进行了详细阐述，从宏观的角度为中国推动低碳经济提出合理化的建议。胡鞍钢在2008年学术报告中重点分析了中国低碳经济的发展情况，提出了相应的目标措施、合作途径。学者孙佑海在2008年就全面出台法律法规的角度研究了现实可靠的发展低碳经济的途径。庄贵阳在2008年也分析了中国将有的机遇、挑战，从现实着手分析了排放国的脱轨特点。

学者王春峰于2008年重点研究了林业选择，提出了可解决温室问题的林业措施。姬振海在2008年就全球范围内都关注的气候、碳减排问题，详细道明了内涵概念、基本途径。他以河北省碳减排工作开展情况为例，向大家介绍了河北省开展该工作的潜力、经验、途径，并为他们开展低碳经济、发展清洁生产提出了相应的政策支持，这些政策都是基于技术开发、外部环境两项因素提出的。付允、汪云林、李丁3名学者又在2008年以低碳城市这个项目立题，在这份报告中对低碳城市的内涵进行了讲解，摘要性地对全球几个典型低碳城市的现状进行了介绍。最终，他们对低碳城市的概念进行了进一步的明确，具体指城市以能源发展低碳化、经济发展低碳化、社会发展低碳化、技术发展低碳化为举措推动经济工作，就可以将之称为低碳城市。

3. 低碳经济发展的社会经济与技术分析方面

在推动低碳经济发展方面，张雷于2003年从社会经济、技术分析两个方面，通过多元化指数分析的方法，提出了国家从高碳消耗转变为低碳消耗的一个根本措施就是：丰富经济结构，调整能源消费结构。赵云君又于2004年采取对同一国家采样多个数据的方法，指出了有些国家环保部门汇总的指标在实证过程中存在着相互矛盾的问题。从而提出了"环境库兹涅

茨曲线只是一个客观现象,而不是一个客观规律"的论断。赵一平等(2006)根据"脱钩"和"复钩"的思想,提出我国经济发展与能源消费相对"脱钩"与"复钩"的概念模型,并对我国经济发展与能源消费的响应关系进行了实证研究,对我国能源弱"脱钩"现象背后存在的深层次问题及主要矛盾进行了识别与分析。脱钩指标研究初步显示出其重要价值。

王中英等多名学者先后于2006年对中国人均生产总值增长与碳排放互相的作用进行了分析研究,并得出了两者有着最直接的相互关系。由中国现代化战略研究课题组于2007年提出了《中国现代化报告2007》,报告中结合1960年至2002年这一阶段中全球人均二氧化碳排放量的纵向变化特征,指出了个别国家仍然达不到环境库兹涅茨曲线要求。据此,杜婷婷学者又于2007年通过SPSS统计软件,着重对国内二氧化碳的排放量与人均收入增长的关系进行时间序列分析,认为两者之间呈现"N"型而非倒"U"型的演化特征。

付允、马永欢、刘怡君等学者于2008年以温室气体减排、能源安全、环境资源为视角,对中国推动低碳经济做出的工作进行了全方位研判。同时,以全球低碳理论实践为基础,从宏观、中观、微观角度分析了未来全球低碳经济的发展前景和运用。即以低碳发展为发展方向,以节能减排为发展方式,以碳中和技术为发展方法,推出了4项有效的措施:优先节能、发展再生资源、设立基金会、确定交易机制。

张愉、陈徐梅、张跃军等(2008)围绕当今世界发展低碳经济的大环境、发展低碳经济的必要性和重要性、发展低碳经济的紧迫性等关键性问题,提出世界经济发展一个很重要的、越来越明显的大趋势开始向低碳经济转型。但是就目前情况来看,世界上仍在大量地消耗化石能源,温室气体仍在不停排放,人类推动低碳经济可持续性发展已经成了紧迫的问题被放在了课题中。但是,技术问题仍然是制约低碳经济的一项主要因素,瓶颈问题仍然持续存在,久久得不到解决。2008年,任卫峰还以环境金融为视角,对全球范围内研究实践低碳经济的进程进行了归纳总结,对环境金融创新技术这一领域进行了分析研判,还对我国政府在推行低碳经济进程中存在的问题进行了建议。

谭丹、黄贤金、胡初枝(2008)首先测算了我国工业行业近十几年来的碳排放量，并总结了我国工业行业碳排放的特征，进而运用灰色关联度方法分析了我国工业行业碳排放量与产业发展之间的关系。研究结果表明，产业产值与碳排放之间存在着密切联系。通过测算工业各行业单位 GDP 碳排放量的变化，分析了工业行业产业结构与碳排放的关系。

二、低碳经济的实践现状

(一) 国外低碳经济的实践现状

1. 英国

英国是低碳经济的最先提出者和践行者。在 1997 年 12 月提出的《京都议定书》之后，欧盟承诺 2012 年温室气体在 1990 年排放的基础上再减少8%。英国身先士卒承担欧盟内部的"减排量分担协议"减排 12.5%，履行更大的义务。在此基础上，英国政府表示尽最大努力在 2010 年减排最主要的温室气体二氧化碳 20%，到 2015 年力求减排 60%。

英国政府在其"气候变化计划"中提出了气候变化税政策。这一政策的提出使得"减排量分担协议"的承诺有了政策保证，能够更有效地实现这一目标。气候变化税一年内可以筹措 11 亿~12 亿英镑，并且英国政府会以社会保险税的方式返还企业 8.76 亿，因为这一举措并不是为了政府扩大税源或者筹措财政资金，而是旨在提高能源效率和促进节能投资。另外节能投资的补贴还会占 1 亿英镑，还会有 0.66 亿英镑发放给碳基金。政府还会和能耗高的产业协商碳减协议，如此一来这些企业就能每年减免 80% 的气候变化税。

英国对此还出台了另一项支持能源可持续发展的政策，即可再生能源配额政策。这项政策表明所有注册的电力供应商都不能自由无限制地使用这些资源，都要受到制约。生产的电力中一定的比例都是来自可再生资源，配额是一年比一年多的。如何实践这一举措呢？政策中这样要求的：企业在向可再生能源电商购买电力时需要购买可再生能源配额证书，或者从发电商、独立供电方购买可再生资源配额证书也是另一种途径。对于没有达到要求的企业，必须支付 3 便士 / 度的罚金。用这个罚金去奖励上缴可再生能源配额证书的企业，形成良性循环。可再生能源配额证书的金额是 4.6 便士/度，而且允许储蓄，通俗来讲之前得到的达到25%的证书现在也可用，但是不能违法借贷或者从国外购买证书。这一举措有利于越来越多的企业使用更多的可再生能源。

2. 日本

来自20多个国家的政府官员、研究人员、企业代表参加了2007年6月日本和英国联合主办的研讨会。该研讨会以"发展可持续低碳社会"为主题，强调降低温室气体排放的紧要性和迫切性。此外，此次研讨会还预示了低碳社会发展的前景。

日本是一个狭长的岛国，资源、能源都比较匮乏，所以十分重视能源的多样化使用，而且一直致力于提高能源使用效率，是《京都议定书》的发起和倡导。一直以来，为了有更好的和长远的发展，日本在太阳能、风能、光能、氢能、燃料电池等方面都投入了巨大的资金来开发和利用，并且积极开展潮汐能、水能、地热能等新兴能源的研究。早在2007年5月，日本就决定重点研究发展清洁汽车技术。并且在此后5年投入1090亿日元旨在大幅地降低燃料能耗和温室气体的排放量。日本方面提出在2030年之前把太阳能发电量提高20倍，在光伏研究领域尤为重视。

为了提高国民对新能源的认知和利用程度，日本政府积极面向全社会公开介绍此类信息，还通过各种媒体投送公益广告，拨出资金建立新能源公园。新能源公园不仅使民众在日常生活中就能了解相关内容，而且还具有战略意义，是新能源开发综合实验基地。

日本还将重点放在了产业结构调整上面，高能耗产业全面被叫停或者限制，鼓励高能耗产业向国外转移，此外还制定了节能策略，对此项事宜做出了具体的规定，对高能耗产品的规定尤为严格。通过一系列的法规和激励措施，日本政府进一步推动了节能降耗的进程。

法国紧随英国和日本之后，积极减少温室气体的排放。在2007年6月召开的G8峰会上，欧盟、加拿大、日本等方提出的协议达成，并且承诺到2050年全球温室气体排放量比1990年至少降低50%。

3. 法国

欧盟众多国家中法国人均温室气体排放量比欧盟平均水平要低21%，已经是这么低的排放量法国依旧试着再进一步降低排放量，依然憧憬着更绿色环保的生活。由此法国总统萨科奇宣布了许多结合税务和投资的环保措施，欲在法国进行一场绿色革命。不是纸上谈兵，法国从农业、交通、住房建设、能源运用等方面全面践行低碳策略，积极应对全球变暖。

农业上，法国的目标是实现更加生态型的生产方式，并在2020年把有机农业占地面积提到20%，相比之前的1%可谓是做了大幅度的调整，当然前提是保证产量。交通上，政府会更加支持低碳经济，具体策略即是对购买节能型新车给予优惠，对尾气排放比较严重的旧车进行处罚。铁路运输方面，2010年起会对耗能高的重型车根据里程征收环保税。并且计划2020年以前，新建2000千米的高速公路，特殊情况除外，一切高速公路和公路设施都会减少使用并且把空运的能源消耗和二氧化碳排放量减少50%，以此实际措施来践行低碳经济。

除以上措施外，还会把增设二氧化碳排放税考虑进来，这一举措将会有不小的震慑效果。同时政府方面还会降低企业的劳动力税收，让市场迸发出活力和保持竞争力。萨科齐还坚持核能源发电容量，因为法国本土80%的电力来源都是核能。同时还会增大风能及太阳能等可再生能源的使用比例，全面让清洁的新能源得到大力推广使用。法国政府在住房建设方面也提出了相应的举措，从2010年起将对旧房进行改造，旨在最大幅度地降低其耗电量。

法国坚定"零碳经济"，在能源供应方面应该有多种多样的方案备选，分散和集中都是必要的。氢气和类似的气体是最好地进行低碳策略的能源出路。最重要的是在民众日常生活中要实行低碳的生活方式。

4. 瑞典

瑞典是一个国土面积只有45万平方千米的国家，但是在这方面做得非常突出，在驾照考试中引入了新的环保概念，要求司机在驾驶过程中尽量减少对环境的破坏，即"考驾照先学环保驾车"。这一举措是世界领先的。这一理念于1997年在芬兰被提出之后就引起了广泛的关注。瑞典率先践行这一理念，2007年上半年欧洲环保汽车销量最高的国家是瑞典。仅上半年，瑞典以节能和低废气排放为标准的环保汽车的销量同比增长了25%，销量达到了23058辆，比例占总销售量的15%。

瑞典政府2006年就投入了3850万美元来支持为期3年的"绿色汽

车 -2 号"策略,以此来激励本国环保汽车的生产。另外出台了一系列鼓励国民购买清洁燃料车的举措,2007 年 4 月 1 日～2009 年 12 月 31 日,凡购买 1 辆环保型汽车,可免税 1 万瑞典克朗 (约合 1400 美元),以此来降低二氧化碳的排放。

2018 年 6 月,瑞典的插电式混合动力和电动汽车销量创下历史新高。到目前为止,这增加了整个市场的年度新能源份额。与 2017 年同期相比,增长率为 60%。2018 年的混合动力汽车份额现在不低于瑞典汽车市场的 6%。插电式混合动力车销售尤为强劲。排名中的所有顶级位置都是 PHEV,最重要的是三菱欧蓝德 (545),其次是大众帕萨特 GTE (327) 和沃尔沃 XC90PHEV (315)。

纯电动汽车销量略有缩减,但今年 7 月生效的新税法将再次改变。6 月,宝马 i3 是销量最高的电动车,售价为 114。特斯拉 Model S 排名第二,售出 85 辆,其次是雷诺佐伊 (43) 和大众高尔夫 (30)。尽管日产 Leaf 在 6 月份的销量创下历史新低,但它仍然是今年瑞典最受青睐的电动车,在整体新能源汽车评级中排名第 8,从 6 月份开始销售 509 辆。

为了使这一举措更好地推行和达到更好的效果,瑞典国内的加油站都提供汽油和乙醇混合燃料。瑞典为降低能耗推出的一系列措施都取得了明显的效果和非凡的成果。

5. 德国

在德国,高速公路上是没有汽车驶过的尾气味的,街道上的轨道电车也是没有尾气和噪声的,城市建设大多采用自动光源和"水空调"等温控设施,此类低碳技术都是世界前茅的。另外,酒店里不提供一次性塑料用品,民众购物自带环保袋、不使用一次性塑料袋等。并且,在德国垃圾分类是做得尤为出色的,"玻璃""废纸""其他废物"甚至还会分得更细。作为德国一座现代化标志性建筑,德意志邮政大楼高达 40 层 (高 162.5 米),全采用玻璃、钢结构来达到"空气对流",冬暖夏凉,屹立在莱茵河畔。同时还使用经过处理的莱茵河的地下水给大楼供暖或制冷,这样二次使用过的水再经过简单处理已经没有什么污染可以直接排入莱茵河。

另外,德国还鼓励居民住宅楼也实行低碳策略,比如屋顶绿化不仅可以延长建筑物寿命,制造氧气,净化大气,减轻热岛效应,还可以减少雨水的流失量，减轻水处理系统的压力，从而达到节能减排的目的。德国还发展新经济区，鲁尔区等钢铁工业中心通过产业转移和新能源开发等措施逐渐成为传统与现代信息技术、生物技术等"新经济"产业相结合的新经济区。鲁尔工业区的关税同盟区也发展成了工业遗产创业园区。不仅如此，德国还在积极开发光伏电池、太阳能热电厂、生物能源等新能源，以提高其有效利用率。2007年10月16日在柏林举行的第二次气候保护峰会上德国科技界和经济界还在推行低碳策略上达成了共识，还成立了气候变化"金融论坛"，把低碳策略推行到各个领域。银行、保险公司和各种投资基金对这个新鲜的领域也十分感兴趣。

6. 加拿大

加拿大加大了开发碳捕集与储存技术，2008年，拿出2.5亿加元用于碳捕集与储存技术。于2008年2月26号的财政预算来看，加拿大政府的确拿出了可行的方法和资金。虽然这笔资金比此前建议的20亿加元要低，但是加拿大政府还是会加大改革措施，并且支持新的二氧化碳建设，还会拿出足够的资金支持温室气体排放的监督管理基础设施建设。技术上，相关科研组织将会通过采取前沿的碳捕集和储存技术来实现降低温室气体排放。通过此高端技术，将捕获的二氧化碳注入石油和天然气井实现另一种利用。并且还会拿出一部分预算用于开发一个CCS项目，2.4亿资金中1000万元会平均分配给Nova Scotia用来支持各种研究项目。不过，加拿大政府并没有对未呼吁征收碳税的提议做出回应。

7. 美国

2007年以来，一直拒签《京都议定书》的美国对"低碳经济"有了转变。2007年，美国参议院更是出台了"低碳经济法案"这一积极政策。乔治·布什同年也提出了美国应对全球气候变化的长期战略。此后，越来越多的企业主动在减少排放量上作出努力，越来越多的人力物力也投入到相关技术研发，一时之间环保投资成为潮流。美国民主党在2006年11月取得国会参议院和众议院多数席位之后表明了支持环保的立场，并且会立法保障。虽然如此，全球最大的温室气体排放国依然是美国，究其原因还是因为企业能用于减排技术的资金有限，和其巨量的排放量不同步。

公共住宅是以居民为主导的一种低碳型住宅区，且在本国已小有市场。

专家讲到，公共住宅可以节省 60% 的能耗，在其周围设立办公室、车间、健身房和娱乐场所等能有效减少因出行所消耗的能源。为了进一步提高能效和可再生资源的使用率，居民直接参与管理，力求在现阶段和可预见的未来能有可代替的能源被研发出来以供使用，美国在七个方面开始着手研发可再生能源。布什政府在 2007 年为了降低美国对外国能源的依赖性，提出以扩大可再生燃料的使用和提高燃油效率为主的改革建议。

美国各州为了响应和早日实现以上目标积极行动，其中加利福尼亚州州长施瓦辛格于 2007 年 9 月身先士卒签署了美国第一个控制温室气体排放的法案。依据该法案，将于 2020 年将温室气体的排放量达到和 1990 年一样的量，即减少 25%。随着各项技术的发展和资金的投入，到 2050 年将再减少 80%，这个排放量相当于 1990 年前的排放量，也就是说减少了 1.73 亿吨的二氧化碳排放量。在加利福尼亚州的影响下，美国其他 16 个州也开始着手控制汽车尾气排放标准。

截至目前，500 多个城市签署了美国为实现《京都议定书》要求的 2012 年温室气体排放标准的先由加州实践的气候保护协议。此协议旨在在法律层面让美国更加积极地应对气候变暖，给子孙后代留下美好的环境。为了早日实现这一目标，美国方面重点开发太阳能、生物燃料和前沿的照明技术，并且取得了很大的进步。曾任总统的贝拉克·奥巴马也提出了重点投资清洁能源技术，达到能源自给的目标。

(二) 国内低碳经济的践行现状

我国相关科技主管部门对具有战略意义的技术越来越重视。例如对节能和清洁能源、可再生能源、核能、碳捕集与存储、清洁汽车等前沿高端技术投入了前所未有的力度。

清华大学为重点研究我国未来能源和节能减排等相关问题，于 2008 年 1 月成立了低碳能源实验室，并重点研究这些尖端前沿技术。不仅如此，还将对这些科学问题进行战略研究并规划出技术路线。实验并不是简单的理论研究，还会与一些企业合作，达到技术集成并展现出示范成果。说到可再生能源的应用，世界上最为庞大的 5 家太阳能公司都在中国，而这些公司风力发电的规模也与之相似。

目前来说，我国对于此项发展还没有形成一个完善的运作和政策体系，无法对处于低碳发展初期的经济进行引导和规划。现行的方法是，政府方面出台了各种关于规定和要求购买节能减排产品的政策——对节能、减排和低碳产业给予财政补贴，并且对于金融市场也相继建立了碳交易所，开始尝试通过 CDM 机制进行碳交易，另外虽然还没有出台相关的产业政策，但是对于新能源产业和节能环保产业会根据低碳经济的发展状况给出适应的策略；企业主体在节能减排方面需要缴纳相应的税收。

近年来我国产业结构不断优化，第三产业的占比于 2014 年已经在国内生产总值中占到了 45%。而第一产业的比重则由 12.1% 下降到 10.2%，第二产业降幅也由 2010 年的 47.7% 下降到 45.8%。第三产业的蓬勃发展离不开政府部门对产业结构的积极调整，比重也逐年提高。经济发展过程中，政府部门果断抓住了低碳经济这一机遇，通过试点对高能耗、高污染项目进行改革，并出台相应政策来支持和给予政策法规上的保证。

2018 年，前 5 个月，第一产业、第二产业、第三产业和居民生活用电量同比分别增长 10.6%、7.7%、15.1% 和 13.9%。第一产业、第三产业和居民用电都实现了两位数增长，而第二产业的用电增速其实也不低，且增量中的绝大部分都是第二产业贡献的，第二产业用电对全社会用电增长的贡献率为 55.6%，贡献率较前 4 个月有所提升，拉动全社会用电量增长 5.4 个百分点。

作为发展中国家，我国虽然逐渐掌握了一些核心技术，还获得了相关的自主知识产权，但是中国在低碳技术和能源等方面的能力相对发达国家还是弱一些，存在着差距。而且由于低碳技术的成本相对较高，还无法在中小企业中普遍实行。通过进一步的发展，我国在太阳能、核能和清洁能源等方面取得了一定的成就，但是想要彻底大规模投入使用还有一段很长的路要走。

致力于节能减排和能源结构优化，我国出台了一系列调整和淘汰落后产能的政策并且着重落实。如此一来，在节能减排方面有了一定的成效，污染物的排放也得到了一定的控制，随之民众居住环境也得到了进一步改善。并且为了控制和减缓气候反复无常，政府会对消费活动进行适当的约束和优化改善，减少日常碳排放量。

第三节　低碳经济与可持续发展的关系分析

一、可持续发展概述

能源在最近几年受到越来越多的关注，主要是因为人民生活水平的增长与自然环境的保持产生了不可避免的冲突。能源是人类赖以生存的物质基础，是国家发展不可缺少的一部分，但越来越多的能源被开采利用，导致了环境严重破坏，甚至造成了不可挽回的后果。而我国的情形则更为复杂。随着中国经济的迅猛发展，资源消耗以及随之产生的废物也开始大幅度增长，中国作为重要的新兴工业大国不能沿着其他许多国家不断重复的"先污染后治理"的老路走。所以为了取得长期以来的经济增长，中国必须找到一条自己的可持续发展的道路。①

可持续发展（Sustainable Development）注重的不仅仅是发展，更关键的是可持续，这种经济模式着眼点是将来，希望我们在满足现如今发展需求的前提下，尽可能地为我们的后代留下更多的资源，保证他们的生活水平稳步增长。"可持续发展"这个字眼最早出现在 1972 年在斯德哥尔摩举行的联合国人类环境研讨大会上，而再一次出现则是 1992 年 6 月在里约热内卢召开的"环境与发展大会"上，在这个会议上，联合国通过了《里约环境与发展宣言》《21 世纪议程》等文件，通过各个国家的努力来确保社会的可持续发展。随后我国也编制发布了相关文章，把可持续发展也纳入中国经济发展的长远规划中来。而可持续发展战略最终确定为我国"现代化建设中必须实施"的战略则是在 1997 年的中共十五大会议上。在此次会议上，更是明确了可持续发展具体指社会可持续发展、生态可持续发展、经济可持续发展，具体解释为以下几点：②

（1）发展的主题。发展是一个广义的范围，我们日常强调的经济增长仅仅是发展的一部分，并不能代表发展，一个国家的发展是指人们生活、文化、科技、环境等等各种因素集于一体的变化情况。在这个广义的发展中，我们不能用片面的一个点来定义一个国家发展的强弱，而且在这个发展中，

---

① 牛文元.中国可持续发展总论［M］.北京：科学出版社，2007.
② 任力.低碳经济与中国经济可持续发展［J］.社会科学家，2009（2）.

我们每个人都能够从中获取利益，无论是生活上还是精神上，不分国度不分种族。

（2）发展的可持续性。我们所追求的发展，都不应该以破坏现有的条件为前提，我们要做到的是在现有资源和环境的承载能力以内，尽可能地利用和创造。

（3）发展的公平性。我们在寻求发展的目的，并不仅仅是为了我们自身，更多地应该考虑的是如何为我们的子孙后代谋求福利，为他们的发展创造条件，制造机会。

（4）发展的协调性。盲目地追求单一的发展非常有可能造成环境的破坏，这就需要我们正确地认识发展，正确地树立我们的人生观和价值观，将眼光放长远，学会尊重自然，尊重法则，在社会发展和保护自然环境中寻求更好的平衡。我国提出来的科学发展观是需要将社会的全面协调发展与可持续发展相结合，在经济发展的前提下始终不忘可持续发展的重要性，促进人与自然环境的互利共存，从而使我们在实现经济增长的同时，使资源环境适应我们的发展速度，使经济发展、生活优渥以及生态文明共同进步，以此来保证实现可持续发展，避免环境的破坏对日后造成不可挽回的结果。可持续发展的提出是人类文明进化过程中又一历史性的重大转折。

二、低碳经济与可持续发展的关系

无论从内涵还是外延，低碳与可持续发展都存在着必然的联系。可持续发展就是"既满足现代人的需求，而又不损害后代人满足需求的能力"。它是促进经济、社会、资源和环境保护协调发展，它们是一个密不可分的系统，既要达到发展经济的目的，又要保护好人类赖以生存的大气、淡水、海洋、土地和森林等自然资源和环境，使子孙后代能够安居乐业并永续发展。

从低碳概念的提出到低碳行动的出现，无论是低碳经济、低碳产业，还是低碳社会，都离不开可持续发展理念的支撑，低碳为可持续发展服务，低碳是实现可持续发展的方法和手段，低碳是可持续发展的必然途径。

2003 年，英国能源白皮书《我们能源的未来：创建低碳经济》中首次提出了"低碳经济"的概念。这个概念以能源、环境为首要目标，提出了建设低碳经济和低碳社会的初步构想。随后，低碳经济的概念逐步扩展到可持续发展的各个领域，欧盟重要成员国德国也相继在能源计划中确立了低碳经济发展的目标。在平衡与协调各成员国的基础上，欧盟于2008年12月形成了"低碳经济政策框架"。联合国积极应对气候变化，在1988年与世界气象组织（WMO）建立了政府间气候变化专委会（IPCC），并采取了一系列行动。2007年12月3日，制定了应对气候变化的"巴厘岛路线图"，要求发达国家在2020年前将温室气体减排25%~40%。2008年世界环境日的口号也确定为"转变传统观念，推行低碳经济"。

我国的低碳发展问题主要集中在能源、生态环境保护、农村环境保护、传统的生活与消费方式等方面。低碳发展将为可持续发展中出现的问题提供解决方法。从能源来看，我国的能源结构一直呈现高碳结构，石化能源占整体能源结构的92.7%，其中高碳排放的煤炭占了68.7%，石油占21.2%。在电力建设中，水电比例只有20%左右，"高碳"的火电比例高达77%以上。

因此，以煤为主的能源结构是中国向低碳发展模式转变的一个长期制约因素，能源问题长期困扰我国绿色经济的发展。低碳发展理念提出"低能耗、低污染、低排放"，这就需要调整产业结构和能源结构，提高化石燃料（煤炭）的利用效率，开发新型能源，如风能、太阳能、核能、水能等，通过结构调整，强化节约能源，提高能源利用率。从生态环境的视角来说，水土流失与沙化、土壤成分变化、野生生物栖息繁衍地缩小等制约着可持续发展，生态环境的保护工作将成为我国重点工作。而产业领域的低碳发展可以通过调整工业结构、能源结构，调整不科学、不合理的工艺技术，增强自主创新能力、开发低碳技术和低碳产品，以提高低碳经济和低碳工业的发展。通过政府指导、政策引导、技术规范等措施，建立低碳产业，发展以低碳工业、低碳农业、低碳服务业为核心的新型产业体系。

通过低碳与可持续发展的内在和相互关系的初步分析与研究表明，它们是相辅相成的。低碳是走可持续发展道路的必然产物，是实现可持续发展的必然途径。开发低碳技术，发展低碳经济，实现低碳社会，倡导低碳生活和低碳消费，推动低碳建设，建立低碳城市和低碳世界，是可持续发展的必由之路。只有实现社会的低碳发展，环境的友好发展，经济的绿色增长，生活和消费的低碳化，可持续发展的目标才能真正得到实现，社会发展、经济发展和环境发展的和谐共存，才能为人类的长治久安提供可靠的保障，生态环境才能健康发展，人类的生存与发展才能做到真正的"可持续"。

第二章　我国低碳发展的理论基础及面临的挑战

发展低碳经济，是当今世界经济发展的新趋势，更是我国加快经济发展方式转变、走新型工业道路、实现经济社会可持续发展的必然选择。中国正处于把握经济增长机遇和进行低碳转型的两难选择之中，因此我们必须遵循经济社会发展与气候保护的一般规律，顺应发展低碳经济的潮流和趋势。

第一节　绿色低碳发展的理论基础研究

一、环境经济与资源经济理论

20 世纪 50 ~ 60 年代，西方发达国家因为环境污染问题多次引发严重的社会抗议，透过这一现象，经济学家与生态学家开始思考经济学与生态科学的关系，并尝试将二者融合，环境经济学也由此诞生。环境经济学分为狭义与广义两种：狭义环境经济学着眼于用经济学解释环境污染的原因与解决方案；广义环境经济学则利用生态经济学与资源经济学将环境问题与经济资源问题当成整体思考，并认为自然、人与社会三者间复杂的生态关系是解决环境污染问题的重点。[①]

环境经济学作为全新的研究领域，对环境科学这一学科进行了极大的扩展，为人们研究环境问题提供了全新的视角，同时经济科学也得到了更贴近现实的发展，为克服环境问题的实践活动提供了理论指导。产权制度

[①] 刘尹生，陈峰，郑广天.建设绿色大学，促进低碳发展：北京交通大学节约型校园建设模式 [M].北京：北京交通大学出版社，2012.

的缺损也是导致环境危机的一大原因，人们在谋求经济快速发展的同时，忽略了经济的飞速发展给自然环境带来的巨大负担，导致经济发展与环境资源失去平衡，从而爆发环境危机。当前对经济理论研究主要围绕两个方面：

第一，越境环境问题。当前环境变化是全球性问题，每个国家的碳排放都会直接对环境产生影响。但环境问题又是由财产权、可持续发展、市场管理政策、贸易发展等各种问题相互作用而产生的，环境经济学要研究解决一系列的复杂问题还需要一段时间，如何协调解决这些问题是当前最大的课题。

第二，碳排放权分解。碳排放权与公共资源共享相类似，要求每个国家都要予以配合，环境问题是全球性问题，减少碳排放量于人于己都是有利的。环境经济学近年来不断地发展进步，其研究成果已可以为减少碳排放提供可靠的理论指导和方法借鉴。

二、循环经济—生态经济—绿色经济理论

低碳经济倡导与环境的和谐发展模式，通过提高资源的利用率和资源循环利用的方式降低排放量与消耗量，进一步提高资源利用率，构建和谐生态产业链，从而达到资源有效利用和经济生态之间的可持续发展。

低碳经济包含了循环、生态与绿色经济三种模式，强调经济活动的低碳化、绿色化与生态化，通过研究生态学规律，对人类社会经济发展提供理论指导，采取清洁生产、循环利用的方式，实现可持续发展和节能减排的目的。绿色经济同样与低碳经济有着紧密的联系，绿色经济意在降低能耗、减少温室气体排放、降低对碳基能源的依赖，这与低碳经济的目的基本相同，循环经济则作为实现低碳经济与绿色经济的操作手段。因此，低碳经济体现了循环经济、生态经济、绿色经济三种经济模式。

低碳经济理论是目前应对全球气候变化效果最显著的理论体系，其重点在于资源的高效利用方面，在提高资源利用效率的同时，寻找更加清洁的资源，从而减少二氧化碳等温室气体的排放量，减小环境承载负担，与环境友好发展。全球变暖是迫在眉睫的发展问题，也是世界经济进一步发展的掣肘，面对这一困难，发展低碳经济意义重大，通过发展新型服务，

改造当前资源结构，减少碳基资源的使用量，同时对低碳经济给予部分补偿与鼓励，加速低碳经济的发展。同时加大对太阳能、风能、地热能等新能源的开发利用，新能源的应用势必会减小大气的碳含量，从而减缓气候变暖的速度。

在气候变化已引起全世界高度重视的今天，低碳经济的发展模式作为行之有效的应对策略已经得到了广泛的应用。在实际操作过程中，循环经济、绿色经济与生态经济更多的是提供理论方面的指导方法，而低碳经济则更具现实意义，为解决世界经济飞速发展造成的环境迅速恶化提出切实可行的具体方案。

三、生态承载力理论

生态承载力理论与可持续发展理论是经常一起提及的两大理论，他们从不同角度对资源、环境、人口等问题进行思考，二者从某种角度来说是相辅相成的。首先，承载力理论从环境承载力角度出发，探究人类正常发展应保持的人口增长速度与发展速度；然后，可持续发展理论则从人类正常发展的角度来确定应保留的自然调节空间。因此也可以理解为生态承载力是有限度的，而可持续发展则是人类在自然限制中追求的最佳发展方式。

生态承载力理论从环境和资源两方面揭示了低碳发展的必要性与紧迫性。首先，从资源角度来说，碳排放量的持续增长要来自于含碳能源的燃烧，但含碳能源是不可再生资源，无法达到可持续供给，过度依靠必然会面临供给危机，因此寻找可持续供给的清洁能源是迫在眉睫的；然后，从环境角度来说，地球作为一个自然整体存在一系列自我调节系统，当我们造成的碳排放量超过自然的代谢量时，大气中的碳含量就会不断上涨，最终引发环境变化，破坏自然的自我调节体系。

四、碳代谢、碳循环与碳足迹理论

(一) 碳代谢与碳循环

有机物的基本要素是含有碳元素，地球上存在的生物与非生物之间都存在着碳元素的流动，这就构成了"碳循环"。"碳循环"是一个复杂的运动过程，其保证了地球与生物的平衡发展，碳、氮、磷等元素通过在生物库与非生物库中的代谢与流动构成了碳循环，碳代谢则是循环中的关键步骤，其遵循生物、化学等科学规律，促进了生物延续与发展。

(二) 碳足迹理论

碳足迹理论由生态足迹发展而来，最初碳足迹用于监测产品或服务在运行周期内产生的二氧化碳排放总量，后随着需求的转变，转化为监测个人或地区温室气体排放总量。联合国《2007—2008 年人类发展报告》中对世界各国的温室气体排放统计及减排情况的分析就是运用碳足迹理论。[①]

碳足迹分为直接碳排放和间接碳排放量部分计算。二氧化碳作为当前最主要的温室气体，碳足迹增长速率也远超其他足迹。《2007—2008 年人类发展报告》中指出，如果发展中国家公民保持与英、德两国人民的碳足迹水平，那么全球碳排放量会达到可持续发展水平的六倍；如果发展中国家公民保持与美国、加拿大两国人民的碳足迹水平，那么全球碳排放量会达到可持续发展水平的九倍。

从整体角度来看待碳排放问题的话，将世界各国看成一个集体，地球大气则是集体共有的资源，无论何时何地排放的温室气体在环境变化中起的都是同样的作用。整理各国的碳账目会发现，整体碳足迹与人均碳足迹存在较大差异，碳足迹的深浅与排放方式密切相关，碳排放的总量是由过去的能耗方式决定的，因此尽管发展中国家的碳排放量越来越高，但更多的责任应由发达国家来承担。

目前，美国、中国、印度、日本与俄罗斯作为碳排放量世界前五的国家，其排放总量已超过全球排放总量的 50%，而且按照目前的发展速度，中国马上将超越美国成为世界最大的碳排放国。面对这种情况，依靠碳足迹趋同思路已经不能解决碳排放量居高不下的问题了，一方面要为社会发展提供充足的能源服务，另一方面为了给未来保留足够的发展空间，必须降低碳排放量，如何兼顾二者是当前所有国家都在思考的问题。

---

① 杜娟，夏日军，杨天佑.低碳教育理论与实践 [M].长春：吉林出版集团有限责任公司，2014.

第二节　绿色推动低碳发展的必要性与意义

一、气候变化科学评估奠定科学基础

气候变化，并非某个国家遭遇的问题，而且早已波及全球。如何应对全球气候变化，科学界不断探索，比如气候变化科学评估，在应对气候变化方面，便起到了基础性作用。翻开"气候变化科学史"不难发现，早在1990年开始，一个叫IPCC的政府间机构，相继五次完成了评估报告，对气候变化的科学基础及其社会经济影响进行了分析评估。报告中指出，世界各地都在发生气候变化，而气候系统变暖，成为一个不争的事实。然而造成这一事实背后的原因，也在反复的实验中得到确认，那就是全球温室气体排放及人为驱动，这在2007年，斯特恩的气候变化报告"气候变化的经济学"中被量化，报告指出，温室气体大量排放，如果不加制止任其肆虐，将对世界经济产生摧毁性的打击，为避免全球气候变化产生的不利影响，各国要尽快展开集体行动。[①]

二、推动低碳发展，降低我国经济发展的风险

政府工作报告中明确指出，着力推进绿色低碳循环发展，是当今经济社会发展的构成机制。推进低碳循环发展，一方面能够降低我国经济社会发展风险，另一方面对我国生态系统的构成，有着积极的影响。然而，随着气候变化的问题日益突出，资源环境却首当其冲，阻碍中国全面小康社会和现代化建设进程，严重制约了土地、淡水等经济发展，甚至农业生产、基础设施等也难逃魔掌。为降低经济社会发展面临的风险，中国必须加快推进低碳发展进程。

三、生态文明建设与环境治理有利于低碳发展

国内生态文明建设与环境治理，在推动低碳发展的道路上，正在稳步推进。自从搭上了改革开放的"顺风船"，经济在快速发展中，收效颇丰，

---

① 杨志等.推开低碳经济之窗 [M].北京：经济管理出版社，2010.

然而因为空气、水污染等问题突出，资源环境面临挑战，随之而来的社会问题层出不穷，陷入"畸形发展"困境。其中影响最明显的当属老百姓，不再是天天吃饱，生活安稳。反而在环保、生态上方面，期待更多。要发展更要健康，低碳发展是转变经济发展方式的一剂良药，控制国内环境污染，降低温室气体排放，发展低碳经济，协同作用，有利于改善环境质量。

四、履约《巴黎协定》提出了迫切要求

履约国际气候变化《巴黎协定》提出了迫切要求。从我国目前发展现状来看，能源和资源这两大核心经济要素，在工业化、城市化的发展历程中，仍将保持较快速度增长。由于我国在国际上的大国地位，对气候变化势必起到表率作用，在国际形势日益严峻的当下，担负起大国该有的重任，作为《巴黎协定》的签约国，理应继续推动《巴黎协定》，积极推动国内低碳发展，在应对气候变化方面，实现自主贡献目标和2030年碳排放达峰目标。

第三节　绿色低碳发展面临的问题与挑战

一、低碳发展与生态文明建设边缘化

传统的政治认识和发展观念将低碳发展与生态文明建设边缘化。我国强调将资源环境指标纳入政府官员政绩考核体系，要求全党树立正确的政绩观，在推进我国生态文明建设、低碳发展的进程中，仍然存在"以经济发展为中心"的发展意识，传统的经济发展模式依赖高投资与高投入，消耗了大量的资源，造成环境污染，严重损害了人民群众的身心健康和经济社会的可持续发展。与此同时，我国生态环保与低碳发展工作主要依靠政府主导推动，人民群众自觉参与的意识不强，参与的积极性和参与度亟待提升。[①]

---

① 低碳经济课题组编著. 低碳战争：中国引领低碳世界 [M]. 北京：化学工业出版社，2010.

二、产业结构不合理

低碳发展，尽管符合当今经济可持续发展的客观需要，同样顺应世界绿色经济发展趋势，然而，由于我国经济的发展特点，尚且存在一些传统的经济发展模式，造成产业结构不合理，其中较为明显的要属第二产业及重工业所占比重较大，而第三产业和高新技术产业所占比重却较小，同时在和欧美等发达国家的对外贸易中，难免不断出现贸易摩擦，这也就导致对内经济发展问题频频；对外面临发达国家贸易保护，在双重压力下，低碳发展也就步履维艰。然而因为我国在世界上，不仅是贸易大国，还是 CO_2 排放大国这种特殊身份，更需要通过加快转变贸易增长方式来应对大环境的变化，可谓已经到了箭在弦上的地步。

三、低碳发展立法进程滞后，法规体系不健全

我国主要通过单行法律来规范某一领域的发展。与低碳发展相关的法律包括《中华人民共和国可再生能源法》《中华人民共和国清洁生产促进法》《中华人民共和国节约能源法》《电力法》《中华人民共和国循环经济法》等。然而如此多的法律法规，却没有一个关于低碳发展方面的单行法律，即使有与低碳相关的立法，又因为不够细化而收效甚微，这样便很难构建完整的低碳法律体系，低碳产业发展也就无法得到有效的政策支持。

四、低碳创新动力不足，发展转型缺乏技术支撑

目前，我国低碳发展举步维艰。首先，我国工业生产存在高碳排放特征，在客观上设下阻碍；其次，关键行业低碳技术比例较低，无法广泛应用；另外落后的工艺技术，拉开了低碳技术研发和应用；最后，和发达国家比，低碳创新能力、应用水平较低，很难满足低碳顺利转型。此外，相关的金融系统对低碳发展相关项目支持不够，缺乏合理规划和有效的激励机制，低碳技术创新动力不足。[1]

---

[1] 庄贵阳. 低碳经济：气候变化背景下中国的发展之路 [M]. 北京：气象出版社，2007.

第三章 低碳经济理念下室内设计的基础认知

目前国内室内设计行业正处于发展上升期，很多室内设计工作者的设计一味追求室内的美观性，往往忽略了室内设计应有的环保性，因此，室内设计师应该树立环保观念，把环保材料运用到室内设计中去，提高室内设计的水平。

第一节 室内设计的概念解读及特征分析

一、室内设计的概念

（一）室内设计的基本概念

对于室内设计的概念，许多学者从不同的角度、不同的侧重点，作出了不同的分析。专家们普遍都指出了室内设计与建筑的紧密关系，同时强调物质性与精神性，即实用功能和人们的审美需求。这里给出如下定义：室内设计是根据建筑的使用要求，在建筑的内部展开，运用物质技术及艺术手段，设计出物质与精神、科学与艺术、理性与情感完美结合的理想场所，它不仅要具有使用价值，还要体现出建筑风格、文化内涵、环境气氛等精神功能。

室内设计的目的是创造出功能合理、舒适美观、符合人的生理和心理要求的理想场所的空间设计，旨在使人们在生活、居住、工作的室内环境空间中得到心理、视觉上的和谐与满足。

室内设计的关键在于塑造室内空间的总体艺术氛围，从概念到方案、从方案到施工、从平面到空间、从装修到陈设等一系列环节，融会构成一个符合现代功能和审美要求的高度统一的整体。

室内设计是人为环境设计的一个主要部分。室内设计是环境的一部分，所谓环境（environment）是指影响人类生存和发展的各种天然的和经过人工改造的自然因素的总体，室内设计属于经过人工改造的环境，人们绝大部分时间生活在室内环境之中，因此室内设计与人们的关系在环境艺术设计系统中最为密切。

（二）室内设计的学科概念

"室内设计"专业在中国短短的几十年历史中，名称曾有过几次变化。先是中央工艺美术学院在 1957 年将此专业正式命名为"室内装饰"系。这时的设计重点仅仅是室内界面的表面修饰。在 1977 年，"室内装饰"系改名为"建筑装饰"，成为"工业设计"系的一个专业方向。人们对这个专业的认识，也由传统的手工艺向现代工业设计转变。此后不久，"建筑装饰"更名为"室内设计"，并从"工业设计"系中独立出来。1988 年，随着社会的进步、科技的发展和人们生活水平的日益提高，"室内设计"系的名称又被扩大为"环境艺术设计"系。而"室内设计"则成为"环境艺术设计"专业的一个学习方向。从"室内设计"名称的一系列变化上我们不难看出，人们对室内设计概念的认识和理解随着时间的发展而不断深化。

综上所述，"室内设计"正是在实践——理论——再实践的反复和探索之中产生、嬗变和发展起来的学科，是一门融科学性、艺术性、技术性为一体的综合性学科。

二、室内设计的特征

室内设计是建立在四维时空概念基础上的艺术设计门类，是围绕建筑物内部空间而进行的环境艺术设计。它既能满足一定的功能要求和精神需求，同时也反映了历史文脉、建筑风格等文化内涵。现代室内设计是综合的室内环境设计，它包括视觉环境和工程技术方面的问题，涉及声学、力学、光学、美学、哲学、心理学和色彩学等多个学科的知识，因此体现出鲜明的特点。

(一) 双重需求

1. 物质功能的需求

好的室内设计是在满足基本功能需求的基础上追求美观的设计。由此看来，物质功能需求的满足是室内设计的第一步，也是至关重要的一步。室内设计要根据空间的使用目的来合理规划空间，努力做到布局合理、层次清晰、通行便利、通风良好、采光适度等。而且，室内环境中不同使用功能需要不同的侧重，例如，客厅要求敞亮，卧室要求私密，书房要求安静，等等。

2. 精神功能的需求

单纯注重物质功能的室内设计合理性是不够的，除此之外，室内设计还必须满足人类情感的需求。室内设计中的情感需求主要是通过视觉来体验的一种直觉的、主观的心理活动。每一个室内空间都能给人带来不同的心理感受，比如可爱的、浪漫的、整齐的、活跃的、宁静的、严肃的、正统的、艺术的、冰冷的、童趣的、个性的、宽敞的、明亮的、现代的、乡土的、典雅的、柔软的、未来的、高雅的、华贵的、简洁的，等等。室内设计从形式上来看，是对地面、顶棚、墙面等实体的推敲与设计，而实质上这些只是满足人们精神需求的手段，即通过各种不同的材质、色彩、布局等满足人们的各种情感需求。

(二) "以人为本"为宗旨

室内设计是根据空间使用性质和所处的环境，运用物质技术手段，创造出功能合理、舒适美观、符合人的生理和心理要求的理想场所的空间设计，旨在使人们在生活、居住、工作的室内环境空间中得到心理、视觉上的和谐与满足。室内设计的主要目的就是创造满足人们多元化的物质和精神需求的室内环境，确保人们在室内的安全和身心健康，因此必须时刻遵守"以人为本"的宗旨。

(三) 工程技术与艺术相结合

室内设计强调工程技术和艺术创造的相互渗透与结合，运用各种艺术和技术的手段，使设计达到最佳的室内空间环境效果。现代科学技术的进步使得室内设计师可以运用更丰富的手段来满足人们的价值观和审美观，使室内设计业有了更广阔的发展前景。另一方面，新材料与新工艺的不断发明与更新换代，也为室内设计提供了不同于以往的设计手法和设计灵感，室内设计有了更加多彩的新元素和新面貌。总之，室内设计本身就是工程技术与设计艺术的结合体，工程技术、材料技术的发展为室内设计艺术不断注入新的活水和动力，使室内设计满足人们多方面与时俱进的需求。

（四）建筑的制约与限定性

室内的空间构造和环境系统，是设计功能系统的主要组成部分，建筑是构成室内空间的本体。室内设计是从建筑设计延伸出来的一个独立门类，是发生在建筑内部的设计与创作，始终受到建筑的制约。

室内设计中，空间实体主要是建筑的界面，界面的效果由人在空间的流动中形成的不同视觉感受来体现，界面的艺术表现以人的主观时间延续来实现。人在这种秩序中，不断地感受建筑空间实体与虚体在造型、色彩、样式、尺度、比例等方面的信息，从而产生出不同的空间体验。

室内设计中的物质要素，是用来限定空间的具有一定形状的物体。由建筑界面围合的内部虚体，是室内设计的主要内容，并与实体的存在构成辩证统一的关系。

空间限定的基本形态有以下六种：

（1）围，创造了基本形态；

（2）覆盖，垂直限定高度小于限定高度；

（3）凸起，有地面和顶部上、下凸起两种；

（4）与凸起相反的下凹；

（5）肌理，用不同材质抽象限定；

（6）设置，是产生视觉空间的主要形态。

空间限定中最重要的因素是尺度，实体形态之间的尺度是否得当，是衡量设计成效的关键。

第二节　室内设计的内容和分类

一、室内设计的内容

现代室内设计作为一个综合性的设计系统，其专业涵盖面很广，综合性、系统性都很强。室内设计是时间艺术和空间艺术两者综合的时空艺术整体形式，从构成内容上说，室内设计应包括以下三个大的方面。

(一) 室内空间设计

室内空间设计，就是运用空间限定的各种手法进行空间形态的塑造，是对墙、顶和地六面体或多面体空间形式进行合理分割。室内空间设计是对建筑的内部空间进行处理，目的是按照实际功能的要求，进一步调整空间的尺度和比例关系。

室内空间设计是指对建筑内部空间的设计。具体是指在建筑提供的内部空间内，进一步细微、准确地调整室内空间形状、尺度、比例、虚实关系，解决空间与空间之间的衔接、过渡、对比、统一，以及空间的节奏、空间的流通、空间的封闭与通透的关系，做到合理、科学地利用空间，创造出既能满足人们使用要求，又能符合人们精神需要的理想空间。

1. 室内空间的组合形式

空间组合有以下几种形式

(1) 包容性组合——大空间里面设置小空间，使得小空间被大空间完全包容。

(2) 穿插性组合——以交错嵌入的方式进行组合的空间。

(3) 过渡性组合——以空间界面交融渗透的限定方式进行组合。

(4) 邻接性组合——两个不同形态的空间以对接的方式进行组合。

(5) 综合性组合——综合自然及内外空间要素，以灵活通透的流动性空间处理进行组合。

2. 室内空间组织和界面处理

室内空间的界面，即室内空间的围合面，主要包括地面、墙面、隔断、平顶等各界面。界面处理主要包括三个方面，一是界面的形状、线脚、肌理的处理，二是界面和结构构件的连接构造处理，三是界面和风、水、电等管线设施的协调配合处理。室内空间组织和界面处理具体包括以下几个方面。

地面装修，常用水泥砂浆抹面，用水磨石、地砖、石料、塑料、木地板等对地面基层进行的饰面处理。另外，还有门窗、梁柱等也在装修设计范畴内。

墙面装修，既为保护墙体结构，又为满足使用和审美要求而对墙体表面进行装饰处理。

隔断装修，是垂直分隔室内空间的非承重构件装置，一般采用轻质材料，如胶合板、金属皮、磨砂玻璃、钙塑板、石膏板、木料和金属构件等制作。

天棚装修，又称"顶棚"或"天花板"的装修设计，起一定的装饰、光线反射作用，具有保温、隔热、隔音的效果，比如家居展示大厅中顶棚的立体化装修设计，既有装饰效果又有物理功能。

（二）室内装饰设计

室内装饰设计主要包含两个方面，一是对建筑物内部各表面的造型、色彩、用料的设计和加工，二是对家具、铺物、帘帷、陈设、门窗和设备等室内装饰物进行布置和设计，以达到美化的目的。室内物品陈设自然属于装饰范围，包括艺术品（如壁画、壁挂、雕塑和装饰工艺品陈列）、灯具、绿化等方面。

室内物理环境，包括对室内的总体感受、上下水、采暖、采光、通风、温湿调节等系统方面的处理和设计，也属室内装修设计的范围。随着科技的不断发展及对生活环境质量要求的不断提高，室内物理环境设计已成为现代室内装饰设计中极为重要的环节。室内装饰设计的手法如下：

1. 室内的造景

室内造景可采用两种方法，一是在室内进行人工造景，以丰富室内空间。人工造景可选择宜于在室内生长的植物，用盆栽置于室内一角，使室内增添生气；还可以通过叠石、理水、植树等手法，自成景致。二是将室外自然环境引入室内，即将室外优美的景致通过大面积的玻璃门窗引入室内，使室内外焕然一新。

2. 家具与艺术品的装饰

(1) 家具的装饰

家具本身属于一种传统产品，多为木制。现代家具种类繁多，如高分子塑料、金属、藤条、竹篾以及许多新材料的制作，工艺极为精致；现代家具造型简练，便于调整组装，以变换室内空间的感觉，满足各种功能要求。现代家具形式优雅，尺度适当，优良的材料肌理与良好的工艺效果，放置得当可成为室内突出的装饰品。现代的生活用品、家用电器丰富多彩，如空调、电视、冰箱、洗衣机、消毒柜、微波炉等，其本身具有优美造型与装饰，在室内环境中合理陈设，更能增添空间的美感。

(2) 艺术品的装饰

从室内设计的构思出发，布置适当的绘画、雕塑及陈设器具等，对增加室内环境格调、加强艺术氛围有重要作用。其尺度、色彩、风格、位置，都必须与室内环境协调。现代风格的艺术品和工艺品，宜放置在简洁的具有时代感的空间内；传统形式的艺术品和工艺品，布置在具有民族传统的空间内，能产生协调感。艺术品及工艺品合理的陈设布置，可以成为室内的视觉中心，丰富室内环境的空间层次。

3. 照明采光的强化

室内光照是指室内环境的天然采光和人工照明。室内环境通过光线的照射，使各部件形象突出并产生阴影，形成丰富而强烈的感觉。采光包括人工照明与天然采光，人工照明可分为灯具照明与建筑照明。

灯具照明的种类很多，一般为吊灯、壁灯、聚光灯、轨道灯等。灯具分布有点状、块状及条状，可以外露明装，也可以嵌入暗装。照明方法有直接、间接及整体扩散照明等。灯饰的造型丰富多彩，有球形、方形、单灯与组灯形式，风格与室内环境相统一。

建筑照明是整体照明，要注意照明与空间的关系。灯光可从部件上直射或照到建筑部件（如壁面或平顶）上再反射扩散。天然采光属于利用自然光，顶部的天然光能使视觉产生延伸感。纱窗、百叶窗、玻璃窗、磨砂或有彩色镶嵌的花玻璃等具有反射、折射、漫反射光线的作用，使天然采光富于变化，从而丰富室内的视觉氛围。

4. 色彩感觉的丰富

色彩是室内设计中最为生动、活跃的因素，室内色彩的视觉感受产生的生理、心理和类似物理的效应，形成丰富的联想、深刻的寓意象征。

室内装饰设计要根据室内的环境选择色调。一般小空间、封闭空间宜用浅蓝色调；明度低的空间可适当提高彩度与明度；短暂停留的空间，可用暖调并提高彩度、明度和纯度；长久停留的空间，则要悦目和谐，多用浅色调；寒冷地区的室内装饰，应多采用暖色调；炎热地区则多用冷色调。

5. 空间格调的营造

营造室内空间格调的主要因素有色彩、尺度、比例、纹样、形式、表现质感和加工方法等。每个组成部分必须全面考虑来构成一个整体。格调要统一而不单调，变化而不繁缛。统一中有变化，变化中有统一。

(三) 室内陈设设计

室内陈设设计，主要是对针对室内的功能要求、艺术风格的定位，是对建筑物内部各表面造型、色彩、用料的设计和加工，包括对室内家具、照明灯具、装饰织物、陈设艺术品、门窗及绿化盆景的设计配置。室内环境的陈设与装饰设计，是根据空间的性质，创造适宜的环境和一定的艺术效果。

室内物品陈设属于装饰范围，包括艺术品（如壁画、壁挂、雕塑和装饰工艺品陈列等）、灯具、绿化等方面。这些陈设内容相对地可以脱离界面布置于室内空间，处于视觉中显著的位置，起着实用和装饰的双重功能。家具、陈设、灯具、绿化等可以很好地烘托室内环境气氛，形成室内设计风格，在这些方面要给予足够的重视。

室内绿化是现代室内设计不可替代的柔性物质。室内绿化可以改善室内小气候，吸附粉尘，对人体健康起着重要的调节作用，另一方面，室内绿化给室内环境带来自然生机和绿色氧气，给人视觉按摩，美化室内环境，使人们在高节奏的现代社会生活中获得心理的暂歇与平衡。

在室内设计的以上构成中，空间设计属虚体设计，就是客厅、卧室、阳台、楼阁等多方面在虚空之间的设计；装饰与陈设设计属实体设计，归纳起来就是对地面、楼面、墙体或隔断、梁柱、楼梯、台阶、围栏以及接口与过渡等的设计。不管是实体还是虚体，都要求能为人们提供良好的生理和心理环境，这是保证生产和生活的必要条件。

二、室内设计的分类

室内设计所涉及的内容与建筑的类型和人们的日常生活方式有着最直接的关系。按照不同的分类依据，室内设计可以分为不同的种类。每一类室内空间都有着明确的使用功能，这些不同的使用功能所体现的内容构成了空间的基本特征。根据张绮曼教授在《室内设计总论》一书中给出的分类方法，室内设计按使用功能需求可分为三大类，即人居环境室内设计、限定性公共空间室内设计及非限定性公共空间室内设计。不同类别的室内设计在设计内容和要求方面有许多共同点和不同点。

（一）以建筑类型为依据划分

以建筑类型为依据，室内设计可划分为四种：住宅建筑室内设计；公共建筑室内设计；工业建筑室内设计；农业建筑室内设计。

（二）以空间使用性质为依据划分

以空间使用性质为依据，室内设计可划分为：住宅室内设计；公共空间室内设计；商业公共空间室内设计。

公共建筑、商业建筑、住宅建筑是目前室内设计市场的三大组成部分。室内设计市场不断扩大而且细分。公共建筑的室内设计项目有：政府机关、文化中心、博物馆、美术馆、影剧院、体育中心、图书馆、医疗机构、教育单位、公共交通枢纽、写字楼等；商业建筑室内设计项目有：宾馆酒店、餐饮饭店、酒吧、咖啡厅、茶室、休闲娱乐场所、商场卖场等。

第三节　室内设计的程序解析

一、准备阶段的分析

在设计准备阶段，首先要制定设计任务书，接受委托任务书，签订合同，或者根据标书要求参加项目投标；其次是围绕室内设计主题进行规划及相应的人员组织、进度计划；然后进行的是各种相关的调查、分析与综合，并探讨设计开发计划的可能性。设计工程项目的开发准备是整个室内设计系统工程程序中的第一步，也是关键性的一步，涉及多方面的因素。

(一) 制定设计任务书

所谓设计任务书就是在开始项目之前决定设计的方向，包括室内空间的物质功能和精神审美两个方面。现阶段的设计任务书往往以合同文本的附件形式出现。应包括以下主要内容。

(1) 工程项目地点。

(2) 工程项目在建筑中的位置。

(3) 工程项目的设计范围与内容。

(4) 不同功能空间的平面区域划分。

(5) 艺术风格的发展方向。

(6) 设计进度与图纸类型。

(二) 确立基本方针

确立项目的基本方针，主要是确立特定项目开发的战略目标和为开发工作制定日程及预算计划概要，必须确立室内设计工程的实施计划，并且明确相关程序。确定设计工程实施步骤如下。

(1) 人员组织规划。以设计小组形式组织设计师、工程师、企业负责人，以及有关专家的集结。

(2) 进度计划规划。合理安排设计的进程和实施计划的具体方案，有目的、有秩序地设定各个阶段的主题任务，并制订详细的计划进程表。

(3) 确定设计项目进展的计划与步骤。

(三) 项目内容调查

在设计项目的基本方针确定后，紧接着就是设计项目的社会调查。掌握和认识存在的各种问题，在必要的范围内作需求调查，分析现有技术应变能力的可能性，初步确定性能标准 (即设计任务书和设计的基本方针)，对假设性问题予以确认，依据调查结果进行综合分析研究并制定出相关措施。

现场测量其实很简单，只要有一把钢卷尺、一支笔、一张纸就可以了。在测量时先量总长度、总宽度，然后再量墙和门窗，边量边在纸上画出相应的平面图，并把测得的门窗尺寸写在相应的位置上。像各种管道、电视天线插孔等位置，都应认真地测量并画好，最后还要把需保留的家具和设备的长、宽、高尺寸量好并记录下来。

(四) 收集整理信息

在调查的基础上，收集整理有关的项目资料，其中包括室内环境的使用功能、占用面积、起居方式、使用习惯、技术特性、材料特性、零部件规格、装修技术规范、可应用的设备、应用场合类别、使用者类别、使用者动机、地域性因素、有关项目专利资料、国家法律法规和同类设计竞争资料等。

(五) 可行性分析

在收集整理室内设计特定项目相关信息的基础上，对设计实施的技术水平、结构、功能、造型、色彩、材料、附件、成本、规格、人体尺度、操作性等做出相应的规范，同时还要进行预算情况以及项目档次的分析。

二、方案的构思与确立

方案设计阶段是在设计准备阶段的基础上，进一步收集、分析、运用与设计任务有关的资料与信息，构思立意，进行初步方案设计、深入设计，进行方案的分析与比较。

(一) 设计构思创意

在可行性分析的基础上，在规范的指导下，室内设计的功能性格，是庄严雄伟还是轻巧活泼，以何种平面语言与之相配，是方形还是三角形；采用何种立面构图进行装修，用传统样式、地方特色还是现代风格进行严密的创意思维。还包括画出结构图、工程图、工序流程图，并制定出技术规范、质量要求和工艺标准，同时还要进行成本核算。在此前提下，对室内的形制、内涵等从精神、物质两方面进行构思，即通过功能与审美两个渠道确立出项目设计的主题，提出不同的见地。

设计构思创意阶段是设计师创造能力充分展现的阶段，其基础是整个设计准备的综合研究的结晶。构思创意中创造性思维和技法的运用非常关键，通常要灵活运用或交叉使用：如智力激励法、属性列举法、计算机辅助设计方法等，使构思得以完美体现。

（二）确立初步设计方案

确立初步设计方案，主要是对设计的各种要求以及可能实现的状况以图纸（平面图、立面图、效果图）和设计说明等形式与业主讨论并达成共识，待业主认同批准后方可进行下一阶段的工作。

（1）平面图。平面图是表现室内空间布局的一种手段，通俗地讲，平面图就仿佛是墙的中段被横切了一刀，从上面直接看下去的图形，这样可以清楚地标注出室内外及门窗、隔墙、家具等的不同尺寸。画平面图时首先要按比例、尺寸画，一般室内平面图多采用 1∶50 的比例，而小型的室内平面图，比如厨房、卫生间等可用 1∶30 的比例，绘图时可以根据纸张的大小和房间里内容的多少自行选择。

（2）立面图。立面图是表现室内墙面造型的一种手段，立面图与平面图的原理是一样的，所不同的是立面图的图形仿佛是人站在房间中央朝四个方向看到的结果。画立面图时也要按照比例、尺寸来画，一般室内立面图多采用 1∶30 的比例，但也可根据纸张大小和表现物体的复杂程度来定，一般立面图需标注室内标高等立面造型的尺寸。

（3）效果图。室内效果图是室内设计人员表达设计思维的语言，是完美地把设计意图传达给业主的手段，是设计投标、夺标的关键。虽然室内设计可以用平面图、立面图来表现，但是总不及室内效果图那样直观，同时通过这种假设出来的画面，业主可以直接地看到最终的设计效果，并提出他的修改意见，以便完善。

室内效果图可采用多种形式，由于效果图的绘制有其自身特点，它不同于一般的绘画作品，所以我们提倡采用快速的表现方法，比如，钢笔淡彩或计算机绘制的方法。

初步设计方案需经审定后，方可进行施工图设计。

三、施工图的设计与工程预算

(一) 扩初设计

设计人员在业主所批准的设计方案基础上，根据业主的意见及投资造价进行方案调整，作扩大初步设计供业主批准。待与业主磋商取得认同后，再进入到下一步施工图设计阶段。此阶段根据方案内容的复杂程度、业主要求、工程重要程度、设计变动等情况会多次重复。

(二) 施工图设计

设计人员在业主所批准的扩初设计基础上，以业主对设计内容的最后认定为标准作施工图，施工图的内容主要在构造、尺寸和材料的标注方面要有明确的示意，必要时还应包括水、暖、电等配套设施设计图纸。

(三) 工程预算

当施工图绘制好后，施工方就可按施工图作预算了。其实预算本身也是一门专业，它是由预算员依照当地颁发的《建设工程概算定额》来计算的。定额中主要材料一栏中有材料代号者为定额指导价，当实际市场供应价格与定额指导价中的供应价格发生价差时，要与业主磋商取得认同。除定额规定允许调整或换算外，不得因工程的施工组织、施工方法、材料消耗等与定额规定的不同而调整。工程费用＝主要材料费＋辅助材料费＋人工费＋设计费＋管理费＋税金。

四、设计实施——施工监理与陈设布置

(一) 施工监理

当业主和施工方签订施工承包合同后，施工方便可以开始施工了。一般的施工工序是进场后先按图纸布线，如果是旧楼改造还需先拆旧、清理

现场，然后综合布线。综合布线包括照明、计算机、音响、暖气、给排水、消防喷洒、烟感器、气体消防等走线。

施工工序要先后交叉进行，一般先上瓦工、木工，后上油工，先做吊顶、墙面装修，后铺地面、粉刷、油漆，最终安装相应设备进行安全调试。在整个施工中，设计人员应关心工地的施工进展情况，与工长积极配合并解决施工中所遇到的各种问题。

（二）陈设布置

在所有装修施工结束后，应由设计人员和业主共同协商配置设备、家具、灯具，挑选织物、绿化和陈设品。家具和织物是室内环境中的主要陈设，占面积较大，它的式样直接影响室内的风格，在室内占有举足轻重的地位，并且还应与墙面、顶棚、地面等相互协调。在大面积布置之后，还需在墙面及台面等位置摆放一些艺术品，这样才算真正完成了一件室内设计作品。

第四节　室内设计风格研究

一、传统室内设计风格样式

（一）中国传统室内设计风格样式

中国传统风格的建筑与室内设计以汉族文化为核心，深受佛教、道教、儒家思想的影响，具有鲜明的民族性和地方特色。中国传统风格的建筑以木建筑为主，主要采用梁柱式结构和穿斗式结构，充分发挥木材的性能，构造科学，构件规格化程度高，并注重对构件的艺术加工。中国传统风格的建筑与室内设计还注重与周围环境的和谐、统一，室内布局匀称、均衡，井然有序。

中国传统建筑的室内装饰，从结构到装饰图案均表现出端庄的气度和儒雅的风采，家具、字画和陈设的摆放多采用对称的形式和均衡的手法，这种格局是中国传统礼教精神的直接反映。中国传统室内设计常常巧妙地运用隐喻和借景的手法，努力创造一种安宁、和谐、含蓄而清雅的意境。这种室内设计的特点也是中国传统文化、东方哲学和生活修养的集中体现，是现代室内设计可以借鉴的宝贵精神遗产。

1. 整体设计风格

中国传统室内设计艺术的风格大致可以从以下几个方面进行解读。

（1）室内外相融合

从环境整体上来分析，中国传统风格的室内设计与室外自然环境相互交融，形成内外一体的设计手法，设计时常以可自由拆卸的隔扇门分界。例如，室内的厅、堂及店铺等直接面对广场、街道、天井或院落；内部空间与外部空间之间通常有一个过渡空间（如民居屋前的廊子便是一个可以避雨、防晒、小憩和从事某些家务劳动的过渡空间）；通过挑台、月台等把厅、堂等内部空间直接延伸至室外；通过借景，包括"近借"与"远借"，或将外部的奇花异石等引入室内；或是通过合适的观景点，将远山、村野纳入眼帘。

（2）总体构图严整

中国传统风格的室内设计自古至今多左右对称，以祖堂居中，大的家庭则用几重四合院拼成前堂后寝的布置，即前半部居中为厅堂，是对外接应宾客的部分，后半部是内宅，为家人居住部分。内宅以正房为上，是主人住的，室内多采用对称式的布局方式，一般进门后是堂屋，正中摆放佛像或家祖像，并放些供品，两侧贴有对联，八仙桌旁有太师椅，桌椅上雕有花纹图案栩栩如生，风格古朴、浑厚。

（3）内部空间灵活

中国传统建筑以木结构为主要结构体系，用梁、柱承重，门、窗、墙等仅起维护作用，为灵活组织内部空间提供了极大的方便。例如，内部环境常用屏风、帷幔或家具按需要分隔室内空间。屏风是介于隔断及家具之间的一种活动自如的屏障，是很艺术化的一种装饰，屏风有的是用木雕成，而且可以镶嵌珍宝珠饰，有的先做木骨，然后糊纸或绢等。

中国传统建筑的平面以"间"为单位，在以"间"为单位的平面中，厅、堂、室等空间可以占一间，也可以跨几间，在某些情况下，还可以在一间之内划分出几个室或几个虚空间，这就足以表明，中国传统建筑的空间组织是非常灵活的。中国传统建筑的这一特点，为建筑的合理利用、丰富空间的层次、形成空间序列和灵活布置家具提供了极大便利，也使内部空间因为有了许多独特的分隔物而更具装饰性。

(4) 综合性的装饰陈设

中国传统的室内陈设汇集字画、古玩，种类丰富，无不彰显出中华悠久的文明史。中国传统的室内陈设善用多种艺术品，追求一种诗情画意的气氛，厅堂正面多悬横匾和堂幅，两侧有对联。堂中条案上以大量的工艺品作装饰，如盆景、瓷器、古玩等。

(5) 实用性的装饰形式

在中国传统建筑中，装饰材料上主要以木质材料为主，大量使用榫卯结构，有时还对木构件进行精美的艺术加工。许多构件兼具结构功能和装饰意义，以隔扇为例。隔扇本是空间分隔物，但匠人们却赋予格心以艺术性，于是，便出现了灯笼框、步步锦等多种好看的形式。再以雀替为例。雀替本是一个具有结构意义的构件，起着支撑梁枋、缩短跨距的作用，但外形往往被做成曲线，中间又常有雕刻或彩画等装饰，从而又有了良好的视觉效果。

(6) 象征性的装饰手法

象征，是中国传统艺术中应用颇广的一种创作手法。按《辞海》"象征"条的解释，"就是通过某一特定的具体形象表现与之相似或接近的概念、思想和情感"。在中国传统建筑的装修与装饰中，就常常使用直观的形象，表达抽象的感情，达到因物喻志、托物寄兴、感物兴怀的目的。

常用的手法有以下几种：

第一，形声，即用谐音使物与音义巧妙应和。如金玉(鱼)满堂、富贵(桂)平(瓶)安、连(莲)年有余(鱼)、喜(鹊)上眉(梅)梢等。在使用这种手法时，装饰图案是具象的，如"莲"和"鱼"，暗含的则是"连年有余"的意思。

第二，形意，即用形象表示延伸了的而并非形象本身的意义。如用翠竹寓意"有节"，用松、鹤寓意长寿，用牡丹寓意富贵等。这种手法在中国传统艺术中颇为多见，绘画中常以梅、兰、竹、菊、松、柏等作为题材就是一个极好的例证。何以如此？让我们先看两句咏竹诗："未曾出土先有节，纵凌云处也虚心。"原来，人们是把竹的"有节"和"空心"这一生物特征与人品上的"气节"和"虚心"作了异质同构的关联，用画竹来赞颂"气节"和"虚心"的人格，并用来勉励他人和自勉。

第三，符号，即使用大家认同的具有象征性的符号，如"双钱""如意头"等。中国传统建筑装修装饰的种种特征，是由中国的地理背景和文化背景所决定的。它表现出浓厚的陆地色彩、农业色彩和儒家文化的色彩，包含着独特的文化特性和人文精神。

第四，崇数，即用数字暗含一些特定的意义。中国古代流行阴阳五行的观念，并以此把世间万物分成阴阳两部分，如日为阳、月为阴，帝为阳、后为阴，男为阳、女为阴，奇数为阳数、偶数为阴数等。在阳数一、三、五、七、九中，以九为最大，因此，与皇帝相关的装饰便常常用九表示，如"九龙壁"和"九龙御道"等。除此之外，还有许多用数字暗喻某种内容的其他做法，如在天坛祈年殿中，以四条龙柱暗喻一年有四季等。

总而言之，上述中国传统建筑室内设计与装修的特点，也是中国传统建筑室内设计与装修的优点，正是这样一些优点值得我们进一步发掘、学习和借鉴。

2. 以中国古典园林室内设计中的家具陈设为例

中国古典园林室内设计中的家具陈设，是园林景观中不可缺少的组成部分。一座空无一物的亭轩、厅堂、楼阁，不仅不能满足园居实用的需要，而且也无任何园林景观欣赏的内容。因而，园林建筑内的家具陈设不是可有可无的附属物。事实上，古典园林中的家具陈设是最能体现中国园林浓重的文化气息和民族风格情趣的，它也是区别于西方园林建筑风格的重要依据。不同类型的园林风格，其家具设置与陈设也各不相同。皇家园林的家具，追求豪华，讲究等级，其风格是雍容华贵，体现"朕即一切"的皇家气派。私家园林的家具，追求素雅简洁，其风格是书卷韵味，体现读书人的文化氛围。宗教园林的家具，追求整洁无华，其风格是朴拙自然，体现僧尼的"与世无争""一心向佛"的宗教氛围。面对式样繁多的家具陈设，在此不能一一列举，仅介绍几种常见的类型。

（1）桌类

在园林家具中，桌有方桌、圆桌、半桌、琴桌及杂式花桌。①方桌，最普遍的是八仙桌，一般安置于案前；其次是四仙桌、小方桌等；②圆桌，按面积大小，有大型六足、小型四足之分；按形式，有双拼、四拼或方圆两用等，圆桌一般安置于厅堂正中间；③半桌，顾名思义，只有正常桌面积的一半，有长短、大小、高矮、宽狭之不同；④琴桌，比一般桌子较低矮狭小，多依墙而设，供抚琴而用，有木制琴桌和砖面琴桌两类；⑥杂式花桌，有梅花形桌、方套桌、七巧板拼桌等。

各类桌子的桌面常用不同材料镶嵌，有的还可按季节特点进行更换，如夏季用大理石面，花纹典雅凝重，又有驱暑纳凉功能；冬季则宜以各种优质木料作板面，给人以温暖感。

（2）椅类

椅有太师椅、官帽椅、靠背椅、扶手椅、圈椅、禅椅、玫瑰椅等。①太师椅，在封建社会是最高贵的坐具，椅背形式中高侧低，如"凸"字形状，庄重大方；中间常嵌置圆形大理石，周体有精致的花式透雕；②靠背椅，有靠背而无扶手，形体比较简单，常两椅夹一几，放在两侧山墙处，或其他非主要房间；③官帽椅，除有靠背外，两侧还有扶手，式样和装饰有简单的，也有复杂的，常和茶几配合成套，一般以四椅二几置于厅堂明间的两侧，作对称式陈列。

在皇家园林内，还布置有供皇帝专用的宝座，体量庞大，有精致的龙纹雕刻。如故宫博物院的金漆蟠龙宝座。

（3）凳类

凳的样式极多，有方凳、圆凳等，尺寸大小不一。①方凳，一般用于厅堂内，与方桌成套配置；②圆凳，花式很多，有海棠、梅花、桃式、扇面等式，常与圆桌搭配使用，凳面也常镶嵌大理石。圆凳中另有外形如鼓状的，有木制、瓷制、石制三种，瓷制的常绘有彩色图案花纹，多置放在亭、榭、书房和卧室中，凳上常罩以锦绣，故又名绣凳。

（4）案

案，或称"条案"，狭而长的桌子，一般安置于厅堂正中间，紧依屏风、纱槅，左右两端常摆设大理石画插屏和大型花瓶。比如，平头案、翘头案。

（5）几

几分"茶几""花几"两大类。①茶几，分方形、矩形两种，放在邻椅之间，供放茶碗之用，其材质、形式、装饰、色彩、漆料和几面镶嵌，都要与邻椅一致；②花几，高于茶几的小方形桌，供放置盆花之用，一般安放在条案两端、纱橱前两侧，或置于墙角。

（6）橱、柜类

橱有书橱、镜橱、什锦橱、五斗橱等，柜有衣柜、钱柜、书画柜、玩物柜等，多设置于厅堂、书房及寝室内。

（7）床、榻类

床，是寝室内必备的卧具，装饰多华丽而精致。皇家园林中常置楠木镶床，是一种炕床形式的坐具，位于窗下或靠墙，长度往往占据一个开间。

榻，大如卧床，三面有靠屏，置于客厅明间后部，是古代园主接待尊贵客人时用的家具。榻上中央设矮几，把榻分为左、右两部分，几上置茶具等。由于榻比较高大，其下设踏凳两个，形状如矮长的小几。

除了以上列举的几大类家具外，还有衣架、镜台、烛台、梳妆台、箱笼、盆桶、盆匣之类。

家具的材质多用珍贵的热带出产的红木、楠木、花梨、紫檀等硬木，质地坚硬，木纹细致，表面光滑，线脚细巧，卯口榫精密，局部饰以精美的雕刻，有的还用玉石、象牙进行镶嵌。明代家具，造型简朴，构件断面多为圆形，给人感觉十分舒适。清代家具用料粗重，精雕细刻出山水、花鸟、人物等花纹图案，造型比较繁琐。

3. 室内陈设

室内陈设种类繁多，主要有灯具、陈设品和书画雕刻等。

（1）灯具，有宫灯、花篮灯、什锦灯等，作为厅堂、亭榭、廊轩的上部点缀品。

（2）陈设品的种类繁多，单独放置的有屏风、大立镜、自鸣钟、香炉、水缸等；放古玩的多宝格，摆在桌几上的，有精美的古铜器、古瓷器、大理石插屏、古玉器、盆景等。

（3）书画雕刻，壁上悬挂书画，屋顶悬挂匾额，楹柱与壁画两侧悬挂对联，常聘请名家撰写，其书法、雕刻、色彩与室内的总体格调十分和谐。

匾额多为木刻，对联则用竹、木、纸、绢等制成。竹木上刻字，有阴刻、阳刻两种，字体有篆、隶、楷、行等，颜色有白底黑字、褐底绿字、黑底绿字、褐底白字等。

4. 家具陈设的基本原则

中国古典园林的家具陈设一般需遵循以下两个原则：实用性和成套性。

（1）实用性原则

实用性是中国古典园林家具陈设的首要原则。根据不同性质建筑的要求，选用不同的家具。如厅堂，是园主喜庆宴享的重要活动场所，故选配的家具必然典雅厚重，并采取对称布局方式，以显示出庄严、隆重的气氛。书斋内的家具，则较为精致小巧，常采取不对称布局，但主从分明，散而不乱，具有安逸、幽雅的情致。小型轩馆的家具，少而小，常布置瓷凳、石凳之类，精雅清丽，供闲坐下棋、抚琴清谈、休憩赏景之用。

（2）成套性原则

讲究成套布置是中国古典园林家具陈设的第二个重要原则。以"对"为主，二椅一几为组合单元，如增至四椅二几称之为"半堂"，八椅四几称之为"整堂"，亦即最高数额。在皇家园林中，更注意规格与造型的统一。

（二）西方传统室内设计风格样式

西方室内设计涉及范围广泛，内容丰富多彩。古埃及、古希腊、古罗马、欧洲中世纪、欧洲文艺复兴时期、巴洛克与洛可可时期、19世纪时期都产生了不少精美的作品，其影响力至今还很大。

1. 古埃及室内设计风格

公元前3000年左右，古埃及开始建立国家。古埃及人制定出世界上最早的太阳历，发展了几何学、测量学，并开始运用正投影方式来绘制建筑物的平面、立面及剖面。古埃及人建造了举世闻名的金字塔、法老宫殿及神灵庙宇等建筑物，这些艺术精品虽经自然侵蚀和岁月洗礼，但仍然可以通过存世的文字资料和出土的遗迹依稀辨认出当时的规模和室内装饰的基本情况。

在吉萨的哈夫拉金字塔祭庙内有许多殿堂，供举行葬礼和祭祀之用。"设计师成功地运用了建筑艺术的形式。庙宇的门厅离金字塔脚下的祭祀堂很远，其间有几百米距离。人们首先穿过曲折的门厅，然后进入一条数百米长的狭直幽暗的甬道，给人以深奥莫测和压抑之感。""甬道尽头是几间纵横互相垂直、塞满方形柱梁的大厅。巨大的石柱和石梁用暗红色的花岗岩凿成，沉重、奇异并具有原始伟力。方柱大厅后面连接着几个露天的小院子。从大厅走进院子，眼前光明一片，正前面出现了端坐的法老雕像和摩天掠云的金字塔，使人精神受到强烈的震撼和感染。"①

埃及神庙既是供奉神灵的地方，也是供人们活动的空间。其中最令人震撼的当推卡纳克阿蒙神庙（大约始建于公元前1530年）的多柱厅，厅内分16行密集排列着134根巨大的石柱，柱子表面刻有象形文字、彩色浮雕和带状图案。柱子用鼓形石砌成，柱头为绽放的花形或纸草花蕾。柱顶上面架设9.21米长的大石横梁，重达65吨。大厅中央部分比两侧高起，造成高低不同的两层天顶，利用高侧窗采光，透进的光线散落在柱子和地面上，各种雕刻彩绘在光影中若隐若现，与蓝色天花底板上的金色星辰和鹰隼图案构成一种梦幻般神秘的空间气氛。陈列密集的柱厅内粗大的柱身与柱间净空狭窄造成视线上的遮挡，使人觉得空间无穷无尽、变幻莫测，与后面光明宽敞的大殿形成强烈的反差。这种收放、张弛、过渡与转换视觉手法的运用，证明了古埃及建筑师对宗教的理解和对心理学巧妙应用的能力。

2. 古希腊室内设计风格

古希腊被称为欧洲文化的摇篮，对欧洲和世界文化的发展产生了深远的影响。其中给人留下最深刻印象的莫过于希腊的神庙建筑。

希腊神庙象征着神的家，神庙的功能单一，仅有仪典和象征作用。它的构造也较简单，神堂一般只有一间或二间。为了保护庙堂的墙面不受雨淋，建筑者会在外增加一圈雨棚，其建筑样式变为周围柱廊的形式，所有的正立面和背立面均采用六柱式或八柱式，而两侧更多的却是一排柱式。希腊神庙常采用三种柱式：多立克柱式（Doric Order）、爱奥尼柱式（Ionic Order）、科林斯柱式（Corinthian Order）。

始建于公元前447年的雅典卫城帕提农神庙是古希腊最著名的建筑之一。人们通过外围回廊，步过二级台阶的前门廊，进入神堂后又被正厅内

---

① 陈易. 室内设计原理 [M]. 北京：中国建筑工业出版社，2006.

正面和两侧立着的连排石柱围绕，柱子分上下两层，尺度由此大大缩小，把正中的雅典娜雕像衬托得格外高大。神庙主体分成两个不同大小的内部空间，以黄金比例 1：1.618 进行设计。它的正立面也正好适应长方形的黄金比例，这不能不说是设计师遵循和谐美的刻意之作。

3.古罗马室内设计风格

公元前 2 世纪，古罗马人入侵希腊，希腊文化逐渐融入罗马文化，罗马文化在设计方面最突出的特征是借用古希腊美学中舒展、精致、富有装饰的概念，选择性地运用到罗马的建筑工程中，强调高度的组织性与技术性，进而完成了大规模的工程建设，如道路、桥梁、输水道等，以及创造了巨大的室内空间。这些工程的完成首先归功于罗马人对券、拱和穹顶的运用与发展。

古罗马代表性建筑很多，神庙就是其中常见的类型。在罗马共和时期至帝国时期先后建造了若干座神庙，其中最著名的当属万神庙。神庙的内部空间组织得十分得体。入口门廊由前面八根科林斯柱子组成，空间显得具有深度。入口两侧两个很深的壁龛，里面两尊神像起到了进入大殿前序幕的作用。圆形正殿的墙体厚达 4.3 米，墙面上一圈还发了八个大券，支撑着整个穹顶。圆形大厅的直径和从地面到穹顶的高度都是 43.5 米，这种等比的空间形体使人产生一种浑圆、坚实的体量感和统一的协调感。穹顶的设计与施工也很考究，穹顶分五层逐层缩小的凹形格子，除具有装饰和丰富表面变化的视觉效果之外，还起到减轻重量和加固的作用。阳光通过穹顶中央圆形空洞照射进来，产生一种崇高的气氛。

4.中世纪室内设计风格

（1）中世纪教堂的兴起与发展

公元 313 年，罗马帝国君士坦丁大帝颁布了"米兰赦令"，彻底改变了历代皇帝对基督教的封杀令，公元 342 年基督教被奥多西一世皇帝奉为正统国教。全国各地普遍建立教会，教徒也大量增加，这时最为缺少的就是容纳众多教徒作祈祷的教堂大厅。过去的神庙样式也不太适应新的要求，人们发现曾作为法庭的巴西利卡会议厅比较符合要求，早期的教堂便在此基础上发展起来。其中，罗马的圣保罗大教堂、圣·萨宾教堂和圣·玛利亚教堂等就是巴西利卡式的教堂中保存最好的。

经过中世纪早期近400年的"黑暗时代",公元800年查理曼在罗马加冕称帝,查理曼是一位雄心勃勃、思想开明的帝君,在他统治期间、文学、绘画、雕刻及建筑艺术都有很大发展,史学上把这种艺术启蒙运动新风格的出现称为"加洛林式"(Canolingian),表现在建筑艺术方面即所谓的"罗马风"。罗马风设计最易识别的元素是半圆形券和拱顶,现在的西欧各地都能看到那个时期在罗马风影响下建造的数以千计的大小教堂,甚至在斯堪的纳维亚半岛上的北欧地区也有许多用木结构修建的罗马风格的小教堂,罗马风的威力不能小觑。

(2) 中世纪世俗建筑风格

中世纪中期的世俗建筑主要是城堡和住宅。封建领主为了维护自己领地的安全、防御敌人的侵袭,往往选择险要地形,修建高大的石头城墙,并紧挨墙体修筑可供防守和居住的各种功能的塔楼、库房和房间。室内空间的分布随使用功能临时多变。为了抵风御寒,窗户开洞较小,大厅中央多设有烧火用的炉床(后来才演变为壁炉),墙内和屋顶有烟道,室内墙面多为裸石。往往依靠少量的挂件,如城徽、兽头骨、兵器和壁毯等作为装饰。室内家具陈设也都简单朴素,供照明用的火炬、蜡烛都放置在金属台或墙壁的托架上,不仅实用,同时也是室内空间的陈设物品。

(3) 哥特式风格

公元12世纪左右,随着社会历史的发展与城市文化的兴起,王权进一步扩大,封建领主势力缩小,教会也转向国王和市民一边,市民文化在某种意义上来说改变了基督教。在西欧一些地区人们从信仰耶稣改为崇拜圣母。人们渴求尊严,向往天堂。为了顺应形势变化,也为了笼络民心,国王和教会鼓励人们在城市大量兴建能供更多人参加活动的修道院和教堂。由于开始修建这些教堂的地区的大多数市民来自700多年前倾覆罗马帝国统治的哥特人,后来文艺复兴的艺术家便称这段时期的建筑形式为"哥特式建筑风格"。

哥特式风格的特征主要表现在以下两个方面。

一方面,艺术形式。高大深远的空间效果是人们对圣母慈祥的崇敬和对天堂欢乐的向往;对称稳定的平面空间有利于信徒们对祭台的注目和祈祷时心态的平和;轻盈细长的十字尖拱和玲珑剔透的柱面造型使庞大笨重的建筑材料失去了重量，具有腾升冲天的意向；大型的彩色玻璃图案，把教堂内部渲染得五色缤纷，光彩夺目，给人以进入天堂般的遐想。

另一方面，结构技术。中世纪前期教堂所采用的拱券和穹顶过于笨重，费材料、开窗小、室内光线严重不足，而哥特式教堂从修建时起便探索摒除已往建筑构造缺点的可能性。他们首先使用肋架券作为拱顶的承重构件，将十字筒形拱分解为"券"和"蹼"两部分。券架在立柱顶上起承重作用，"蹼"又架在券上，重量由券传到柱再传到基础，这种框架式结构使"蹼"的厚度减到 20～30 厘米，大大节约了材料，减轻了重量，同时增加了适合各种平面形状的肋架变化的可能性。其次是使用了尖券。尖券为两个圆心划出的尖矢形，可以任意调整走券的角度，适应不同跨度的高点统一化。另外尖券还可减小侧推力，使中厅与侧厅的高差拉开距离，从而获得了高侧窗变长、引进更多光线的可能性。第三，使用了飞券。飞券立于大厅外侧，凌空越过侧廊上方，通过飞券大厅拱顶的侧推力便直接经柱子转移到墙脚的基础上，墙体因压力减小便可自由开窗，促成了室内墙面虚实变化的多样性。

最具代表性的哥特式建筑大多在法国，大致可分为三个阶段。

第一，早期和盛期哥特式。

公元 1135～1144 年巴黎的圣丹尼斯修道院和公元 1163 年始建的巴黎圣母院均是早期过渡到盛期的哥特式建筑的代表，它们体现了应用尖券和肋骨发展演变的过程。法国盛期的哥特式建筑代表是亚眠圣母大教堂（约 1220～1288 年），中厅宽约 15 米，高约 43 米，内部充满了起伏交错的尖形肋骨和束柱状的柱墩，空间感觉高耸挺拔。

第二，辐射式时期。

这一时期（公元 1230～1325 年）彩色玻璃窗花格的辐射线已成为一种重要元素，许多主教堂的巨大玫瑰窗就是典型的辐射式，巴黎圣夏佩尔小教堂（约 1242～1248 年）的墙体缩小成纤细的支柱，支柱之间全是镶满彩色玻璃的长条形窗，创造了一个彩色斑斓的室内空间。

第三，火焰式时期。

火焰式风格是指教堂唱诗班后面窗花格的形式呈火焰状，火焰式已成为法国哥特式晚期设计细部装饰复杂、精致、甚至繁锁的一个代名词。

除法国之外，欧洲其他地区的哥特式教堂也大量涌现。建于 1328～1348 年德文郡的埃克塞特大教堂则是英国装饰风格的实例，它的中厅为扇形肋组成的穹顶所控制，以簇叶式雕刻线为基础的装饰是这一时期的主要特征。

此外，德国的科隆大教堂（始建于 1270 年）、奥地利的圣斯芬教堂、比利时的图尔奈教堂、荷兰的圣巴沃大教堂以及西班牙的莱昂大教堂（始建于 1252 年）、巴塞罗那大教堂（始建于 1298 年）等都先后不同程度地受到法国哥特式建筑的影响。

5. 文艺复兴运动时期的室内设计风格

（1）文艺复兴运动的历史背景

"文艺复兴"被认为是西方文化出现"现代"意识的开始，英国学者阿诺德·汤因比则提出是本土古典文化复兴的观点。从社会现象上，一种蔓延的人文主义思想逐渐占据上风，人权、乐观主义、享乐人生的观念渐渐越过宗教自我约束的界限，伟大的艺术家作为象征可以成为"文艺复兴"的代名词。这种在外来宗教深入影响数百年后产生了宗教影响前文化的复兴运动，这种生存者本体对古代文化的反溯，是为了找到一种同样根深蒂固的力量来改造已经固化的当前社会架构和体系，使社会的进步可以为人的生存和发展提供有效支持。

（2）文艺复兴时期的室内设计风格

欧洲的文艺复兴以对生存环境舒适和美的巨大扩展，呈现出一派繁荣景象。古罗马的柱式、建筑形态和装饰，成为新创作的灵感来源。文艺复兴时期建筑空间的功效、舒适和家具的使用范畴，都比中世纪有显著的提高。室内设计语言上，文艺复兴并非对古罗马的复制，而是在理解罗马建筑的基础上进行大胆地创新。

早期文艺复兴时期室内有一个典型的特征就是将罗马拱券（半圆拱券）落在柱顶带一小段檐部的柱式上面，这种做法在早期基督教时期和拜占庭建筑中已经出现，但并非罗马风格的常规做法，在文艺复兴早期却成为典型特征。

随着对罗马建筑的深入理解，文艺复兴的建筑和室内呈现出更成熟自然的罗马气质，室内大量运用罗马建筑的语汇，壁柱、线脚、檐部特征，都被引入室内用作装饰，另外由于透视画法的进步，室内也常常采用绘画模仿表现进深的空间感和逼真的立体感。室内的细木镶嵌和石膏装饰线脚工艺越来越精致，对财富集聚下不断发展的商人新贵而言，恰好是满足其求新心理和显示身份的最佳手段。

晚期的文艺复兴走向了手法主义，是在更自由的创造氛围中寻找突破传统的可能，如米开朗琪罗就是最具代表性的文艺复兴艺术家，他的室内设计往往雕塑感很强，寻找活泼并具有冲突感的个性创造。古典元素在手法主义设计师那里被非常规地应用，有时甚至是拥挤于一个空间中彼此冲突，设计师也喜爱运用绘画的方式制造空间的错觉，表现对古典语言变形、突破的渴望。

文艺复兴设计师从古典当中学会的最重要的设计原则，是严谨的比例所创造的和谐关系和美感，最具影响的文艺复兴建筑师帕拉迪奥就创造了创新古典的高雅内敛的审美情调，可以说是对古典主义更完整成功的回应。

室内重要的组成物——家具，在文艺复兴时期有较大的发展，一是种类增多，富裕人家喜好用各种家具装点陈设室内空间，椅子的品种和使用场合明显增加，雕花大衣柜继承前代传统成为更广泛意义上的身份财富象征物；二是家具的装饰越来越普及，雕刻镶嵌甚至绘画都被运用于增加家具的价值和美感。

（3）代表作品

第一，罗马圣彼得大教堂。

罗马圣彼得大教堂是在旧的巴西利卡式的彼得教堂旧地上重新设计建造的新的圣彼得大教堂。经过设计竞赛，著名的画家、建筑师伯拉孟特的方案中标，该方案平面中厅为希腊十字形，近似正方形的四角分别有一个小十字空间，集中式的布局严格对称，具有纪念碑式的形象意义。该工程1506年动工至1514年，伯拉孟特去世。此后的三十多年里，随着进步势力与保守势力的反复较量，设计方案也几经变动，直到1547年，教皇保罗三世才委任72岁高龄的米开朗琪罗主持圣彼得大教堂的工程设计。

第二，佛罗伦萨圣洛伦佐教堂。

佛罗伦萨圣洛伦佐教堂建于1421～1428年，由著名设计师伯鲁乃列斯基设计。

第三，佛罗伦萨市的育婴院。

佛罗伦萨市的育婴院运用了大面积洁白的墙面、半圆形的连拱、优美的科林斯柱式，给人以轻盈爽朗、幽雅宁静的感觉。它完美地体现了人本主义的思想。

第四，佛罗伦萨劳伦廷图书馆门厅。

佛罗伦萨劳伦廷图书馆门厅始建于 1524 年，由米开朗琪罗设计。拥挤冲突的空间、独特的三角山花的假窗都是手法主义的典型特征。

第五，曼图亚的德尔特府邸巨人厅。

曼图亚的德尔特府邸巨人厅建于 1525～1535 年，是文艺复兴手法主义大师朱利奥·罗马诺的作品，建筑的构件和细部被组织进画面，表现出一种对古典原则戏谑式地运用，带有舞台感。

第六，《钻研的圣奥古斯丁画像》。

《钻研的圣奥古斯丁画像》(约 1502 年) 中画面表现了文艺复兴时期典型的室内设计，墙面带木质护墙板和线脚，门窗都带古典风格的线脚装饰，顶部呈方格藻井装饰，家具类型较中世纪多样化，椅子的运用比较常见。

6. 巴洛克与洛可可室内设计风格

(1) 巴洛克风格

"巴洛克"一词源于葡萄牙语 (Barocco)，意思是畸形的珍珠，这个名词最初出现略带贬义色彩。巴洛克建筑非常复杂，历来对它的评价褒贬不一，尽管如此，它仍造就了欧洲建筑和艺术的又一个高峰。

意大利罗马的耶稣会教堂被认为是巴洛克设计的第一件作品，其正面的壁柱成对排列，在中厅外墙与侧廊外墙之间有一对大卷涡，中央入口处有双重山花，这些都被认为是巴洛克风格的典型手法。另一位雕塑家兼建筑师贝尼尼设计的圣彼得大教堂穹顶下的巨形华盖，由四根旋转扭曲的青铜柱子支撑，具有强烈的动感，整个华盖缀满藤蔓、天使和人物，充满活力。

意大利的威尼斯、都灵以及奥地利、瑞士和德国等地都有巴洛克式样的室内设计。例如，威尼斯公爵府会议厅里的墙面上布满令人惊奇的富丽堂皇的绘画和镀金石膏工艺，给参观者留下强烈的印象。都灵的圣洛伦佐教堂，室内平立面造型比圣伊沃教堂的六角星平立面更为复杂，直线加曲线，大方块加小方块，希腊十字形、八边形、圆形或不知名的形状均可看到。室内大厅里装饰复杂的大小圆柱、方柱支撑着饰满图案的半圆拱和半球壁龛，龛内上下左右布满大大小小的神像、天使雕刻和壁画，拱形外的大型石膏花饰更是巴洛克风格的典型纹样。

16世纪末，路易十四登基后，法国的国王更成为至高无上的统治者，法国文化艺术界普遍成为为王室歌功颂德的工具。王室也以盛期古罗马自比，提倡学习古罗马时期艺术，建筑界兴起了一股崇尚古典柱式的建筑文化思潮。他们推崇意大利文艺复兴时期帕拉第奥规范化的柱式建筑，进一步把柱式教条化，在新的历史条件下发展为古典主义的宫廷文化。

法国的凡尔赛宫和卢浮宫便是古典主义时期的代表作，两宫内部的豪华与奢侈令人叹为观止。绘满壁画和刻花的大理石墙面与拼花的地面、镀金的石膏装饰工艺、图案的顶棚、大厅内醒目的科林斯柱廊和罗马式的拱券，都体现了古典主义的规则。除了皇宫，这个时期的教堂建筑有格拉斯教堂和最壮观的巴黎式穹顶教堂恩瓦立德大教堂，它的室内设计特点是穹顶上有一个内壳，顶端开口，可以通过反射光看见外壳上的顶棚画，而看不见上面的窗户，创造出空间与光的戏剧性效果。这种创新做法体现了法国古典主义并不顽固，有人把它称作真正的巴洛克手法。

(2) 洛可可风格

同"巴洛克"一样，"洛可可"（Rococo）一词最初也含有贬义。该词来源于法文，意指布置在宫廷花园中的人工假山或贝壳作品。法国洛可可艺术设计新时期在艺术史上称为"摄政时期"，奥尔良公爵的巴莱卢雅尔室内装饰就是一例，在那里看不见沉重的柱式，取而代之的是轻盈柔美的墙壁曲线框沿。门窗上过去刚劲的拱券轮廓被透迤草茎和婉转的涡卷花饰所柔化。

由法国设计师博弗兰设计的巴黎苏俾士府邸椭圆形客厅是洛可可艺术最重要的作品。客厅共有8个拱形门洞，其中4个为落地窗，3个嵌着大镜子，只有1个是真正的门。室内没有柱的痕迹，墙面完全由曲线花草组成的框沿图案所装饰，接近天花的银板绘满了普赛克故事的壁画。画面上沿横向连接成波浪形，紧接着金色的涡卷雕饰和儿童嬉戏场面的高浮雕。室内空间没有明显的顶立面界线，曲线与曲面构成一个和谐柔美的整体，充满着节奏与韵律。三面大镜加强了空间的进深感，给人一种安逸、迷醉的幻境效果。

英国从安妮女王时期到乔治王朝时期，建筑艺术早期受意大利文艺复兴晚期大师帕拉第奥的影响，讲究规矩而有条理，综合了古希腊、古罗马、意大利文艺复兴时期以及洛可可的多种设计要素，演变到后期形成了个性不明朗的古典罗马复兴文化潮流，其代表作有伦敦郊外的柏林顿府邸和西翁府邸。他们的室内装饰从柱式到石膏花纹均有庞培式的韵味。乔治时期的家具陈设很有成就，各种样式和类型的红木、柚木、胡桃木橱柜、桌椅以及带柱的床，制作精良；装油画和镜片的框子，采线和雕花也都十分考究；窗户也都采用帐幔遮光；来自中国的墙纸表达着自然风景的主题。室内的大件还有拨弦古钢琴和箱式风琴，其上都有精美的雕刻，往往成为室内的主要视觉元素。

中世纪后期的西班牙，宗教裁判所令人胆寒，建筑装饰艺术风格也异常严谨和庄重。直到18世纪受其他地区巴洛克与洛可可风格的影响，才出现了西班牙文艺复兴以后的"库里格拉斯科"（Churri Gueresco）风格，这种风格追求色彩艳丽、雕饰繁琐、令人眼花缭乱的极端装饰效果。格拉纳达的拉卡图亚教堂圣器收藏室就是典型代表。它的室内无论柱子或墙面，无论拱券和檐部均淹没于金碧辉煌的石膏花饰之中，过分繁复豪华的装饰和古怪奇特的结构，形成强烈的视觉冲击和神秘的气氛。

18世纪中期的美国追随欧洲文艺复兴的样式，用砖和木枋来建造城市住宅，称为"美国乔治式住宅"。这类住宅一般2~3层，成联排式样。从前门进入宽大的中央大厅，由漂亮的楼梯引向二层大厅。门厅两边有客房和餐厅，楼上为卧室，壁炉、烟囱设在墙的端头，厨房和佣人房布置在两翼。室内装修多以粉刷墙和木板饰面，富裕一些的家庭则在门、窗、檐口一带做木质或石膏的刻花线。壁炉框及画框都用欧洲古典细部装饰，还有的喜欢在一面墙上贴中国式的壁纸，大厅地面多为高级木板镶拼，铺一块波斯地毯，显示主人的优越地位。费城的鲍威尔住宅就是一个典型的代表作。

7.19世纪室内设计风格

18世纪末到19世纪中叶，随着欧洲国家政治、经济、文化的进步与发展，在建筑艺术领域，浪漫主义、新古典主义（希腊复兴、哥特复兴）、折中主义是几个主要的潮流。作为一种理念和样式，它们在不同的地区、不同的时候，有区别地表现着自己。各种"主义"之间既相互排斥又相互渗透，从历史的足迹来看，各个主义都留下了值得炫耀的作品。

(1) 新古典主义风格

在 18 世纪中期，新古典主义与巴洛克在法国几乎是并存发展的。进入 19 世纪后，继续有力地影响着法国，特别是在 1804 年拿破仑称帝之后，为了宣扬帝国的威力、歌颂战争的胜利，拿破仑也为自己立纪念碑，在国内大规模地兴建纪念性建筑，对 19 世纪的欧洲建筑影响很大。这种帝国风格的建筑往往将柱子设计得特别巨大，相对开间很窄，追求高空间的傲慢与威严。具有代表性的建筑有巴黎的圣日内维夫教堂 (又名"万神庙"，建于 1756～1789 年) 和巴德莱娜教堂 (又名"军功庙"，建于 1804～1849 年)。这些建筑大厅内均有高大的科林斯柱子支撑着拱券，山花和帆拱的运用正是罗马复兴的表现，图案和雕刻分布合理，体现了罗马时期建筑的豪华而不奢侈，表现出一种冷漠的壮观。

新古典主义在与法国为敌的英国以及德国、美国一些地方则表现为希腊复兴。他们认为古希腊建筑无疑是最高贵的，具有纯净的简洁，其代表作有英国伦敦大英博物馆和爱丁堡大学，德国柏林博物馆和宫廷剧院，美国纽约海关大厦 (现为联邦大厦)。这些建筑模仿希腊较为简洁的古典柱式，追求雄浑的气势和稳重的气质。

(2) 浪漫主义风格

浪漫主义起于 18 世纪下半叶的英国。浪漫主义在艺术上强调个性，提倡自然主义，反对学院派古典主义，追求超凡脱俗的中世纪趣味和异国情调。19 世纪 30 年代到 70 年代是浪漫主义风格发展的第二阶段，此时浪漫主义已发展成颇具影响力的潮流，它提倡造型活泼自然、功能合理适宜、感觉温情亲切的设计主张，强调学习和摹仿哥特式的建筑艺术，又被称为"哥特式复兴"。其主要代表作品有 1836 年始建的英国伦敦议会大厦、1846 年始建的美国纽约圣三一教堂、林德哈斯特府邸。在这些实例中都能看到哥特式的尖券和扶壁式的半券，彩色玻璃镶嵌的花窗图案仍然是那样艳丽动人。

（3）折中主义风格

进入19世纪，随着科学技术的进步，人们能更快、更多地了解历史的、当前的、各地的文化艺术成果。有人主张选择在各种主义、方法或风格中看起来最好的东西，于是设计师根据业主的喜爱，从古典到当代、从西方到东方、从丰富的资料中选择讨好的样式糅合在一起，从而形成了一种新的设计风格——折中主义。折中主义作为一种思潮有其市场，但最可悲的是他们更多地依赖于传统的样式，过多的细节模仿妨碍了对新风格的探索与创造。

（4）工业革命时期的室内设计风格

18世纪末到19世纪初是西方工业革命的发展时期。世界工业生产的发展与变化给室内设计带来了新意。早期工业革命对室内设计的影响，其技术性大于美学性。用于建筑内部的钢架构件有助于获取较大的空间；由蒸气带动的纺织机、印花机生产出大量的纺织品，给室内装饰用布带来更多的选择。

19世纪中期，钢铁与玻璃成为建筑的主要材料，同时也给室内设计创造出历史上从未有过的空间形式。1851年，由约瑟夫·帕克斯顿为举办首届世界博览会而设计的"水晶宫"更是将铸造厂里预制好的铁构架、梁架、柱子运到现场铆栓装配，再将大片的玻璃安装上去，形成巨大的透明的半圆拱形网架空间。另外，结构工程师埃菲尔设计了著名的铁塔和铁桥，也设计了巴黎廉价商场的钢铁结构，宏大的弧形楼梯和走道与钢铁立柱支撑的玻璃钢构屋顶，创造出开敞壮观的中庭空间。

（5）维多利亚时期的室内设计风格

维多利亚设计不是一种统一的风格，而是欧洲各古典风格折中混合的结果。维多利亚风格更多地表现在室内设计与工业产品的装饰方面，它以增加装饰为特征，有时甚至有些过度装饰。究其原因，大概与手工艺制作的机器化、模具化生产有关，雕刻与修饰不再像以前纯手工艺制作那样艰难，许多样式的生产只须按图纸批量加工便可。借用与混合是维多利亚式创作与设计的主要手段。

（6）工艺美术运动下的室内设计风格

19世纪下半叶，设计界出现了一股既反对学院派的保守趣味，又反对机械制造产品低廉化的不良影响的有组织的美学运动，称为"工艺美术运动"。这场运动中最有影响的人物是艺术家兼诗人威廉·莫里斯，他信奉拉斯金的理论，认为真正的艺术品应是美观而实用的，提出"要把艺术家变成手工艺者，把手工艺者变成艺术家"的口号。他主要从事平面图形设计，如地毯(挂毯)、墙纸、彩色玻璃、印刷品和家具设计。他的图案造型常常以自然为主题，表达出对自然界生灵的极大尊重，他的设计风格与维多利亚风格类似，但相对来说更为简洁、高贵和富于生机。

(7) 新艺术运动下的室内设计风格

19世纪晚期，欧洲社会相对稳定和繁荣，当工艺美术运动在设计领域产生广泛影响的同时，在比利时布鲁塞尔和法国一些地区开始了声势浩大的新艺术运动。与此同时在奥地利也形成了一个设计潮流的中心，即维也纳分离派；法国和斯堪的纳维亚国家也出现一个青年风格派，可以看作是新艺术运动的两个分支。新艺术运动赞成工艺美术运动对古典复兴保守、教条的反叛，认同对技艺美的追求，但却不反对机器生产给艺术设计带来的变化。

新艺术运动在欧美不仅对建筑艺术，还对绘画、雕刻、印刷、广告、首饰、服装和陶瓷等日常生活用品的设计产生了前所未有的影响。这种影响还波及亚洲和南美洲，它的许多设计理念持续到20世纪，为早期现代主义设计的形成奠定了理论基础。

二、现代室内设计风格样式

伴随着高速的经济发展，工业和科技水平的不断进步，室内设计迎来了高速的发展契机，本章结合该契机，在传统室内设计的基础之上，探讨中西方现代室内设计风格样式。

(一) 中国现代室内设计风格样式

1.中国近现代室内设计风格

(1) 中国近代室内空间的发展

早在清乾隆年间，圆明园就已经有了西洋式建筑群，属于意大利巴洛克建筑风格，只可惜现在只能从历史资料和现存残迹中想象当年的盛况。

1840 年以后，外国租界区的形成，西方建筑及室内设计思想广泛传播，促成了中国传统建筑及室内设计的转型。

西方宗教的传入，教会建筑的兴建主要是移植了西方教堂，室内普遍采用哥特复兴风格和罗马风格。各主要城市的领事馆建筑大都以外廊式的殖民地风格为主。商贸活动才是西方建筑及室内设计思想的主要传播渠道。殖民式风格、折中主义风格，装饰艺术风格、现代主义风格纷至沓来。

从近代开始，人们一直有一种将西方的物质文明和中国的精神文明相结合的理想。进入 20 世纪后，设计师们开始了对西方文化优越性的反思，一大批有着海外留学经历的建筑设计师，开始倡导民族复兴运动，中国近代建筑和室内设计出现了中式风格的传统复兴。杨廷宝、吕彦直、梁思成、关颂声、赵深、范文照、陈植、林克明都是这一时期的代表人物。

(2) 中国现代以来室内空间的发展

从 1949 年中华人民共和国成立至 1976 年，我国的建筑及室内设计受到政治运动的影响，设计风格的形成与发展停滞不前。从 1952 年开始，为适应新的社会主义计划经济体制，国家开始对建筑领域的各项体制进行大规模调整。同济大学等 8 所院校开设土木建筑专业，成为新中国建筑教育事业的中坚。国营建筑企业成立，自主生产建筑材料。建筑设计院成立，室内设计由建筑师作为建筑设计的一部分来完成，当时室内设计主要以满足基本的使用功能为原则，1958 年 9 月，为迎接中华人民共和国成立 10 周年，中央决定在北京建设包括人民大会堂等 10 个大型公共建筑项目，被人们称为 10 大建筑。这 10 大建筑工程的实践，使我国第一代室内设计工作者得到了充分的学习和锻炼，推动了室内设计专业的发展。

改革开放以后，西方现代设计思潮再次涌入国内，我国室内设计专业重新走上正确发展的轨道，室内设计风格的发展和演变也迎来了又一新高，呈现出多元化发展的趋势。室内设计最早是受港台的影响，波及广东深圳等地，继而北京、上海、江浙一带的装饰行业发展迅猛，遍及全国。这个历史性、跨越式的发展，依循的是一条"从南向北，自东及西，继而向内地、向西部辐射"的发展轨迹，也恰是我国地区经济发展的布局图。

2. 中国当代室内设计的发展趋势

（1）可持续发展

室内设计的可持续发展[①]，可概括为"双健康原则"和"3R 原则"。

所谓双健康，即人的健康和自然的健康。设计师在设计中，应该广泛采用绿色材料，保障人体健康；同时要注意与自然的和谐，减少对自然的破坏，保持自然的健康。

3R 原则，即 Reduce，Reuse，Recycle。就是指减小各种不良影响、再利用和循环利用。希望通过这些原则的运用，实现减少对自然的破坏、节约能源资源、减少浪费的目标。

（2）以人为本

我国古代对以人为本的论述，早已存在，[②] 具体可列举如下。

《素问·宝命全形》："天地合气，命之曰人。"

《素问·宝命全形》："天复地载，万物悉备，莫贵于人。"

《荀子·王制》："水火有气而无生，草木有生而无知，禽兽有知而无义，人有气、有生、有知亦且有义，故最为天下贵也。"

在室内设计中，首先应该重视的是使用功能的要求，其次就是创造理想的物理环境，在通风、制冷、采暖、照明等方面进行仔细的探讨，然后还应该注意到安全、卫生等因素。在满足了这些要求之外，还应进一步注意到人们的心理情感需要，这是在设计中更难解决也更富挑战性的内容。

（3）多元并存

20 世纪 60 年代以来，西方建筑设计领域与室内设计领域发生了重大

[①] "可持续发展"（sustainable development）的概念形成于 20 世纪 80 年代后期，1987 年在名为《我们共同的未来》（Our Common Future）的联合国文件中被正式提出来。尽管关于"可持续发展"概念有诸多不同的解释，但大部分学者都承认《我们共同的未来》一书中的解释，即："可持续发展是指应该在不牺牲未来几代人需要的情况下，满足我们这代人的需要的发展。这种发展模式是不同于传统发展战略的新模式。"文件进一步指出："当今世界存在的能源危机、环境危机等都不是孤立发生的，而是由以往的发展模式造成的。要想解决人类面临的各种危机，只有实施可持续发展战略。"

[②] 据考古研究，我国殷商甲骨文中就有"中商""东土""南土""西土""北土"之说，可见当时殷人是以自我本土为"中"，然而再确定东、南、西、北诸方向的。这种以自我为中心、然后向四面八方伸展开去的思想，充分显示出人对自我力量的崇信，象征着人的尊严。

变化①，多元的取向、多元的价值观、多样的选择正成为一种潮流，人们提出要在多元化的趋势下，重新强调和阐释设计的基本原则，于是各种流派不断涌现，此起彼落，使人有众说纷纭、无所适从之感。当下流行的观点，可总结为：现代与后现代，技术与文化，内部与外部，使用功能与精神功能，客观与主观，感性与理性，逻辑与模糊，限制与自由，现实与理想，当代与传统，本国与外国，共性与个性，自然与人工，群体与个体，实施与构思，粗犷与精细等。这些观点及主张，是非很难定论。

当今的室内设计从整体趋势而言亦是如此，正是在不同理论的互相交流、彼此补充中不断前进，不断发展。当然，就某一单项室内设计而言，则应根据其所处的特定情况而有所侧重、有所选择，其实这也正是使某项室内设计形成自身个性的重要原因。

(4) 环境整体性

"环境"并不是一个新名词，但环境的概念引入设计领域的历史则并不太长。对人类生存的地球而言，可以把环境分成三类，即自然环境、人为环境和半自然半人为环境。对于室内设计师来讲，其工作主要是创造人为环境。当然，这种人为环境中也往往带有不少自然元素，如植物、山石和水体等。如果按照范围的大小来看，又可以把环境分成三个层次，即宏观环境、中观环境和微观环境，它们各自又有着不同的内涵和特点。②

(5) 尊重历史

尊重历史的设计思想要求设计师在设计时，尽量通过现代技术手段，把时代感与历史文脉有机地结合起来，使古老传统重新活跃起来，力争把时代精神与历史文脉有机地融为一体。这种设计思想在室内设计领域往往表现得更为详尽。特别是在生活居住、旅游休息和文化娱乐等室内环境中，带有乡土风味、地方风格、民族特点的内部环境往往比较容易受到人们的

---

① 现代建筑的机器美学观念不断受到挑战与质疑，理性与逻辑推理遭到冷遇，强调功能的原则受到冲击。

② 宏观环境范围和规模非常大，内容常包括太空、大气、山川森林、平原草地、城镇及乡村等，涉及的设计行业常有：国土规划、区域规划、城市及乡镇规划、风景区规划等。中观环境常指社区、街坊、建筑物群体及单体、公园、室外环境等，涉及的设计行业主要有：城市设计、建筑设计、室外环境设计、园林设计等。微观环境一般常指各类建筑物的内部环境，涉及的设计行业常包括：室内设计、工业产品造型设计等。

欢迎，因此室内设计师亦比较注意突出各地方的历史文脉和各民族的传统特色。

(6) 注重旧建筑的再利用

广义上，凡是使用过一段时间的建筑都可以称作旧建筑，其中既包括具有重大历史文化价值的古建筑、优秀的近现代建筑，也包括广泛存在的一般性建筑，如厂房、住宅等。其实，室内设计与旧建筑改造有着非常紧密的联系。从某种意义上可以说，正是由于大量旧建筑需要重新进行内部空间的改造和设计，才使室内设计成为一门相对独立的学科，才使室内设计师具有相对稳定的业务。

同其他类型的旧建筑一样，在产业建筑再利用中也应该注意"整旧如旧"或"整旧如新"的选择问题。目前不少设计者偏向于采用"整旧如旧"的表现方法，希望保持历史资料的原真性和可读性。

(7) 室内空间的动态设计

在当前流行极少主义风格的同时，也非常强调内部空间的动态设计。内部空间的动态设计其实早有提及，清代学者李渔就曾提出了"贵活变"的思想，建议不同房间的门窗应该具有相同的规格和尺寸，但可以设计成不同的题材和花式，以便随时更换和交替。时至今日，建筑物的功能日趋复杂，人们的审美要求日益变化，室内装饰材料和设备日新月异，新规范新标准不断推出……这些都导致建筑装修的"无形折旧"更趋突出，更新周期日益缩短。[1]

动态设计一方面要求设计师树立更新周期的观念，在选材时反复推敲，综合考虑投资、美观和更新的因素，谨慎选择非常耐用的材料。另一方面也要求设计师尽量通过家具、陈设、绿化等内含物进行装饰，增加内部空间动态变化的可能性。因此，目前室内设计中表现出简化硬质界面上的固定装饰处理，主张尽可能通过内含物美化空间效果的趋势。

---

[1] 据统计，我国不少餐馆、美发厅、服装店的更新周期在2～3年，旅馆、宾馆的更新周期在5～7年。随着竞争机制的引入，更新周期有进一步缩短的可能性。因此关注动态设计成为当代室内设计的一大趋势。

（二）西方现代室内设计风格样式

1. 现代主义

20世纪初，工业化及其所依赖的工业技术为人们的生活带来了巨大的变化，如生活中电话、电灯的使用，旅行中轮船、火车、汽车和飞机的采用，结构工程中钢和钢筋混凝土材料的运用等等。纵观人类历史，过去手工劳动是主要的生产方式，而这时已经很少有手工产品了，工厂生产的产品也越来越标准化，于是人们在艺术、建筑领域中更加感觉到，历史上一直遵循的传统与这个现代世界的距离越来越远了。

现代主义运动希望提出一种适应现代世界的设计语汇，这种运动涉及所有艺术领域，如绘画、雕塑、建筑、音乐与文学。在建筑设计领域有四位人物被认为是"现代运动"的先驱和发起人——欧洲的沃尔特·格罗皮乌斯、密斯·凡德罗、勒·柯布西耶和美国的弗兰克·劳埃德·赖特，这四位大师既是建筑师，同时又都活跃于室内设计领域。

（1）格罗皮乌斯及其设计

1919年，格罗皮乌斯出任魏玛"包豪斯"（Bauhaus）校长，在包豪斯宣言中，他倡导艺术家与工匠的结合，倡导不同艺术门类之间的综合。

1925年，"包豪斯"迁至工业城市德绍，由格罗皮乌斯设计了新的校舍。包豪斯校舍于1926年竣工，这是一组令人印象深刻的建筑群，无论平面布局还是立面表达都体现了包豪斯的理念。复杂组群中最显著的部分是用作车间的四层体块，在这里学生们能进行真正的实践，各种材料均在这些车间中生产。包豪斯校舍引人注目的外观来自车间建筑三层高的玻璃幕墙、其他各翼朴素的不带任何装饰的白墙、墙面上开着的条形大窗以及宿舍外墙上突出的带有管状栏杆的小阳台。

"包豪斯"校舍设计强调功能决定形式的理念，建筑的平面布局决定建筑形式，这是对传统的巨大冲击，影响十分深远。"包豪斯"的室内非常简洁，并且功能与外观有着直接的关联。格罗皮乌斯主持的校长办公室室内设计引人注目，表现出对线性几何形式的探索。

（2）密斯·凡德罗及其设计

密斯·凡德罗是一个真正懂得现代技术并熟练地应用了现代技术的设

计师，他的作品比例优美，讲究细部处理。密斯善于把他人的创作经验融会到自己的建筑语言中去，追求表达永恒的真理和时代精神。

1913 年，密斯·凡德罗在柏林创办了自己的事务所。1927 年，作为德意志制造联盟副主席的密斯主持了斯图加特国际住宅博览会。当时现代运动的许多领袖，包括格罗皮乌斯与勒·柯布西耶，都被邀请设计某些样板住宅，密斯则设计了展览会中最大的住宅。这是一座高三层、有屋顶平台的公寓住宅，具有光面白墙和宽阔带形长窗等国际式建筑的典型特征。室内简洁朴素的特征清楚地表明了密斯的名言——"少就是多"，色彩和各种材料的纹理成为唯一的装饰元素。

密斯的另一个代表作是 1929 年巴塞罗那博览会中的德国展览馆。巴塞罗那馆是一座发挥钢和混凝土性能的建筑，它的结构方式使墙成为自由元素——它们不起支撑屋顶的作用，室内空间可以自由安排。这个作品凝聚了密斯风格的精华和原则：水平伸展的构图、清晰的结构体系、精湛的节点处理、高贵而光滑材料的使用、流动的空间、"少就是多"的理念等等。

（3）勒·柯布西耶及其设计

勒·柯布西耶是一位对后代建筑师产生重大影响的现代主义大师。早在 1914 年，勒·柯布西耶在他提出的"多米诺"体系中，就已经把建筑还原到最基本的水平和垂直的支撑结构以及垂直交通构件，这样就为室内空间的营造提供了最大限度的自由。

巴黎近郊的萨伏伊别墅是勒·柯布西耶最著名、最有影响力的作品之一。在室内设计中，没有任何多余的线脚与繁琐的细部，强调建筑构件本身的几何形体美以及不同材质之间的对比效果；内部空间用色以白为主，辅以一些较为鲜艳的色彩，追求大的色彩对比效果，气度大方而又不失活泼之感；内部的家居与陈设也突出其本身的造型美和材质美，强化了建筑的整体感，使之成为一个完美的艺术品。该住宅同格罗皮乌斯设计的包豪斯校舍、密斯设计的巴塞罗那德国馆一起成为 20 世纪最重要的建筑之一，标志着现代建筑的发展方向。

（4）弗兰克·劳埃德·赖特

赖特是 20 世纪的另一位大师，是美国最重要的建筑师之一，在世界上享有盛誉。赖特一生设计了许多住宅和别墅，他的一些设计手法打破了传统建筑的模式，注重建筑与环境的结合，提出了"有机建筑"的观点。

赖特最具代表性的作品当属流水别墅，这是1936年为考夫曼家庭建造的私人住宅。建筑高架在溪流之上，与自然环境融为一体，是现代建筑中最浪漫的实例之一。流水别墅共三层，采用非常单纯的长方形钢筋混凝土结构，层层出挑，设有宽大的阳台，底层直接通到溪流水面。未装饰的挑台和有薄金属框的带形窗暗示了设计者对欧洲现代主义的认识。流水别墅的室内空间设有自然石块和原木家具，非常强调与户外景观的联系，达到内外一体的效果。

（5）现代主义的发展

第二次世界大战期间，原材料的匮乏对现代主义风格提出了挑战，但同时又创造了机会。战争期间只能提供最普通、最粗糙的原料，但这却反而促成了现代主义风格的大众化，更能体现出它最基本的特征。

二战前夕，现代主义大师们从欧洲迁至美国，他们不仅把现代主义的中心移到了美国，更重要的是在美国兴建学院，培养了一批设计新人。1937年，格罗皮乌斯出任哈佛大学设计研究生院院长，传播包豪斯思想。1938年，密斯被聘为伊利诺伊理工学院建筑系主任。二战结束后，西方国家进入经济恢复时期，建筑业迅猛发展，现代主义的观念开始被普遍地接受。

格罗皮乌斯的教学纲领强调功能主义，强调空间的简单与明晰，强调视觉上的质感与趣味性。1948~1951年，芝加哥湖滨路高层公寓的设计与建立，圆了密斯早期的设计摩天楼之梦。1954~1958年，他又设计完成著名的纽约西格拉姆大厦。密斯的成功标志着国际式风格在美国开始被广泛接受。美国最著名的设计事务所SOM于1952年设计了纽约的利华大厦，这是对密斯风格的一个积极响应。密斯风格已经成为从小到大、从简到繁的各类建筑都能适用的风格，而且它古典的比例、庄重的性格、高技术的外表也成为大公司显示雄厚实力的媒介，使战后的现代主义建筑不仅能有效地解决劳苦大众的居住问题，还能表达社会上流的身份与地位，甚至表达国家的新形象。

匡溪学派的核心是在20世纪30年代在匡溪艺术学院（也可译作克兰布鲁克艺术学院）执教或就学的依姆斯、小沙里宁、诺尔、伯托亚、魏斯等人。这个学派崭露头角于 1938～1941 年间，在纽约现代艺术博物馆举办的"家庭陈设中的有机设计"竞赛中，依姆斯和沙里宁设计的曲面的合成板椅子、组合家具等获得了头奖。

现代主义能够盛行的另一个主要原因是它提出了全新的空间概念。20世纪，人类对世界认识的最大飞跃莫过于时间—空间概念的提出。在以往的概念中，时间和空间是分离的。但爱因斯坦的相对论指出，空间和时间是结合在一起的，人们进入了时间—空间相结合的"有机空间"时代。把"有机空间"的设计原则和"功能原则"结合在一起，就构成了现代主义最基本的建筑语言。在大师们的晚期作品中，常常能欣赏到这些原则淋漓尽致的发挥。例如，赖特的莫里斯商会（1948）和古根海姆美术馆的室内空间，都使用了坡道作为主要的行进路线，达到了时间—空间的连续；密斯的玻璃住宅打破了内外空间的界限，把自然景观引入室内；柯布西耶的朗香教堂（1950～1954）最全面地解释了有机建筑的原则，变幻莫测的室内光影，把时间和空间有效地结合在一起。

也正因为现代空间有如此丰富的表现手段，才使人们认识到单纯装饰的局限性，才使室内设计从单纯装饰的束缚中解脱出来。与此同时，建筑物功能的日趋复杂、经济发展后的大量改造工程，进一步推动了室内设计的发展，促成了室内设计的独立。

2. 晚期现代主义

自20世纪50年代开始，现代建筑的设计风格开始从单一化逐渐向多样化转变，虽然其建筑风格依旧保持简洁、抽象、重技术等特性，但是这些特点却得到最大限度的夸张。[①] 这种夸张，成了现代主义一种独特的风格与手法，并广泛传播。

早在 19 世纪 80 年代，沙利文就提出了"形式追随功能"的口号，后来"功能主义"的思想逐渐发展为形式不仅仅追随功能，还要用形式把功能表现出来。这种思想在晚期现代主义时期进一步激化，美国建筑师路易斯·康的"服务空间"—"被服务空间"理论就是典型代表。路易斯·康认

---

① 结构和构造被夸张为新的装饰；贫乏的方盒子被夸张为各种复杂的几何组合体；小空间被夸张成大空间……夸张的对象不仅仅是建筑的元素，一些设计原则也参与其中，并走向了极端。

为"秩序"是最根本的设计原则，世界万象的秩序是统一的。建筑应当用管道给实用空间提供气、电、水等并同时带走废物。因而，一个建筑应当由两部分构成——"服务空间"和"被服务的空间"，并且应当用明晰的形式表现它们，这样才能显现其理性和秩序。这种用专门的空间来放置管道的思想在路易斯·康的早期作品中就已形成。他非常钟爱厚重的实墙，但认为现代技术已经能够把古代的厚墙挖空，从而给管道留下空间，这就是"呼吸的墙"的思想。20世纪50年代初，他为耶鲁大学设计的耶鲁美术馆中，又发展了"呼吸的顶棚"的概念。这个博物馆是个大空间结构，顶棚使用三角形锥体组合的井字梁，这样屋盖中就有通长的、可以贯通管道的空间，集中了所有的电气设备，使展览空间非常干净、整洁。在以后的几个设计中，路易斯·康又逐渐认识到"服务空间"不应当仅仅放在墙体和天花的空隙中，而要作为专门的房间。这种思想指导了宾夕法尼亚大学理查兹医学实验楼的设计：三个有实用功能的研究单元（"被服务空间"）围绕着核心的"服务空间"——有电梯、楼梯、贮藏间、动物室等。每个"被服务空间"都是纯净的方形平面，又附有独立的消防楼梯和通风管道（"服务空间"），同时使用了空腹梁，可以隐藏顶棚上的管道。

"服务空间"和"被服务空间"虽然有其理性的基础，但这种思想最终被形式化，"服务空间"变成了被刻意雕琢的对象，不惜花费大量的财力来表现它们，使之成为塑造建筑形象的元素。这种手法主义的做法实际上已经偏离了"形式追随功能"的初衷，走向了用形式来夸张功能之路，构成了晚期现代主义设计风格的一大特点。这种形式主义还表现为把结构和构造转变为一种装饰。现代主义建筑没有了装饰元素，但它们的楼梯、门窗洞、栏杆、阳台等建筑元素以及一些节点替代了传统的装饰构件而成为一种新的装饰品。现代主义设计师擅长于抽象的形体构成，往往用有雕塑感的几何构成来塑造室内空间；现代主义的设计师还擅长于设计平整、没有装饰的表面，突出材料本身的肌理和质感。因而，晚期现代主义风格把现代主义推向装饰化时，产生了两个趋势——雕塑化趋势和光亮化趋势。

如果说抽象主义可以分为冷抽象和热抽象的话，雕塑化趋势也可以分为冷静的和激进两个方向，即可以用极少主义和表现主义来加以概括。

极少主义和密斯的"少就是多"的口号相一致，它完全建立在高精度的现代技术条件下，使产品的精密度变成欣赏的对象，无需用多余的装饰来表现。20世纪60年代初，一批前卫的设计师在密斯口号的基础上提出了"无就是有"的新口号，并形成了新的艺术风格。他们把室内所有的元素，如梁、板、柱、窗、门、框等，简化到不能再简化的地步，甚至连密斯的空间都达不到这么单纯。建筑师贝聿铭就是极少主义的典型代表。他的设计风格在于能精确地处理可塑性形体，设计简洁明快。其代表作品有肯尼迪图书馆和华盛顿国家美术馆东馆。

在华盛顿国家美术馆东馆中，美术馆的主体——展厅部分非常小，而且形状并不利于展览，最突出的反而是中庭的共享空间。在开始设计时，中庭的顶棚是呈三角形肋的井字梁屋盖，这样显得庄严、肃穆。后来改用25个四边形玻璃顶组成的采光顶棚，使空间气氛比较活跃。中庭的另一个特点是它的交通组织，参观者的行进路线不断变化，似乎更像是从不同的角度欣赏建筑，而不是陈列品。中庭的产生使室内设计的语言更加丰富，并且提供了充足的空间，使室外空间的处理手法能运用于室内设计，更好地实现了现代主义内外一致的整体设计原则。

整体设计的典型代表作有小沙里宁设计的纽约肯尼迪机场TWA候机楼。候机楼的曲面外型有一个非常简明的寓意——一只飞翔的大鸟，它的室内空间除了一些标识自成系统之外，其余的座椅、桌子、柜台以及空调、暖气、灯具等都和建筑物浑然一体。为了和双曲面的薄壳结构相呼应，这些构件也用曲线和曲面表现出有机的动态，使建筑形成统一的整体。

3.后现代主义

由于现代主义设计排除装饰，大面积地使用玻璃幕墙，采用室内外光洁的四壁，这些理性的简洁造型使"国际式"建筑及其室内千篇一律、毫无新意。久而久之，人们对此感到枯燥、冷漠和厌烦。于是，20世纪60年代以后，一种新的设计风格——后现代主义应运而生，并广泛受到欢迎。

20世纪后期，世界进入了后工业社会和信息社会。工业化在造福人类的同时，也产生了环境污染、生态危机、人情冷漠等矛盾与冲突。人们对这些矛盾的不同理解和反应，构成了设计文化中多元发展的基础。人们认识到建筑是一种复杂的现象，是不能用一两种标准，或者一两种形式来概括，文明程度越高，这种复杂性越强，建筑所要传递的信息就越多。1966

年，美国建筑师文丘里的《建筑的复杂性与矛盾性》一书就阐述了这种观点。[①]文丘里从建筑历史中列举了很多例子，暗示这些复杂和矛盾的形式能使设计更接近充满复杂性和矛盾性的人性特点。

1964 年为母亲范娜·文丘里在费城郊区栗子山设计的住宅是文丘里所设计的第一个具有后现代主义特征构想的建筑物。其基本的对称布局被突然的不对称所改变；室内空间有着出人意料的夹角形，打乱了常规方形的转角形式；家具令人耳目一新，而非意料中的现代派经典。此外，费城老人住宅基尔德公寓和康涅狄格州格林威治城 1970 年建的布兰特住宅也都体现了类似的复杂性。

1978 年，汉斯·霍莱因设计的维也纳奥地利旅游局营业厅的室内，则是对文丘里理论最直观的阐释与表现。20 世纪 70 年代末，迈克尔·格雷夫斯开始为桑拿家具公司设计系列展厅。这期间，格雷夫斯趋向于把古典元素简化为积木式的具象形式。在 1979 年设计的纽约桑纳公司的室内设计中，他把假的壁画和真实的构架糅合在一起，造成了透视上的幻觉。这种做法是文艺复兴后期手法主义的复苏。

作为新的设计趋向的代表，霍莱因和格雷夫斯有着共识。一方面他们延续了消费文化中波普艺术的传统，他们的作品都很通俗易懂，意义虽然复杂，但至少有能让人一目了然的一面，即文丘里所谓的"含混"；另一方面，这些作品中又包含着较高艺术的信息，显示了设计师深厚的历史知识和职业修养，因而又有所脱俗。这种通俗与高雅、传统与非传统的并立，也是信息时代的典型艺术特点。

4. 高技派

现代主义风格作为 20 世纪的主要设计风格，在多元主义时代继续发展。技术既是现代主义的依托，又是现代主义的表现对象。20 世纪晚期，"高技派"作为后现代时期与"后现代主义"并行的一股潮流，与后现代主义一样，强调设计作为信息的媒介，强调设计的交际功能。

在后工业社会，"高技术、高情感"变成一句口号。高技派设计师们认为：所有现代工程 50% 以上的费用都是由供应电、电话、管道和空气质量

[①] 他认为："现代主义运动所热衷的简单与逻辑是现代运动的基石，但同时也是一种限制，它将导致最后的乏味与令人厌倦。"

服务的系统产生的，若加上基本结构和机械运输（电梯、自动扶梯和活动人行道），技术可以被看作所有建筑和室内的支配部分。使这些系统在视觉上明显和最大限度地扩大它们的影响，导致了高技派设计的特殊风格。

高技派设计风格的典型代表当属巴黎的蓬皮杜中心。这一作品由意大利人伦佐·皮亚诺和英国人理查德·罗杰斯合作设计。巨大建筑结构、机械系统和垂直交通（自动梯）等暴露在外，独具特色。这座建筑受到公众的普通欢迎。

英国设计师福斯特设计的香港上海汇丰银行，其室内亦应用了高技派常用的手法，但同时也充满了人文主义的因素。入口大厅通向上层营业厅的自动扶梯，呈斜向布置。这种方向的调整据说是顺从了风水师的教化，却反而使室内空间更加丰富。在这个纯机械的室内，设计师努力不使职员感到生活在一个异化的环境之中。福斯特把办公区分成五个在垂直方向上叠加的单元，职员先乘垂直电梯到达他所在单元的某一层后，再换乘自动扶梯去他的办公室所在的那一层。这种交通设计既解决了摩天楼中电梯滞留次数过频的老问题，又能增进不同楼层、不同部门职员之间的了解与交流。

5. 解构主义

解构主义出现于20世纪80年代和90年代的作品之中，是被用来界定设计实践的一种倾向。解构主义一词既指俄国构成主义者塔特林、马列维奇和罗德琴柯提出的将打碎的部分组合起来，也指解构主义这一法国哲学和文学批评的重要主题，它旨在将任何文本打碎成部分以提示叙述中表面上不明显的意义。

由伯纳德·屈米设计的巴黎拉维莱特公园是解构主义的代表作。屈米在公园中布置了许多小亭子，均由基本的立方体解构成复杂的几何体，涂上鲜红色并按公园里的一个几何网格布置在开敞的公园中。这些亭子有各种功能———一个咖啡馆，一个儿童活动空间，一个观景平台……因此，多数亭子人们可以进入，从而可以从内部看到它们切割的形式。

作为纽约五人之一而为人所知的彼得·埃森曼根据复杂的解构主义几何学发展了他的设计作品。他设计的一系列住宅，使用了格子形布局法，有些格子是重叠的，室内外则都保持白色。康涅狄格州莱克维尔的米勒住宅，由两个互成45°角的冲突交叉和叠合的立方体形成。结果，室内空间成为全白色的直线形雕塑的抽象空间，一些简单的家具则可适应居民的生活现实。

弗兰克·盖里一直不承认自己是解构主义者，但他已经成为解构主义最著名的实践者之一。他最早引起人们注意的作品是他自己在洛杉矶郊外的住宅（1978～1988），他将各种构件分裂，然后再附加到住宅外部的组合方法暗示了偶然的冲突。在这个住宅以及洛杉矶地区的其他设计中，盖里采用了将一般材料和内部色彩进行表面上随意而杂乱地相互穿插的处理方式。此外，在1998年由盖里设计的西班牙毕尔巴鄂的古根海姆博物馆是另一个有趣的作品，其建筑整体是一个复杂的形式，外部包以闪光的钛合金皮，内部空间则反映了外部形式的错综复杂和变化多端。复杂和曲线空间的设计，过去一直受到绘图和工程计算等实际问题的限制，同时也受到实际建筑材料切割与组装的制约，为此盖里开发了计算机辅助设计，探讨了做出自由形体的潜能。

除了以上一些主要倾向之外，还有大量设计师进行了各种各样的尝试与探索，产生了诸多优秀作品与理论，室内设计界展现出生机勃勃的景象，可以相信室内设计仍将一如既往地为人类文明创造美好的环境。展望未来，室内设计仍将处于开放的端头，它的变化将与建筑设计及其他艺术门类中的变化思潮同步发展，这些思潮的变化并不局限于美学领域，室内设计将永无止境地不断向前发展。

三、室内软装风格设计

（一）国内室内软装的发展历史

1. 软装饰的产生及原始社会的软装饰

中国作为一个历史悠久的文明古国，早在原始社会人们刚刚懂得使用工具进行生产劳动的阶段就有了软装饰的雏形。原始社会，人类通过劳动创造了"居室"，而伴随居室出现的仿生图像为最初的装饰历史考证。

在北方，多以石穴为居，因此装饰图像以石壁凿刻为主，以狩猎场面为主要内容的岩画分布广泛，如黑山岩画《猫虎扑食图》。

南方则以古老的陶器为主要器皿，原始人用动物鲜血和赤铁矿粉涂绘或用羽毛笔绘制形若羚羊、飞鸟等动物图像的纹样在陶器上，作为最初的"装饰艺术"，目前已获考证的有新石器时代半坡出土的彩陶器皿，上有鸟兽奔跑的仿生图样。

2. 商周至春秋战国时期的软装饰

而后，根据象形文、甲骨文以及商、周代的铜器的记载和纹样的推测，当时已产生了兽皮、树叶、筋葛等制成的编织物来铺设室内的地面和墙面，并产生了几、桌、箱柜的雏形。至春秋战国时期，湖南长沙楚墓出土的文物中，漆案、木几、木床、壁画、青铜器等反映了当时已经拥有精美的彩绘和浮雕艺术作为处理居室视觉效果的装饰手法，著名的以灵魂升天为主要题材的帛画《人物龙凤图》《人物驭龙图》及青铜器《错银环耳扁壶》都体现着当时的装饰水平。

3. 汉代的软装饰

纺织品的出现使人类告别"茹毛饮血"的野蛮年代而进入文明社会，也使室内软装饰的发展迈进了一大步。自汉代以来，帛画成了重要的室内软装饰元素。东汉班固的《酉都赋》中有"屋不呈材，墙不露形，毅以蘸绣，绍以纶连"的描写；古词《孔雀东南飞》中又有"红罗复斗帐，四角垂香囊"的词句，以及马王堆出土的汉代帛画，这些都是汉代纺织品在建筑的内部空间中用于装饰的生动写照。

4. 唐代的软装饰

唐朝是中国历史上最辉煌的朝代，织锦、线毯、绢丝描绘了皇宫华贵艳丽的场面，诗人白居易在《红线毯》中写道："红线毯，择茧缫丝清水煮，拣丝练线红蓝染。染为红线红于蓝，织作披香殿上毯。披香殿广十丈余，红线织成可殿铺。彩丝茸茸香拂拂，线软花虚不胜物。美人踏上歌舞来，罗袜绣鞋随步没……"表现了织物绣品装饰的盛行，除了有"殿广十丈余"，更为"彩丝茸茸""线软花虚"的红丝毯所衬托。

另外，在南唐宫廷画院顾闳中的《韩熙载夜宴图》及周文矩的《重屏绘棋图》中可以看出唐代已出现造型成熟的几、桌、椅、三折屏、宫灯、花器等软装饰家具及摆件饰物。而在唐代诗人王建的《宫词》中曾咏道："一样金盘五千面，红酥点出牡丹花。"反映出唐朝大量使用装饰精美的金银器皿的真实情景。

5. 明清时期的软装饰

进入到明清时期后，软装饰中的家具有了重大突破，从古人"席地而坐"的坐卧式家具，过渡到各种造型的椅子及高桌，并在雕琢装饰工艺上大下工夫，因此明清时期的家具一直被人们关注至今，成为中式古典装饰风格中代表性的设计元素。

勤劳聪慧的中国人民自古就拥有室内装饰的创造力和鉴赏力，注重表达情感的意境，布置书画、对联追求诗情画意在室内装饰设计上融入儒家文化礼制思想，强调人文意识，并注重感官和视觉的舒适度。

21世纪的中国，室内软装饰为更多人所关注和研究，正以快捷的步伐飞速发展……

（二）国外室内软装的发展历史

1. 古代室内装饰

古埃及、古希腊、古罗马都是具有古老装饰艺术代表性的国家。古埃及神庙和陵墓中精美壁画，雕刻精致的家具体现着王室生活方式；古希腊、古罗马的雕塑、壁画、器皿上装饰风格体现着亚平宁半岛特有的风情。

2. 中世纪的软装饰

17、18世纪的欧洲大兴"装饰之风"，至中世纪用于受到极强的宗教影响，室内装饰呈现出以拜占庭文化为主的波斯王朝特色的装饰元素及以哥特文化为主的基督题材装饰绘画。

3. 文艺复兴时期的软装饰

文艺复兴时期，室内装饰从宗教色彩回到了世俗生活，强调着以人为本的观念，但装饰的手法更为繁复、奢华，无不彰显贵气，如巴洛克风格装饰和洛可可风格装饰。

4. 近代欧洲软装饰的发展与复兴

近代软装饰艺术发源于现代欧洲，又被称为装饰派艺术，也称"现代艺术"。它兴起于20世纪20年代，经过10年的发展，于30年代形成了声势浩大的软装饰艺术。此时的室内软装饰深受包豪斯学院派思潮影响，装饰图案呈几何形或由具象形式演化而成，所用材料丰富且以贵重的居多，装饰主题体现着人类的回归情节，如密斯·凡德罗的巴塞罗那德国馆。软装饰艺术在第二次世界大战后的数年里已不再流行，但从20世纪60年代后期开始它重新引起了人们的注意，并获得了复兴，到现阶段软装饰已经到了比较成熟的程度。

(三) 室内软装发展的现状

在全球对环境意识逐渐觉醒的今天，人们发现自己的生活空间已被千篇一律的程式化布置或早已被别人设计好的环境不断扭曲时，开始渴望自身价值的回归，寻求"人—空间—环境"和谐共生的空间环境，这就需要我们的软装饰设计以人为本，配合室内环境的总体风格，利用不同装饰物所呈现出的不同性格特点和文化内涵，使单纯、枯燥、静态的室内空间变成丰富的、充满情趣的、动态的空间。

一位资深家居设计大师认为，就家居环境而言，软装饰设计是对主人的修养、兴趣、爱好、审美、阅历，甚至情感世界的诠释；也有从家装市场反馈回来的最新消息称，近六成的装修公司设计师认为：时尚、高档硬体装修材料并非是优质装修的必要条件，整体装修效果的突出更多源自新颖的装修手法、合理的家具配置及精心选用的饰品，这些软装饰设计成为业主对家居环境关注的核心。

软装饰本身具有简单易行、花费少、随意性大、便于清洁等优点，随着大众收入的提高，室内软装饰消费正成为室内空间装饰的新热点。[1]

"轻硬装，重软装"的居家理念正在风行。软装市场迅速涌现出宜家、特力屋、百安居三大亚洲家饰软装品牌。在一些经济发达沿海城市，如北京、上海、深圳、广州等地相继出现了专业的软装饰设计服务公司，在室内软装饰设计的实践应用方面做出初步的探索。尤其是上海，中国软装饰

---

[1] 根据市场上装饰公司的调查数据显示，在国内，一般家庭新居装修第一年的总费用的平均值为71038.6元，其中硬装修的平均花费为57591元，占总装修支出费用的81.1%。而用于软装的平均消费为13447.6元，占总装修支出的18.9%。然而从第二年开始，用于硬装修的费用几乎没有，更多的家庭会通过更新或添加软装来弥补硬装修的遗憾和陈旧、这组调查数据显示，第二年起，一个家庭用于软装的花费每年平均为7786.8元，而且会随着年数的递增，物品的新旧更替，流行风尚的潮流交替，室内布局的变动等，软装的花费还会不断提升。

界的先驱之地，与软装饰相关的各大花艺专营市场、灯具专营市场林立许久，大型家具专卖店、大型饰品专卖店以及专业的软装时尚杂志等都应运而生，并迅速成为这个国际大都市的一枚不可缺少的时尚标志。

（四）室内软装饰发展的趋向

今天，个性化与人性化设计日益受到重视，人们也越来越关注自身价值的回归。这一点尤其体现在软装饰设计上。营造理想的个性化、人性化环境，就必须处理好软装饰，就要从满足使用者的需求心理出发进行设计。不同的政治、文化背景，不同社会地位的人，有着不同的消费需求，也就有不同的"软装饰"理想。只有对不同的消费群进行深入研究，才能创造出个性化的室内软装饰；只有把人放在首位，以人为本，才能使设计人性化。从室内软装饰的发展和现状中发现，室内软装饰设计可呈现出以下几种趋向。

1. 软装饰投资的扩大

随着人们环境意识与审美意识的逐渐提高，人们精神领域的需求越来越多。舒适的生活环境、室内造型能够带给人心灵的慰藉与视觉的享受。因此，满足人们和谐、舒适需求的设计将越来越受追捧，而这种和谐与舒适最主要体现在室内的软装饰设计上。人们会购入较多的工艺品、收藏品，设置更多的装饰造型景观，对室内色彩与材质更加关注等，即在室内软装饰上下本钱。可以预见，未来室内软装饰的投资比重将会越来越大。

2. 个性化与人性化增强

个性与人性是当今的一个创作原则，因为缺乏个性与人性的设计不能够满足人们的精神需求。千篇一律的风格使人缺少认同感与归属感。因此，在装饰上塑造个性化与人性化的环境是装饰设计师必须要实现的一个宗旨。

3. 注重室内文化的品位

今天的室内空间无论是在造型设计上，还是在室内软装饰中，都将在重视空间功能的基础上，加入文化性与展示性因素，如增添家居的文化氛围，将精美的收藏品陈列其中，同时使用具有传统文化内涵的元素进行具体的展示与塑造，使人产生置身文化、艺术空间的感觉。

4. 注重民族传统

中国传统古典风格具有庄重、优雅的双重品质。代表就是电视剧《红楼梦》里所展现的一系列的古色古香的装饰：墙面的装饰有手工织物（如刺绣的窗帘等）、中国山水挂画、书法作品、对联等；地面铺手织地毯，配上明清时代的古典家具、靠垫用绸、缎、丝、麻等材料做成，表面用刺绣或印花图案做装饰。这种具有中国民族风格的装饰使得室内空间充满了韵味，这也是室内软装饰设计所要追求的本质内容。

5. 注重生态化

科技的发展为装饰设计提供了新的理论研究与实践契机。现代室内软装饰设计应该充分考虑人的健康，最大限度地利用生态资源创造适宜的人居环境。为室内空间注入生态景观已经是室内软装饰设计必不可少的一个装饰惯例，而有效、合理地设置和利用生态景观则是室内软装饰设计中要充分考虑的因素，这就要求设计师能够把室内空间纳入一个整体的循环体系中来。

（五）室内软装的形式美法则

1. 对比

对比，是指在一个造型中包含着相对或相互矛盾的要素，是两种不同要素的对抗。也就是说两种以上不同性质或不同分量的物体在同一空间或同一时间中出现时，就会呈现出视觉上的对比，彼此不同的个性会更加显著。

室内软装饰设计的对比原则是指室内的软装饰陈设在搭配时，应注意在和谐统一的前提下，适当地在样式、材料和色彩等方面进行差异变化，避免搭配时由于过度的协调而形成呆板感。

在室内软装设计中，应用对比的设计手法，可使形态充满活力与动感，又可起到强调突出某一部分或主题的作用，使设计个性鲜明。其主要原因是对比产生的效果能对视觉产生强烈的冲击。对比要素有：大一小，长一短，宽一窄，厚一薄，黑一白，多一少，直一曲，锐一钝，水平一垂直，斜线一圆曲线，高一低，面一线，面一立体，线一立体，光滑一粗糙，硬一软，静止一运动，轻一重，透明一不透明，连续一断续，流动一凝固，甜—酸，强—弱，高音—低音，以及七色的色彩对比等。

2. 协调

协调是指整体中各个要素之间的统一与协调。其主体体现在事物内部之间的适应关系，如局部与局部之间、局部与整体之间。当这种关系十分协调时，也就得到了统一，继而也会出现和谐、安定的舒适感。

室内软装饰设计的协调原则是指室内的软装饰陈设在搭配时，应注意在风格、样式、材料和色彩等方面的和谐统一，避免搭配时的无序混搭。

协调在形态上，要素上主要有点、线、面、体的协调。通过对这些要素的处理，如对各要素之间的呼应、中和关系等进行处理，便可获得形态构成的美感。

在室内软装设计中，设计者可以将相同性质的要素进行组合，从而达到和谐的目的。例如设计者可以在变化中追求形状、色彩或质地（肌理）等方面的相同和一致，来达到和谐的视觉效果。

综上所述，对比与和谐是对立统一的。它们也是形态设计中最富表现力的手段之一。室内软装饰设计应本着"大协调、小对比"的原则进行搭配。

3. 统一

任何一种完美的造型，必须具有统一性。室内软装饰设计的统一原则是指室内的软装饰陈设在搭配时，应注意在风格、造型、色彩和环境等方面的协调关系，使室内的整体效果和谐、统一。也就是说，设计师设计的同一物体，其要素的多次出现，或者不同要素趋向或安置在某个要素之中，都需要整体风格一致。这样才能使所设计的产品整体风格一致，给人以井井有条的感觉。

事物的统一性和差异性，由人们通过观察来识别。但需要注意，若只追求统一，而忽略一些应有的变化，则会使设计的产品较为呆滞化。因此，设计师应该根据实际情况，理性对待。

4. 变化

变化是指设计的同一物体，其要素与要素之间要有差异性，或者相同要素在设计上要产生视觉差异感。这样做是为了防止所设计的作品呆滞、生硬化。因此，对物体设计进行适当的变化，有利于突出物体的律动感，从而增加物体的生命力，进而才能吸引消费者。这也是为减轻心理压力、平衡心理状态服务的。

室内软装饰设计的变化原则是指室内的软装饰陈设在搭配时，应注意在统一的前提下，适当地在造型、色彩和照明等方面进行差异变化，如造型的曲直、方圆变化，色彩的冷暖、鲜灰、深浅变化，照明的强弱、虚实变化等。

需要注意的是，变化是相对的，必须有度。变化过多则会产生杂乱、无序，使视觉产生错乱的感觉，从而给消费者精神上带来烦躁、压抑、疲乏之感。因此，设计师需要根据实际效果进行合理的变化调配。

综上所述，在室内软装设计中，无论是物体的形态、色彩、装饰、肌理都要考虑统一与变化这一因素。也就是说，统一与变化必须以一个为主，其余为辅，合体调配。

5. 节奏

节奏在音乐中是指音乐节拍的强弱、长短、力度的大小交替出现。在客观世界中，许多事物或现象往往由于有规律的重复出现或有秩序的变化，就可唤起人们对美的情感，这正是节奏的魅力所在。在室内软装设计中，节奏关系主要是通过所设计物品的内在组成元素在一定空间范围内间隔地反复出现而被感知，例如通过调节室内家具或装饰的形态、大小、构件、质量等方面的规律变化，便可产生节奏感。

在实际设计中，如果审美对象所体现出的节奏，与人的自然生理秩序形成同步感应状态，人就会感觉到和谐、愉快。所以具有美感的节奏，既是一种客观与主观的统一，也是一种心理与生理的统一。

6. 韵律

韵律是指图形形式上的优美情调，也是节奏与节奏之间运动所表现的姿态。韵律产生的美感则是一种抑扬关系有规律的重复、有组织的变化。韵律在视觉形象中往往表现为相对均齐的状态，在严谨平衡的框架中，又不失局部变化的丰富性。比如自然中的潮起潮落、云卷云舒、满湖涟漪会引起人们对一些抽象元素不同的联想；对起伏很大的折线、弧线感到动荡激昂；对弧度不大的波状线感到轻快，这些联想正是韵律在人们审美意识中的影响。

在室内软装设计中，人们常常利用某些因素有规律的重复和交替，把有激动力的形、色、线有计划、有规律地组织起来，并使之符合一定的运动形式，如渐大或渐小、递增或递减、渐强或渐弱等。有秩序、按比例地交替组合运用就会产生具有旋律感的形式。

室内软装饰陈设在搭配时应利用有规律的、连续变化的形式形成室内的节奏感和韵律感，以丰富室内空间的视觉效果。节奏与韵律的表现可以通过多变的造型、多样的色彩和动感强烈的灯光来实现。

综上所述，节奏与韵律在室内软装设计中是不可缺少的。例如线条的大小、粗细、疏密、刚柔、长短、曲直和形体的方、圆等有规律的变化，便可产生节奏与韵律。在具体的形态设计中，设计者可以利用反复、渐变来表现律动美。

（六）室内软装设计的手法

1. 对比手法

在室内软装饰的设计手法中，对比手法可分为两种基本形式，即同时对比和间隔对比。而软装饰中比较常用的是色彩对比和肌理对比。

（1）同时对比

同时对比一般所占的平面面积较小或空间较小，而且相对比较集中，效果比较强烈，往往会由此形成视觉中心或者说是趣味中心。但要防止出现杂乱无章的后果。

第一，色彩对比。

在同时对比中，运用得比较多的是色彩对比。在软装饰设计中设计师常常会对同一空间、同一平面、同一类物体，采用两种完全对应或基本对应的色彩，进行装饰。红与绿、橙与蓝、黄与紫、黄橙与紫蓝、黄绿与紫红、橙红与蓝绿都是处于相对位置具有补色关系的两种色彩，如果把它们放在同一个平面（墙面、地面）或同一个空间内亦或同一个物体上，就会给人带来很强的视觉冲击，这就是色彩对比。

纯黑、纯白在色彩中不是补色关系对比，将这两种无彩色放在一起，也会产生强烈的对比效果，但这叫无彩色对比。将纯粹的红、黑、白三色放在一起，叫纯三色对比。把红、黄、蓝放在一起，也叫三色对比，这些对比的结果都特别有刺激性，有引诱力，往往成为一个空间或一个平面中最吸引眼球的地方。

需要注意的是，在软装饰中进行色彩对比，既有上述的色相对比，还有色彩的明度对比、彩度对比、综合对比。在对比中必须注意色彩所占的面积必须相近，这样空间才能比较协调、和谐。色彩基数的占有面积，有一定的比例关系，其中红色是6，橙色是4，黄色是3，绿色是6，蓝色是8，紫色是9。在同一空间或同一个平面的两种色彩搭配中，为了使色彩在感觉上做到平衡，各自面积应符合上述比例关系。如红色与绿色各自所占面积最好是1∶1，因为它们的基数都是6。如蓝色与橙色并置，那么所占的色彩最好是2∶1，因为蓝色是8，橙色是4。

要特别注意的是色彩对比的选择决不能失去和谐的基础，色彩过分突出，会生零乱、生硬的感觉。

第二，肌理对比。

肌理是指材料本身的肌体、形态和表面纹理。在现代室内软装饰设计中，设计师往往通过材料肌理与质地的对比、组合来形成个性化的、不同凡响的空间环境。比如，家居设计中以木材和乱石墙装饰墙面，会产生粗犷的自然效果，而将木材与人体材料对比组合，则会在强烈的对比中使室内充满现代气息。这种做法有木地板与素混凝土的组合对比，也有石材与金属、玻璃的组合对比。毛石墙面近观很粗糙，远看则显得较平滑。石材的相对粗糙与木橱窗内精致的展品又形成明显的对比。例如，在一个客厅的玻璃隔断上，装上横排的规整木板，硬软对比，使隔断不再前后通透，一目了然，增加了私密性而又柔化了空间。

（2）间隔对比

间隔对比往往是两个对比的元素直线距离较长或空间距离较远，它有利于对空间的视觉中心起烘托作用，并使整体构图取得协调。在上海西区一幢建材企业的办公楼中，两个同样大小的会议室，一间用片石做壁面，另一间用大理石做壁面，前者粗糙有纹理，后者光滑无纹理，这叫肌理对比。从整座办公楼来说，它们还是协调的，但它们利用材质表面的粗糙、光滑到形成不同凹凸关系，会给参观者造成不同的视觉效果，便于参观者对这些建材进行鉴赏。如采用混凝土柱、竹帘、玻璃珠幕组合，能给人带来视觉与触觉的冲击。

2. 均衡手法

均衡是平衡关系中的不对称形式，指对应双方等量而不等形，它以支点为重心，保持异形各方力学的平衡，是以心理感受为依据的不规则、有变化的知觉平衡，知觉平衡是指形态的各种造型要素（如形、色、肌理等）和物理量给人的综合感觉。

均衡的构图表面看起来无规律可循，却有着内在的平衡。就像秤杆一样，视觉上两边不一样大，但重量上是平衡的。然而，物理的均衡和视觉的均衡是不一样的，物理的均衡需要通过计算得到，而视觉均衡只凭直觉，凭感觉达到的心理上的平衡。

在室内软装饰设计中，如果要使一张画面达到均衡，需要调整画面中各种形状的大小、粗细、聚散，色彩的明暗、冷暖，位置的上下、左右，方向的不同朝向，重心的沉稳与飘浮等，要反复地比较、相互参照才能取得均衡。

决定视觉上均衡的要素很多，也很复杂，但主要还是重量和方向这两个方面的因素。

在室内软装设计中，视觉均衡的重量方面主要有如下几点规律。

第一，形态复杂的在视觉上比形态简单的重量要重。因此一个较小的复杂的形态可以平衡一个较大的简单的形态。

第二，形态面积越大，在视觉上的重量就越重，也更加吸引人，更加引人注目。要想平衡一个较大的图形，需要两三个较小的图形才能达到。

第三，在色彩的冷暖方面，暖色比冷色在视觉上更重，所以一个较小的暖色形态可以平衡一个较大的冷色形态。

第四，色彩明度低的比色彩明度高的，在视觉上的重量更重。

第五，在色彩的纯度上，纯度高的比纯度低的在视觉上显得重。

3. 呼应手法

在室内软装饰设计中，顶棚与地面、墙面、桌面或其他部位，都可采用呼应的手法。呼应属于均衡的形式美，有的是在色彩上，有的是在形体上，有的是在构图上，有的则是在虚实上、气势上起到呼应。顶棚与墙面、桌面在形态和色彩上的相互呼应，会形成不同的氛围。如环形走道很长，采用黑白两色及装饰物前后呼应、延续，十分雅致。这种呼应手法运用在空间中，使空间获得了扩张感或导向作用，同时加深了人们对环境中重点景物的印象。

4. 简洁手法

简洁是现代建筑设计师特别推崇的一种表现手法，"少就是多，简洁就是丰富"便是简洁手法的设计观念。

简洁不是简单。简单有可能是贫乏或单薄，简洁则是一种审美的要求，它是现代人崇尚精神自由的一种体现。在室内软装饰设计中，简洁强调"少而精"，要求在室内环境中没有华丽的装饰和多余的附加物，把室内装饰减少到最小的程度，用干净、利落的线条、色彩和几何构图，构筑出令人赏心悦目、具有现代感的空间造型。又如著名建筑师米开朗·琪罗用干净爽朗的线条、色彩、几何图形所构筑的象征性的美。这些都是设计构成美的重要手法。

第五节　室内设计师及职业素养

一、职责分析——室内设计师的认识

国际室内设计协会对室内设计师的职责做出了以下规定："专业的室内设计师必须经过教育、实践和考试合格后获得正式资格，其工作职责是提高室内空间的功能和居住质量。"今天的室内设计服务内容应包括与室内相连接的室外环境设施设计及室内选配灯具、家具、绿化、艺术品等陈设内容。在商业环境设计中还应包括店面设计及标志、标牌字体等 VI 设计（视觉形象设计），以及对经营行为发展预见等内容。

可见，室内设计师的职责是多方面的。在今天市场经济的社会环境下，综合服务已成为室内设计师的专业范畴和社会职责。为了达到这些要求，设计师一方面必须能随机应变，富于创造，具有艺术才能，另一方面必须能高效工作，具备良好的商业技巧。

二、室内设计师的技能要求

室内设计师是指具备一定的美术基础，通晓室内设计相关的专业知识，掌握设计的技能，并取得相应的职业资格，专门从事室内设计的专业设计人员。

(一) 艺术与设计知识技能

1. 造型基础技能

造型基础技能包括手工造型 (含设计素描、色彩、速写、构成、制图和材料成型等)、摄影摄像造型和电脑造型。

设计速写具有形象、快捷、方便等特点，它既可以对室内空间的形态予以快速地记录，又可以在记录的过程中对现有构思进行分析而产生出新的构思。通过设计素描练习，可以加深对室内构造方式的认识。

制图技术包括工程制图与效果图的绘制。工程制图对于涉及三维的设计专业，如工业设计、建筑设计、展示设计等，是必须掌握的一种技能。视图的表现形式可以将设计准确无误、全面充分地呈现出来，把信息传递给制造者或生产者。设计效果图形象逼真、一目了然，可以将设计对象的形态、色彩、肌理及质感的效果充分展现出来，使人有如见实物之感，是顾客调查、管理层决策参考的最有效手段之一。

摄影和摄像也是设计师应该具备的技能。一种是资料性的摄影摄像，可以为设计创作搜集大量的图像资料，也可以记录作品供保存或交流之用。另一种是广告摄影摄像，这种摄影摄像本身就是一种设计，通过有效的摄影表现可以弥补其他表现形式的不足，也可以与其他的表现形式相互补充，充分利用现代媒体技术，以生动的、直观的视听形式，达到准确传递设计意图及有效的展示和宣传的力度。

设计师还应具备模型制作能力。模型制作属于产品生产前期对产品的模拟造型，是材料成型能力培养的一种有效方式。

2. 专业设计技能

作为一名室内设计师，首先应熟练掌握手绘的表现技法，其次还要掌握相关的计算机软件的应用。当下计算机的辅助设计是每一个室内设计师必修的课程，它能客观地反映室内空间的尺寸、比例与结构。除此之外还包括模型的制作，因为对于一些复杂的室内设计，仅靠图纸是不行的，还要制作相应的模型，以便于设计的进一步推敲以及同客户的沟通交流。

3. 设计理论知识

室内设计师需要综合考虑包括使用功能、技术和生产工艺、成本、消费市场等多方面的因素，需要了解一些新兴学科，如人体工程学、环境物理学、材料学等学科的相关理论知识。除此以外，设计师还应掌握的艺术与设计理论知识，主要有艺术史论、设计史论和设计方法论等；还要关注当代艺术设计的现状与发展趋势，这样才能开阔视野，扩展专业发展的道路。

(二) 创新技能

在科技以人为本成为时尚、艺术与科学相互交融成为世界性潮流的今天，设计师的创新既需要具备求实、怀疑与批判的精神，还需要自主、独立、好奇心、想象力，以及知觉、感悟、灵感等。但创新设计远不只在于外观，而在于引导市场消费，提升人们的生活品质。

所谓设计就是要通过有效的工作改变设计对象本身，因此设计师需要具备一定的创造力。很多学者都对人的创造能力进行过研究，有些学者就提出了创造是一个连续不可分割的完整过程，是发现问题、解决问题的活动。通过比较发现，设计师所进行的设计过程与人的创造过程是何等的相似。但其中最大的差异是进行设计和创造的手段是截然不同的。设计的思维是全脑型的，使用的是视觉化的语言进行表达，设计的决定不仅表现在技术上，而且还表现在艺术上，可见设计决定的内涵更广。

(三) 团队合作技能

为了维持良好的合作关系，设计师应该遵循下列原则：

(1) 平等原则，平等待人是建立良好人际关系的前提，没有平等的观念就不能与他人建立密切的人际关系，虽然我们在一个团队中担当的角色不同、责任不同、地位不同，但在人格上是平等的，平等的交往才能体现真诚，才能深交，这是我们最重要的交往原则。当然我们这里所指的设计师之间的交往关系是一个相对的关系，每个项目都有主持人，或者每个工程的负责人，在项目负责制这个社会背景下，设计人员应该尊重主持人的意见，而且应该在集体中本着一致的利益而畅所欲言，所以平等的概念就变得很现实，负责项目的人对团队的合作负有更多的责任。

（2）信用原则，对设计师来说，在团队合作中诚信很重要，缺少了这种诚信，在团队之中就会以个人利益为出发点去考虑彼此之间的合作。随着社会与经济的发展，设计师的信誉在工程项目中有着非常重要的作用，许多企业宁可和信用价值高的团队合作也不肯和屡次失信的团体交往。

（3）互利原则，在设计师的交往中，互利的原则是很重要的，它是一种激励机制，有互利才会互动，这个互利包括三个方面，首先是物质互利，每个设计师在自己的责任范围内去完成工作就应该获得相应的经济利益和荣誉，其次是精神互利，也就是说彼此在合作中能够在心理和情感上得到互补，合作成功就应该共同享有荣誉，所以我们认为互利是很重要的。最后是各自在不同的利益上得到平衡，你得物质我得荣誉。

（4）相容原则，所谓相容，简单地说就是心胸宽广，忍耐性强，相容的品质是设计师修养的体现。在整个社会发展中，在专业市场竞争激烈的今天，在团队合作中要建立良好的合作关系，相容的原则是不可缺少的。许多世界上著名的设计大师都具有极强的相容性，具有一种宽容别人的态度，能对别人的意见充分倾听，对别人谦让，所以相容的能力往往是自信心很高的人，有能量的人，有修养的人。当然相容不是随波逐流，不是人云亦云。

总之，要成为一个室内设计师并不容易，而要成为一位成功的室内设计师就更加困难了。系统的专业教育不仅是为了培养合格的从业人员，更重要的是培养专业学习者具备较高的综合艺术素养和发展潜能，增强帮助业主发现问题、分析问题、解决问题的能力，并能探索和引领新的有益的生活方式。

室内设计师是指具备一定的美术基础，通晓室内设计相关的专业知识，掌握设计的技能，并取得相应的职业资格，专门从事室内设计的专业设计人员。

第四章　低碳经济理念下室内设计原则与应用

全球经济一体化使低碳生活这股浪潮也席卷我国，人们在日常生活中更加注重低碳的生活方式。而作为与人民生活密切相关的室内设计行业，在工作时也要更加注重低碳思想的渗入，但由于多方面因素的影响，室内设计人员的工作水平还有待提高。因此，做好低碳经济理念下室内设计原则的研究是非常有必要的。

第一节　低碳经济理念下的室内设计原则

一、住宅室内设计的低碳理念

随着社会与经济的发展，基于低碳理念的住宅室内设计会越来越受到人们的青睐，将成为未来室内设计的主要发展趋势。基于低碳理念的住宅室内设计将会带给人们一个全新的住宅室内环境，创造出更环保、更节能、更健康、更人性化的居家生活环境，以符合人们日益增长的物质以及精神的发展需求。

（一）住宅低碳化室内设计

在低碳经济已经成为全球的经济态势背景下，低碳理念延续至今已成为当今最热门的话题之一。国家对住宅室内设计企业的管理及其环保意识的引导力正在逐步增强，与此同时人们的环保意识也在逐步提高。如何进行设计、材料、技术、施工的低碳化改革创新，来提高住宅室内设计企业的竞争力，品牌战略创新能力，对住宅室内设计行业的发展至关重要。住宅低碳化室内设计是指从住宅室内设计的室内空间设计、物理环境设计、室内陈设设计、室内装修设计四个方面入手，进入低碳化改革创新的设计方式。其比传统设计方式更强调住宅生命周期中的环保低碳性能，即在不会对人体造成伤害的前提下，满足使用者的多种需求。[①]

(二) 住宅室内低碳设计思维

所谓的住宅精细化设计，在住宅建筑设计过程中以人为本，充分考虑人的活动需求，建筑、结构、给排水、电气、暖通等多专业领域充分配合，以求达到住宅空间布局合理、符合人体工程学、水电管道布线合理、装修与软装配饰集于一体的精装修设计模式。住宅精细化设计是在满足人性化、舒适性的前提下，以环保节能作为参考依据，以长远发展可持续理念为基准，达到标准化、规范化和整体化的低碳化住宅室内设计模式。通过住宅精细化设计，不仅避免了因住宅建造以及二次改造中的资源浪费和环境污染，同时也给住户提供了舒适的家居生活环境，与低碳设计理念不谋而合。

为了贯彻落实科学发展观，在实施可持续发展战略中以低碳环保为原则，将低碳设计思维贯穿于住宅室内设计的前期方案、材料选用、施工过程以至后期维护。除此之外，低碳设计思维在住宅室内空间设计、室内装修设计、室内陈设设计、室内物理环境设计等方面均有体现。

(三) 住宅室内低碳再生能源

可再生能源是指在自然界中可以不断再生、永续利用的能源，具有取之不尽、用之不竭的特点，主要包括太阳能、风能、水能、生物能、地热能和海洋能等。在住宅室内设计中，应该优先考虑使用太阳能、风能、水能等可再生资源，并采取相应的设计方案以及措施。这类清洁无污染的可再生能源不仅不会对室内环境造成污染，而且还能够营造室内与室外环境之间的良性互动氛围，而且还节能环保。

(四) 住宅室内低碳高效节能的施工

据相关统计，建筑业的环境污染占整体比例的34%，并且其中有很大

---

① 钟蕾，李洋.低碳设计 [M].南京：江苏科学技术出版社，2014.

一部分来自室内装修施工以及改造过程。因此，住宅室内低碳高效节能的施工方式成为低碳设计亟待解决的问题。

首先，技术施工人员的低碳环保意识、管理施工现场能力、专业技术水平对住宅室内施工起着关键的作用。只有低碳、节能、高效、洁净的施工方式和加强环保意识，才能保证低碳室内设计的顺利完成。

其次，在传统施工方式上加以改进、创新。住宅施工工地的碳排放大部分来自各种建材的运输以及施工的各种设备。工厂预制、被动式节能技术有效地保障了住宅施工现场的高效洁净。结构师、建筑师、机电工程师、室内设计师等都集中在车间进行设计，没有了在工地现场施工的污染，建造速度快，大大降低了住宅建造业的碳排放。

最后，施工管理制度有待进一步完善。目前，部分有资质的施工单位通过外包形式把施工转包到一些无资质的个体施工队伍的情况，这些施工队伍因贪图经济利益而不顾低碳环保理念，在施工过程中采取高耗能、高排放的施工方法。因此有必要加强施工的规范性，对施工期限进行严格把控，避免造成不必要的资源、能源浪费。

(五) 住宅室内低碳节能环保材料

新型低碳节能环保材料的开发与推广，对低碳住宅室内设计起着至关重要的作用。新型低碳环保材料仅自身材料具有环保性，不会对人体造成危害；并且具有可再生性，即其材料能够循环使用。以新型低碳节能环保材料代替高消耗、高污染的传统型材料是符合室内低碳设计发展趋势的。比如稻草砖，稻草砖主要成分是稻草，包含纤维素、半纤维素、木质素、粗蛋白质和无机盐等，防火标准完全达到了甲级墙的标准，造价低，具有色彩丰富、还体积小、保温、隔热、隔音等优良性能，不仅在环保上解决了焚烧的问题，可以自然降解，不会给环境带来任何负担，且在工程造价、运营成本、社会效益等方面均优于普通砖。

二、室内设计的原则要求

(一) 整体性原则

在进行室内设计的过程中，要注意各个界面的整体性要求，使各个界面的设计能够有机联系，完整统一，并直接影响室内整体风格的形成。室内设计的整体原则主要应注意以下两点。[①]

(1) 室内界面的整体性设计要从形体设计上开始。各个界面上的形体变化要在尺度、色彩上统一、协调。协调不代表各个界面不需要对比，有时利用对比不但可以使室内各界面总体协调，而且还能达到风格上的高度统一。界面上的设计元素及设计主题要互相协调、一致，让界面的细部设计也能为室内整体风格的统一起到应有的作用。

(2) 室内界面的整体性还要注意界面上的陈设品设计与选择。选择风格一致的陈设品可以为界面设计的整体性带来一定的影响，陈设品的风格选择应接纳各种风格的陈设品，如不同材质、色彩、尺度的陈设品，通过设计者的艺术选择，都能在整体统一的风格中找到自己的位置，并使室内整体设计风格高度统一，而且还要使细部的设计风格统一。

(二) 功能性原则

人对室内空间的功能要求主要表现在两个方面：使用上的需求和精神上的需求。理想的室内环境应该达到使用功能和精神功能的完美统一。

1. 使用功能的原则

(1) 单体空间应满足的使用功能

满足人体尺度和人体活动规律。人体尺度：室内设计应符合人的尺度要求，包括静态的人体尺寸和动态的肢体活动范围等。而人的体态是有差别的，所以具体设计应根据具体的人体尺度确定，如幼儿园室内设计的主要依据就是儿童的尺度。人体活动规律：人体活动规律有二，即动态和静态的交替、个人活动与多人活动的交叉。这就要求室内空间形式、尺度和

---

① 邱晓葵. 室内设计 (第2版) [M]. 北京：高等教育出版社，2008.

陈设布置符合人体的活动规律，按其需要进行设计。

按人体活动规律划分功能区域。人在室内空间的活动范围可分为三类，即：静态功能区、动态功能区和动静相兼功能区。在各种功能区内根据行为不同又有详细的划分，如：静态功能区内有睡眠、休息、看书、办公等活动；动态功能区有走道空间、大厅空间等；动静相兼功能区有会客区、车站候车室、机场候机厅、生产车间等。因此，一个好的设计必须在功能划分上满足多种要求。

(2) 室内空间的物理环境质量要求

室内空间的物理环境质量是评价室内空间的一个重要条件。

室内设计中，首先必须保证空气的洁净度和足够的氧气含量，保证室内空气的换气量。有时室内空间大小的确定也取决于这一因素，如双人卧室的最低面积标准的确定，不仅要根据人体尺度和家具布置所需的最小空间来确定，还需考虑两个人在睡眠8小时室内不换气的状态下满足其所需氧气量的空气最小体积值。在具体设计中，应首先考虑与室外直接换气，即自然通风，如果不能满足时，则应加设机械通风系统。另外，空气的湿度、风速也是影响空气舒适度的重要因素。在室内设计中还应避免出现对人体有害的气体与物质，如目前一些装修材料中的苯、甲醛、氡等有害物质。

人的生存需要相对恒定的适宜温度，不同的人和不同的活动方式有不同的温度要求，如，老人住所需要的温度要稍微高一些，年轻人则要低一些；以静态行为为主的卧室需要的温度要稍微高一些，而在体育馆等空间中需要的温度就低一些，这些都需要在设计中加以考虑。

没有光的世界是一片漆黑，但它适于睡眠；在日常生活和工作中则需要一定的光照度。白天可以通过自然采光来满足，夜晚或自然采光达不到要求时则要通过人工光予以解决。

人对一定强度和一定频率范围内的声音有敏感度，并有自己适应和需要的舒适范围，包括声音绝对值和相对值（如主要声音和背景音的对比度）。不同的空间对声响效果的要求不同，空间的大小、形式、界面材质、家具及人群本身都会对声音环境产生影响，所以，在具体设计中应考虑多方面的因素以形成理想的声环境。

随着科技的发展，电磁污染也越来越严重，所以在电磁场较强的地方，应采取一些屏蔽电磁的措施，以保护人体健康。

（3）室内空间的安全性要求

安全是人类生存的第一需求，安全首先应强调结构设计和构造设计的稳固、耐用；其次应该注意应对各种意外灾害，火灾就是一种常见的意外灾害，在室内设计中应特别注意划分防火防烟分区、注意选择室内耐火材料、设置人员疏散路线和消防设施等。

2. 精神功能

（1）具有美感

各种不同性质和用途的空间可以给人不同的感受，要达到预期的设计目标，首先要注意室内空间的特点，即空间的尺度、比例是否恰当，是否符合形式美的要求。其次要注意室内色彩关系和光影效果。此外，在选择、布置室内陈设品时，要做到陈设有序、体量适度、配置得体、色彩协调、品种集中，力求做到有主有次、有聚有分、层次鲜明。

（2）具有性格

根据设计内容和使用功能的需要，每一个具体的空间环境应该能够体现特有的性格特征，即具有一定的个性。如大型宴会厅比较开敞、华丽、典雅，小型餐厅比较小巧、亲切、雅致。

当然空间的性格还与设计师的个性有关，与特定的时代特征、意识形态、宗教信仰、文学艺术、民情风俗等因素有关，如北京明清住宅的堂屋布置对称、严整，给人以宗法社会封建礼教严格约束的感觉；哥特式教堂的室内空间冷峻、深邃、变幻莫测，产生把人的感情引向天国的效果，具有强烈的宗教氛围与特征。

（3）具有意境

室内意境是室内环境中某种构思、意图和主题的集中表现，它是室内设计精神功能的高度概括。如北京故宫太和殿，房间中间高台上放置金黄色雕龙画凤的宝座，宝座后面竖立着鎏金镶银的大屏风，宝座前陈设不断喷香的铜炉和铜鹤，整个宫殿内部雕梁画柱、金碧辉煌、华贵无比，显示出皇帝的权力和威严。

联想是表达室内设计意境的常用手法，通过这种方法可以影响人的情感思绪，设计者应力求使室内设计有引起人联想的地方，给人以启示、诱导，增强室内环境的艺术感染力。

(三) 形式美原则

1. 稳定与均衡

自然界中的一切事物都具备均衡与稳定的条件，受这种实践经验的影响，人们在美学上也追求均衡与稳定的效果。这一原则运用于室内设计中，常涉及室内设计中上、下之间轻重关系的处理。在传统的概念中，上轻下重，上小下大的布置形式是达到稳定效果的常见方法。

在室内设计中，还有一种被称为"不对称的动态均衡手法"也较为常见，即通过左右、前后等方面的综合思考以求达到平衡的方法。这种方法往往能取得活泼自由的效果。例如，通过斜面等设计取得了富有灵气的视觉效果，具有少而精的韵味。

2. 韵律与节奏

在室内设计中，韵律的表现形式很多，常见的有如下几种。

连续韵律是指以一种或几种要素连续重复排列，各要素之间保持恒定的关系与距离，可以无休止地连绵延长。例如，希尔顿酒店通过连续韵律的灯具排列和地面纹路，形成一种船与热带海洋的气氛。

渐变韵律是指把连续重复的要素按照一定的秩序或规律逐渐变化。

交错韵律是指把连续重复的要素相互交织、穿插，从而产生一种忽隐忽现的效果。

起伏韵律是指将渐变韵律按一定的规律时而增加，时而减小，有如波浪起伏或者具有不规则的节奏感。这种韵律常常比较活泼而富有运动感。例如，旋转楼梯，它通过混凝土可塑性而形成的起伏韵律颇有动感。

3. 对比与微差

对比是指要素之间的显著差异；微差则是指要素之间的微小差异。当然，这两者之间的界线也很难确定，不能用简单的公式加以说明。就如数轴上的一列数，当它们从小到大排列时，相邻两者之间由于变化甚微，表现出一种微差的关系，这列数亦具有连续性。

对比与微差在室内设计中的应用十分常见，两者缺一不可。对比可以借彼此之间的烘托来突出各自的特点以求得变化；微差则可以借相互之间的共同性而求得和谐。在室内设计中，还有一种情况也能归于对比与微差的范畴，即利用同一几何母题，虽然它们具有不同的质感、大小，但由于具有相同母题，所以一般情况下仍能达到有机的统一。例如，加拿大多伦多的汤姆逊音乐厅设计就运用了大量的圆形母题，因此虽然在演奏厅上部设置了调节音质的各色吊挂，且它们的大小也不相同，但相同的母题，使整个室内空间保持了统一。

4. 重点与一般

在室内设计中，重点与一般的关系很常见，较多的是运用轴线、体量、对称等手法而达到主次分明的效果。例如，苏州网师园万卷堂内景，大厅采用对称的手法突出了墙面画轴、对联及艺术陈设，使之成为该厅堂的重点装饰。

从心理学角度分析，人会对反复出现的外来刺激停止做出反应，这种现象在日常生活中十分普遍。例如，我们对日常的时钟走动声会置之不理，对家电设备的响声也会置之不顾。人的这些特征有助于人体健康，使我们免得事事操心，但从另一方面看，却加重了设计师的任务。在设计"趣味中心"时，必须强调其新奇性与刺激性。在具体设计中，常采用在形、色、质、尺度等方面与众不同、不落俗套的物体，以创造良好的景观。

此外，有时为了刺激人们的新奇感和猎奇心理，常常故意设置一些反常的或和常规相悖的构件来勾起人们的好奇心理。例如，在人们的一般常识中，梁总是搁置在柱上的，而柱子总是垂直竖立在地面上，但如果故意营造梁柱倒置的场景，就会吸引人们的注意力，并给人以深刻的印象。

(四) 技术与经济价值

1. 技术经济与功能相结合

室内设计的目的是为人们的生存和活动寻求一个适宜的场所，这一场所包括一定的空间形式和一定的物理环境，而这几个方面都需要技术手段和经济手段的支撑。

室内空间的大小、形状需要相应的材料和结构技术手段来支持。纵观建筑发展史，新技术、新材料、新结构的出现为空间形式的发展开辟了新的可能性。新技术、新材料、新结构不仅满足了功能发展的新要求，而且使建筑面貌为之一新，同时又促使功能朝着更新、更复杂的程度发展，然后再对空间形式提出进一步的新要求。所以，空间设计离不开技术、离不开材料、离不开结构，技术、材料和结构的发展是建筑发展的保障和方向。

人们的生存、生活、工作大部分都在室内进行，所以室内空间应该具有比室外更舒适、更健康的物理性能。古代建筑只能满足人对物理环境的最基本的要求；后来的建筑虽然在围护结构和室内空间组织上有所进步，但依然被动地受自然环境和气候条件的影响；当代建筑技术有了突飞猛进的发展，音质设计、噪声控制、采光照明、暖通空调、保温防湿、建筑节能、太阳能利用、防火技术等都有了长足的进步，这些技术和设备使人们的生活环境越来越舒适，受自然条件的限制越来越少，人们终于可以获得理想、舒适的内部物理环境。

经济原则要求设计师必须具有经济概念，要根据工程投资进行构思和设计，偏离了业主经济能力的设计往往只能成为一纸空文。同时，还要求设计师必须具有节约概念，坚持节约为本的理念，做到精材少用、中材高用、低材巧用，摒弃奢侈浪费的做法。

总之，内部空间环境设计是以技术和经济作为支撑手段的，技术手段的选择会影响这一环境质量的好坏。

2. 技术经济与美学相结合

技术变革和经济发展造就了不同的艺术表现形式，同时也改变了人们的审美价值观，设计创作的观念也随之发生了变化。

早期的技术美学，是一种崇尚技术、欣赏机械美的审美观。当时采用了新材料新技术的伦敦水晶宫和巴黎埃菲尔铁塔打破了从传统美学角度塑造建筑形象的常规做法，给人们的审美观念带来强烈的冲击，逐渐形成了注重技术表现的审美观。

高技派建筑进一步强调发挥材料性能、结构性能和构造技术，暴露机电设备，强调技术对启发设计构思的重要作用，将技术升华为艺术，并使之成为一种富于时代感的造型表现手段，如法国里昂的 TGV 车站都是注重技术表现的实例。

（五）生态性原则

当代社会严峻的生态问题，迫使人们开始重新审视人与自然的关系和自身的生存方式。建筑界开始了生态建筑的理论与实践，希望以"绿色、生态、可持续"为目标，发展生态建筑，减少对自然的破坏，因此"生态与可持续原则"不但成为建筑设计，同时也成为室内设计评价中的一条非常重要的原则。室内设计中的生态与可持续评价原则一般涉及如下内容。

1. 自然健康

人的健康需要阳光，人的生活、工作也需要适宜的光照度，如果自然光不足则需要补充人工照明，所以室内采光设计是否合理，不但影响使用者的身体健康、生活质量和内部空间的美感，而且还涉及节约能源和减少浪费。

新鲜的空气是人体健康的必要保证，室内微环境的舒适度在很大程度上依赖于室内温、湿度以及空气的洁净度、空气流动的情况。据统计，50%以上的室内环境质量问题是由于缺少充分的通风引起的。自然通风可以通过非机械的手段来调整空气流速及空气交换量，是净化室内空气、消除室内余湿余热的最经济、最有效的手段。

所以自然因素的引入，是实现室内空间生态化的有力手段，同时也是组织现代室内空间的重要元素，有助于提高空间的环境质量，满足人们的生理心理需求。

2. 可再生能源的充分利用

可再生能源包括：太阳能、风能、水能、地热能等，经常涉及的有太阳能和地热能。

太阳能是一种取之不尽、用之不竭、没有污染的可再生能源。利用太阳能，首先表现为通过朝阳面的窗户，使内部空间变暖；当然也可以通过集热器以热量的形式收集能量，现在的太阳能热水器就是实例；还有一种就是太阳能光电系统，它是把太阳光经过电池转换贮存能量，再用于室内的能量补给，这种方式在发达国家运用较多，形式也丰富多彩，有：太阳能光电玻璃、太阳能瓦、太阳能小品景观等。

利用地热能也是一种比较新的能源利用方式，该技术可以充分发挥浅层地表的储能储热作用，通过利用地层的自身特点实现对建筑物的能量交换，达到环保、节能的双重功效，被誉为"21世纪最有效的空调技术"。

3. 高新技术的适当利用

随着科技的进步，将高、精、尖技术用于建筑和室内设计领域是必然趋势。现代计算机技术、信息技术、生物科学技术、材料合成技术、资源替代技术、建筑构造措施等高技术手段已经运用到各种设计领域，设计师希望以此达到降低建筑能耗、减少建筑对自然环境的破坏，努力维持生态平衡的目标。在具体运用中，应该结合具体的现实条件，充分考虑经济条件和承受能力，综合多方面因素，采用合适的技术，力争取得最佳的整体效益。

以上介绍了在生态和可持续评价原则下，室内设计应该采取的一些原则和措施。至于建筑和内部空间是否达到"生态"的要求，各国都有相应的评价标准，本书难以展开。虽然各国在评价的内容和具体标准上有所不同，但他们都希望为社会提供一套普遍的标准，从而指导生态建筑（包括生态内部空间）的决策和选择；希望通过标准，提高公众的环保意识，提倡和鼓励绿色设计；希望以此提高生态建筑的市场效益，推动生态建筑的实践。

第二节 低碳经济理念在室内设计中的应用

一、基于低碳理念的住宅室内设计要素

低碳经济已经成为全球的经济态势，以低碳理念为指导设计思想的住宅室内设计的重要性日益凸显，低碳理念的住宅室内设计内容很丰富。[①]

（一）住宅室内低碳化空间设计

室内空间设计，就是对建筑所提供的内部空间进行处理，对建筑所界定的内部空间进行二次处理，并以现有的空间尺度为基础重新进行划定。

———————

① 高嵬，刘树老. 室内设计 [M]. 上海：华东大学出版社，2010.

在不违反基本原则和人体工学原则之下，重新阐释尺度和比例关系，并更好地对改造后空间的统一对比和面线体的衔接问题予以解决。

(二) 空间功能合理分区

空间功能分区的含义是：根据不同的使用对象、使用性质及使用时间，来划分建筑内部空间的组织形式，来达到干扰较少、相对独立空间的效果。这其中有一个隐含的条件，即在同一空间里有大量的使用人群同时使用，如果不进行功能分区，或者功能分区不合理，将会造成相互干扰而影响使用效果甚至影响到空间正常使用。功能分区的设计理念被广泛地应用到各种建筑类型的设计之中。换言之，功能分区的设计概念，比较适用于具有人群密集性、空间复杂性、使用同时性等的公共性建筑设计。

二、我国当前住宅室内低碳设计应对策略及发展趋势

随着低碳经济成为我国经济发展的长期趋势，我国低碳住宅的发展过程中还存在不足以及有待改进的部分，与此同时，我国住宅室内低碳设计今后发展潜力巨大。

(一) 我国当前住宅低碳室内设计应对策略

我国当前住宅低碳室内设计应对策略可以从加强低碳理念的推广、建立完善的住宅室内低碳设计评价机制、建立有效的低碳住宅激励制度三方面入手。

1. 加强低碳理念的推广

低碳理念的核心在于加强研发和推广节能技术、环保技术、低碳能源技术。低碳理念的推广需要政府、开发商、设计师、消费者的共同努力才能完成。

(1) 政府需完善低碳住宅相关法规

我国需要制定符合我国低碳经济的碳排放约束方案，对超出碳预算的房地产开发商和消费者，实施相应惩处。并且需要用经济措施来遏制浪费行为，征收企业碳排放税，并对建设产生过量碳排放的开发商进行普遍征税。其中税收强制和税收优惠相结合。此方法增加了非低碳住宅的建造成

本，让开发商和消费者意识到低碳住宅的重要性。政府相关部门可对采取节能、降低能耗强度和碳排放强度的房地产开发商给予政策补贴或者激励方式；政府还需要完善低碳住宅的相关法律和法规，建立创新性的组织和基金机构来实施和管理低碳住宅建造。

（2）开发商有待建立行业驱动机制

相对于政府而言，行业也需要意识到，建立一个行业带头的驱动机制所能带来的机会和利益，而不要被动地等待政府立法。低能耗的建筑是一个很有吸引力的商机，值得关注和开创。从长远看，它在能源安全和应对社会事务方面还会带来很多额外的好处——节能、节水、节地、节材。比如，绿色住宅采用诸多节能措施，将过量能源储存起来，待需要时使用储备能源，同时还减少了空气污染。通过这个转换过程，使居住成本降下来。

（3）设计师的直接引导作用

设计师在宣传和推广低碳理念住宅方面有着不可推卸的责任，而且对消费者有直接引导的作用。设计师在与客户沟通可以从自然采光、通风照明、低碳环保装饰材料、合理收纳储藏空间、空调采暖等方面进行引导。设计师不能一味地迎合客户的需求，增加不必要的浪费。

2. 建立完善的住宅室内低碳设计评价机制

低碳住宅评价机制的标准设定包括室内设计、施工、住宅生命周期的使用、住宅的拆除以及改造等环节是否能始终如一地达到低碳环保节能可持续发展的要求都是需要谨慎考虑的因素。其中家具是否低碳需要从设计、材料、生产、包装、回收处理等多方面完成，以延长家具产品生命周期。低碳住宅堂内设计评价机制的制定应该本着辩证的、客观的态度，以科学的、可操作的手法对住宅的环境、能源、资源等指标进行全面评估，除此之外，还需对住宅的健康性、安全性、周期性、舒适度等环境进行评估。

住宅室内低碳化设计是构建资源节约型、环境友好型社会的必然选择，我国住宅室内设计应该遵循环保、低碳和节能的原则，进行设计、建设和使用，并将低碳理念贯穿于每一个环节。同时也是维护我们共同生存的地球的方式，用实际行动来改善我们的生活环境。

3. 建立有效的低碳住宅激励制度

在低碳住宅建筑相关领域，国内外的激励制度研究日趋成熟。建立有效的低碳住宅激励制度可以从物质性奖励和非物质性奖励两方面展开，激励体制、激励程序都需要进一步完善。在经济补助方面，国家出台相关政策对可再生能源、节能技术等方面进行考核。另一方面，减税免税、低息贷款、优惠和减免等政策都有利于企业以及消费者更好地参与其中。

根据国家《绿色建筑行动方案》，政府未来会积极引导商业房地产开发项目执行绿色建筑标准，鼓励房地产开发企业建设绿色住宅小区。一方面对达到国家绿色建筑评价标准二星级及以上的建筑给予财政资金奖励和税收优惠，鼓励开发商建设绿色建筑。另一方面，提出金融机构可对购买绿色住宅的消费者在购房贷款利率上给予适当优惠。虽说没有出台相关细则，但力推绿色建筑的趋势很明显。

针对生产企业、建设单位出台各类激励性政策如现金补贴、建筑面积奖励、行政奖励政策等。以下即住房城乡建设委针对全国城市颁布的《关于产业化住宅项目实施面积奖励等优惠措施的暂行办法》京建法，其对低碳住宅的激励机制有详细规定。

产业化住宅，是指在建设过程中，保温复合外墙、楼梯、阳台板、空调板等构件均采用工厂化生产、施工现场装配、装修一次到位的住宅。奖励规则：对于产业化住宅，在符合相关政策法规和技术标准的前提下，在原规划的建筑面积基础上，奖励一定数量的建筑面积。项目奖励面积总和不超过实施产业化的各单体规划建筑面积之和。

适用范围：国有建设用地土地招标、拍卖和挂牌时未要求采用产业化建造方式的项目，投标或竞购主体在投标或竞购时自愿采用产业化建造方案；或开发建设单位取得国有建设用地使用权后，申请采用产业化建造方式。

综上所述，在激励政策中财政激励与行政激励灵活制定，根据不同城市，具体情况制定适用于生产企业、建设单位以及消费者的低碳住宅激励制度。

（二）我国当前住宅室内低碳设计发展趋势

住宅室内设计由传统高消耗型发展模式转向高效生态型发展模式是必经之路，同时也是住宅室内设计可持续发展的必然趋势，住宅室内低碳设计理念是符合资源节约型、环境友好型的"两型社会"发展要求的，值得我们室内设计师进一步深入研究探索。

1. 传统住宅室内设计将向住宅室内低碳设计转型

住宅室内低碳设计顺应时代发展的潮流和社会民生的需求，是低碳节能的进一步拓展和优化。低碳住宅在中国的兴起顺应了世界经济增长方式战略转型形势，前景广阔。

随着中国经济的蓬勃发展，中国的房地产行业面临整合升级，建筑设计及室内设计也越来越呈现专业化、高科技化的趋势。住宅室内低碳设计对各方面的需求也越来越高，对其总运行成本、节能环保、用户体验等都提出了新要求。能源结构调整、技术更新速度都超乎想象，推广住宅室内低碳设计已是大势所趋，也终将取代高消耗型室内设计。

2. 住宅室内低碳设计标准化

住宅室内低碳设计标准化就是在室内设计过程中对施工工艺与方式、用材、低碳排放指标进行规范，甚至在不同的项目中，可以使用统一的部件，形成部件的循环利用。在对室内部件统一化、通用化、系统化、模数化的不断运用下，完善住宅室内低碳设计过程的标准化。

设计部件尺寸标准化。空间尺寸标准化是我们在设计分隔间尺寸时，充分考虑装饰面做法，类似的空间保持尺寸统一，空间尺寸的标准化为部件尺寸标准化做好了充分的准备。部件尺寸标准化将用于各个空间的部件尺寸统一，如厨卫系统、门窗系统、设备系统等实现通用互换，形成系统的组织和管理，实现其在不同空间内的通用化。

施工工艺和方法通用化。在装饰设计过程中，对于不同部件之间涉及类似有共性的施工工艺要进行工艺方法的统一，整理通用节点，实现节点在同一项目不同空间，以及不同项目之间的通用，既能实现施工工艺的完善，同时也能减少设计人员的劳动量，提高产品的质量，为装饰设计标准化提供有利的保障。

设备安装标准化。设备安装过程中考虑设备尺寸和装饰面之间的关系，统一风口、检修口等尺寸，满足设备的统一购买和安装。

设备安装标准化需要装饰设计与设备设计之间的紧密配合，协调沟通，共同实现室内装饰设计标准化。住宅室内低碳设计不是附加在传统设计形式上的措施，而是全新的规划以及设计理念的有机组合，身为室内设计师应该首先接受这一思维方式的转变。住宅室内低碳设计意味着整个设计、选材、施工、用能、住宅生命周期中的使用过程都要充分考虑低能耗、低污染、低排放。尽管我国的住宅室内低碳设计还存在有待改进的地方，但是其发展前景广阔。

三、住宅室内设计实践

（一）室内空间组织的原则

空间的组织是室内空间设计方案阶段中十分重要的一项工作。可以说方案的好坏关键在此。空间组织的手法有多种多样，但归纳其要点只有两点：一是每个单体空间的形式的选取（即"空间构成"法）；二是这些空间怎样组织。组合空间不仅仅是"功能"的组合，同时也是造型的组合，如果有好看的单体空间形象而无良好的组合也不可能有好的整体空间。室内空间组织的原则有以下几个方面。[①]

1. 简洁性

这是设计的一条基本法则，即在满足基本功能和基本要求前提下应力求简洁防止繁复。简洁具有较高的清晰度脉络明确，可识别性强，路径通畅。工艺管线的距离最短。正如伊萨克·牛顿所说："自然决不做徒劳的事情，它每多做一件徒劳的事情就意味着它少供应一些东西。因此自然满意简化不喜欢奢侈和浮华。"

2. 秩序性

室内空间的结构应符合人的行为规律。具有从一个空间到另一个空间的顺利过渡有良好的导向性和指向性，主次分明，没有不必要的迂回，形成空间的条理性、有序性。秩序性与杂乱性相对应，秩序性是表现空间结构布局的章法要达到有条不紊井然有序，因此常依靠一些对秩序性有控制作用的限定要素来组构建筑空间。

---

① 易西多，陈汗青. 室内设计原理 [M]. 武汉：华中科技大学出版社，2008.

3.有机性

有机性是指各空间之间既有相对的独立性又有相互联系性，存在着相互结合、相互依存的关系。例如功能与形式、路径与场所、中心与外围、主干与支脉、流通与停顿、分区与总体等存在一种有机联系的关系。建筑空间的结构如同有机体的生命一样形成一个有机和谐的整体。

(二) 客厅空间设计技巧

客厅是居住空间中一个公共交往的空间，主要功能是接待客人、亲朋聚谈和家庭视听，是家居生活中使用频率最高、活动最频繁的一个区域。客厅按使用功能可划分为聚谈休闲区、视听欣赏区和娱乐区，这些功能可根据不同的家庭情况进行调整，如对内容有联系且使用时间不同的区域可合二为一，白天为聚谈区，晚上可作视听欣赏区。

1.客厅设计的风格定位

客厅的设计风格应与家居空间的整体设计风格相吻合。高贵华丽的欧式古典风格、稳重儒雅的中式古典风格、现代时尚的简约风格、亲切温馨的乡村风格、清新自然的地中海风格等风格样式的定位因主人的喜好、性格和文化品位而定，客人可以通过客厅的设计风格了解主人的品位及涵养。客厅的风格设计应在把握整体风格统一的前提下融入个人的性格，使个性寓于共性之中。

2.客厅设计的基本要求

第一，空间尽量宽敞、明亮。客厅空间设计中制造宽敞的感觉是一件非常重要的事，这样可以避免空间的压抑感，给使用者带来轻松的心境和欢愉的心情。客厅要明亮，不论是自然采光还是人工照明，都要营造出光线充足、明亮清晰的视觉效果。

第二，空间尽量做高。客厅是家居空间中主要的公共活动空间，不管是否做人工吊顶都必须确保空间的高度，这个高度是指客厅应是家居中空间净高最大者(楼梯间除外)。这种最高化包括使用各种视错觉处理。

第三，交通最优。客厅的交通流线设计应通达、顺畅。无论是侧边通过式的客厅，还是中间横穿式的客厅，都应确保进入客厅或通过客厅的顺畅。

3. 客厅的设计方法

第一，空间处理和分割。客厅的空间设计可以运用流畅空间和共享空间的设计理念，如将厨房与客厅之间做开放式处理，配上一套品位较高的厨房家具或吧台，与客厅区域空间联体。这样能更好地体现出客厅的共享氛围，使空间更加开阔、流畅，体现出现代人开放自由的审美观。运用组合沙发与茶几构成的虚拟空间作为会客与就餐区域的视觉区分，使空间保持连贯和通透，也是客厅空间处理的常用手法。

在客厅空间的分割设计上，既可以运用高度在80cm以内的矮柜结合陈设品和工艺品的摆设来弹性分割空间，也可以运用罗马柱结合券拱的造型或中式冰花格的木罩门来实体分割空间。此外，在空间的分割上还可以通过材料的区别和吊顶的造型变化来分割空间。

第二，墙面装饰。客厅的墙面是装饰的重点，因为它面积较大，位置重要，是视线集中之处，所以其装饰风格、造型样式和色彩效果对整个客厅的装饰起了决定性的作用。首先应从整体出发综合考虑客厅空间门、窗位置以及光线的设计、色彩的搭配等诸多因素，客厅墙面装饰不能过于复杂，应以简洁、大方为准，重点对电视背景墙进行装饰，形成客厅的视觉中心。客厅电视背景墙的设计样式较多。欧式风格的客厅电视背景墙常采用对称的设计手法，将左右对称的欧式经典柱式与中间的斜拼、直拼或错拼的大理石造型结合在一起。为使视觉效果更加丰富，也常结合车边银镜、皮革硬包、装饰墙纸、木饰面等不同装饰材料，形成客厅视觉的焦点。中式风格的客厅电视背景墙常结合中式传统设计元素，如木格栅、木质屏门、刻字文化砖等。现代风格的客厅电视背景墙则采用几何体块的构成感，利用凹凸、倾斜、质感的变化突出造型。

第三，地面装饰。客厅地面材质选择余地较大。可以用地毯、地砖、天然石材、木地板、水磨石等多种材料。地面的颜色和材质应尽量统一，形成视觉的连贯和协调。局部区域可以特殊处理，如想突出会客区的空间领域感，可在原地板上铺设地毯来加以强调。

第四，吊顶装饰。客厅的吊顶应根据空间的高度而定，较高的别墅客厅可以吊二级、三级甚至四级顶，这样可以使吊顶的层次更加丰富。吊顶的造型要配合整体空间的设计风格，如欧式的吊顶可以采用圆形或椭圆形，现代风格的吊顶可以采用直线型等。房屋空间高度在2.8m左右的客厅，由于空间高度的限制，可以采用局部吊顶的形式，如将天花板做成四周吊顶的天池形状或在电视背景墙上方局部吊顶。

第五，灯光设计。客厅的灯光设计要兼具实用性和装饰性。实用性是针对照度的要求而定的，客厅的主要灯光组成包括吊灯、筒灯、壁灯和射灯。照度上要求明亮清晰，保证较强的可视度。装饰性灯光主要用来渲染空间气氛让空间更有层次或突出表现局部装饰效果。装饰性灯光不是主角，主要起辅助作用。

第六，色彩设计。客厅的色彩应根据风格的不同而定，同时还要考虑采光以及颜色的反射程度。客厅空间的色彩最好不要超过三个，否则会显得杂乱。通过调节颜色的灰度和饱和度可以增加色彩的多样性。客厅的色彩主要是通过地面、墙面及大件家具来体现。色彩本身并无优劣之分，关键是怎样搭配，不同的颜色会有不一样的视觉效果和心理感受，如蓝色使人感觉宁静、凉爽，绿色使人感觉清新、自然，红色使人感到热情、兴奋，黄色使人感觉温馨、舒适等。此外明亮的色调会使空间显得比较大，常用来装饰较小、较暗的客厅空间。

(三) 卧室空间设计技巧

1. 主卧室设计

主卧室是主人的私人生活空间，具有高度的私密性。在功能上主卧室一方面要满足休息和睡眠的要求，另一方面也要具备休闲、工作、梳妆、盥洗、储藏等综合功能。主卧室的设计应注意以下几个方面的问题。

第一，朝向。主卧室床头朝南或朝西南方向有利于睡眠。睡眠中的大脑仍需大量氧气，而床头朝南或西南方向，在东面开窗或设置阳台可以保证室内充足的阳光，空气流通也更加顺畅，同时符合地球的磁场。卧室床头不宜朝西或者朝向卫生间一边。

第二，空间设计。睡眠的空间宜小不宜大。在不影响使用的情况下，睡眠空间面积小一些会使人感到亲切与安全。主卧室空间太大会使人产生孤独、寂寞的心理感受。主卧室的空间应尽量方正，过多的转角或尖角容易产生磕碰。主卧室应通风良好、采光充足，原有建筑通风和采光不好的应适当改进。卧室的空调出风口不宜布置在直对床的地方。

第三，地面设计。主卧室地面首选木地板，木地板触感舒适，生态环保。在大面积铺设木地板的情况下，为增加空间的装饰效果可以局部铺设地毯，这样可以防止地面的单调感。

第四，墙面设计。主卧室墙面设计的重点是床头背景墙，设计上多运用点、线、面等造型要素，按照形式美的基本原则进行组合，使造型和谐统一而又富于变化。床头背景墙常用的材料是布艺软包、皮革软包、画框装饰线、大理石线、灰镜、银镜、墙纸等。色彩以米黄色、米白色、暖灰色等中性色为主，营造出卧室空间宁静、安详、舒适的氛围。此外墙面上的挂饰对主卧室的装饰也起着重要的作用。要想从视觉上扩大卧室空间，在装饰卧室墙面的时候可以选择一些直线条的家具面，这样相对于弯曲的挂饰在视觉上可以给人一种更加宽敞的感觉。

第五，顶面设计。主卧室的顶面装饰常在四周做吊顶，中间空出。吊顶的样式较多以长方形和内凹的梯形居多，吊顶四周常用射灯或筒灯，中间部分则用吸顶灯。也可以将主卧室四周的吊顶做厚，而中间部分做薄，从而形成两个明显的层级。这种做法要特别注重四周吊顶的造型设计。

第六，照明设计。主卧室是主人休息的场所，灯光要柔和，以利于睡眠。主卧室的照明主要有以下几种照明方式。

（1）通过天花板反射为卧室空间提供基本照度的吸顶灯。间接照明目的是在保证室内所需基本照度的基础上，使室内的光线变得柔和，营造浪漫、温馨的气氛。

（2）天花暗藏灯带与壁灯、落地灯组成的情景。照明的目的是烘托气氛，营造一种宁静、安详的光照环境。

（3）以射灯的聚光效果作为重点。照明目的是突出重点装饰效果。

第七，色彩设计。主卧室色彩设计首先应确定一个主色调。主色调的确定与设计风格紧密联系，如欧式古典风格的卧室常用的主色调是黄色、米黄色、金色和褐色，现代风格的卧室常用的主色调则是黑色、银灰色和白色。在确定好主色调后就要将其他的选择色彩与主色调联系起来，尽量选择同类色或同种色。

第八，主卧室家具布置。床位一般安排在室内的中轴线上，与天花造型上下呼应。床最好侧对门和窗，这样可以防止光线直射对眼睛的影响。睡床高边的床头靠墙，左右两边放置床头柜，两侧留出通道，这样的布局使空间显得更加宽阔。床不应正对着门放置，不然会有房间狭小的感觉，并且开门见床很不方便。现代医学研究表明人睡眠的最佳方位是头朝南脚朝北。这样人体的经络、气血与地球的磁力线平行，有助于人体各器官细胞的新陈代谢，并能产生良好的生物磁疗效果，有催眠效果。反之，如果头东脚西，人体方向与地球磁力线相切割，容易产生较强的生物电流，可能会对某些人的睡眠产生不利的影响。

衣柜主要有拉门和推门两种样式，主要用以储藏衣物和被褥。衣柜一般放置在床的侧面，可根据需要做成连体的嵌入式衣柜。空间较大的主卧室还可以设置衣帽间。

2. 儿童卧室设计

儿童的大部分时间是在家里的小天地中度过的，所以儿童卧室不仅是休息、睡眠的地方，更是学习与娱乐玩耍的场所。儿童卧室一般分睡眠区、娱乐区和储物区，这些区域也可兼而用之。设计儿童卧室应注意以下问题。

第一，尺度设计合理，家具摆设得当。考虑到孩子的年龄和体型特征，设计中要注意多功能性及尺寸的合理性。儿童的成长和发育需要一定的过程，因此儿童家具的尺寸比成人家具要小很多，这样可以节省空间。根据孩子的审美特点，家具颜色要选择明朗艳丽的色调。在房间的整体布局上家具要少而精，要合理利用室内空间，摆放家具尽量靠墙，设法给儿童留出较多的活动空间。学习用具和玩具最好放在开放式的架子上，便于随手拿取。

第二，体现童趣注重安全。儿童卧室设计要体现童趣，满足儿童的个性需求。可以利用特制的儿童墙纸营造空间情趣。儿童卧室要特别注重安全性，家具的转角要设计圆角，防止磕碰时受伤，不要设置大镜子、玻璃柜门之类易碎物品。

3. 老人房设计

老人房的设计应以实用为主，主要满足睡眠和贮物功能。考虑到老年人的心理和生理特点，设计老人房时应注意以下几点：

（1）房间最好有充足的阳光，房屋向南为宜。

（2）考虑到老年人的生活不便，房间最好靠近卫生间。

（3）老人房的灯光设计极为重要，老年人的视力一般不好，起夜较多，因此老人房的灯光设计，特别是夜间照明要考虑周全。

（4）老年人喜欢安静，所以房门及窗户的隔音效果要好。

（5）家具要简洁，注意安全，特别是边角位要钝化或者改为圆角，过高的橱柜、低于膝的大抽屉都不宜用。床两侧尽可能宽敞一些，使老人活动方便。

（6）地面以铺设木地板为宜，以满足老人行走安全。

（7）房间色彩应偏重于古朴、平和、沉着的色调，避免使人兴奋与激动的色彩，一般以温暖和谐的暖色系为主。

（四）饭厅和书房空间设计技巧

1. 饭厅设计

饭厅是家庭进餐的场所，也是宴请亲朋好友交往聚会的空间。"民以食为天"，进餐的重要性不言而喻，每个居住者都希望创意一个适宜、实用且具有特色的就餐环境。根据不同居住者的要求，还可以考虑兼顾休闲、娱乐、聊天的使用功能。

饭厅设计除了要同居室整体设计风格和样式协调之外，还要特别考虑饭厅的实用功能和美化效果。一般饭厅在陈设和设备上是具有共性的，那就是简单、便捷、卫生、舒适。饭厅的设计应注意以下几点。

（1）如果空间条件允许，单独用一个空间作饭厅是最理想的。独立的空间可以保证就餐时的私密性，避免受到过多的影响。饭厅的位置要紧邻厨房，这样上菜比较方便。对于住房面积不是很大的居室空间，也可以将饭厅与厨房或客厅连为一体，这种开放式空间的设计可以使整个公共空间显得更加宽阔、舒展。

（2）饭厅的顶棚设计讲究上下对称与呼应，其几何中心对应的是餐桌。顶棚的造型以方形和圆形居多，造型内凹的部分可以运用彩绘、贴金箔纸、贴镜面等做法丰富视觉效果。餐灯的选择则应根据餐厅的风格而定，欧式风格的餐厅常用仿烛台形水晶吊灯，中式风格的餐厅常用仿灯笼形布艺吊灯。

（3）饭厅的墙面设计既要美观又要实用。酒柜的样式对于餐厅风格的体现具有重要作用。欧式风格的餐厅酒柜一般采用对称的形式，左右两边的展柜主要用于陈列各种白酒、洋酒，中间的部分可以悬挂和摆设一些艺术品，起到装饰的作用。中式风格的餐厅酒柜则可以采用经典的中国传统造型样式，如博古架。空间较小的饭厅可以在墙面上安装一定面积的镜面形成视错觉，造成空间增大的效果。

（4）饭厅的地面应选用表面光亮、易清洁的材料，如石材、抛光地砖等。饭厅的地面可以略高于其他空间，以15cm为宜以形成区域感。

（5）饭厅的色彩宜采用温馨、柔和的暖色调，这样不仅可以增进食欲，而且可以营造出惬意的就餐环境。

2. 书房设计

书房是居室空间中私密性较强的空间，是阅读、学习和家庭办公的场所。书房在功能上要求创意，静态空间以幽雅、宁静为原则。书房一般可划分为工作区和阅读藏书区两个区域，其中工作和阅读区要注意采光和照明设计，光线一定要充足，同时减少眩光刺激。书房要宁静，所以在空间的选择上应尽量选择远离噪声的房间。书房的主要功能是看书、阅读和办公，长时间的工作会使视觉疲劳，因此书房的景观和视野应尽量开阔以缓解视力疲劳。藏书区主要的家具是书柜。书柜的样式应与室内的整体设计风格相吻合，如欧式风格用对称的券拱式书柜、中式风格用博古架、现代风格用方正的几何形等。要有较大展示面以便查阅，还要避免阳光直射。

书房空间中的书桌高度为750～800mm，桌下净高不小于580mm。座椅坐高为380～450mm，书柜厚度为300～400mm，高度为2100～2300mm，书桌台面的宽度不小于400mm。

（五）厨房和卫生间空间设计技巧

1. 厨房空间设计

厨房的主要功能是食品加工和烹饪食物，其功能区域主要有存储区、洗涤区和烹饪区。厨房的布局主要有以下几种样式。

（1）单边形　即将存储区、洗涤区和烹饪区设置在靠墙的一边，这种形式适用于厨房较为狭长的空间。

(2)"L"形 即将存储区、洗涤区和烹饪区依次沿两个墙面转角展开，这种布局形式适用于面积不大且较为方正的空间。

(3)"U"形，即沿三个墙面转角布置存储区、洗涤区和烹饪区，形成较为合理的厨房工作区域，这种布置形式适用于相对较大的空间。

(4)岛形，即在厨房内设置一处备餐台或吧台的厨房布置形式。

在厨房设计中洗菜水池、冰箱储存区和烹饪灶台三者相隔不宜超过1m，这样可提高厨房工作效率。橱柜工作台离地高750~800mm，工作台面与吊柜底的距离为500~600mm，放炉灶台面高度不超过600mm。

2. 卫生间设计

卫生间不仅是人们生理需求的场所，而且已发展成为人们追求完美生活的享受空间。功能从如厕、盥洗发展到按摩浴、美容、疗养等帮助人们消除疲劳，使身心得到放松。根据卫生间的平面形式和面积尺度，卫生间的平面布置主要有两种形式。其一是洗浴部分与厕所、盥洗部分合在一个空间，这种形式在设计布置上应考虑将厕所设备与盥洗设备分区，并尽可能设隔屏或隔帘。其二是盥洗部分单独设置的形式。这种形式最大的优点是方便使用，互不干扰，适用于卫生间面积较大的空间。

卫生间的常用尺寸包括：洗手台高为750~800mm，双人洗手台长宽尺寸为1200mm×600mm，坐便器周边预留宽度不小于800mm。沐浴间的标准尺寸是900mm×900mm，浴缸常见尺寸为500mm×700mm。

（六）办公空间设计方法与应用

1. 办公空间设计概述

办公空间是一种开放空间与封闭空间并存的工作空间形态，是人们工作的主要场所。办公空间设计的目的不是简单的美化，而是要在深层次上改善工作人员的情感并使其提高工作效率。办公空间的设计过程是借助物质形态实现场所精神的过程，其最终目的是寄希望于依托这种物质的形式传达出人对精神范畴的要求。

办公空间设计的最大目标就是要为工作人员创意一个舒适、方便、卫生、安全、高效的工作环境，以便更大限度地提高员工的工作效率。这一目标在当前商业竞争日益激烈的情况下显得尤为重要，它是办公空间设计的基础，是办公空间设计的首要目标。其中"舒适"涉及建筑声学、建筑光学、建筑热工学、环境心理学、人类工效学等方面的学科，"方便"涉及功能流线分析人类工效学等方面的内容，"卫生"涉及绿色材料、卫生学、给排水工程等方面的内容，"安全"问题则涉及建筑防灾、装饰构造等方面的内容。

2.办公空间的平面布局设计

（1）办公空间的平面布局设计应解决的问题

办公空间的平面布局设计首先应解决三个问题：一是对各功能空间在平面上作合理的分配；二是对分配好的空间作平面形式的设计；三是设定地面材料和地面装饰图案。

（2）办公空间的平面布局设计要注意设计导向的合理性

设计的导向是指人在空间中的流向。这种导向应追求"顺"而不乱的原则。所谓"顺"是指导向明确，疏导空间充足。为此在设计中应模拟每个座位中人的流向，在流动变化之中找出规律并绘制相应的交通流线图。

（3）要根据功能使用需求和特点来划分空间

在办公空间设计中各功能区都有自身的使用需求和特点，应根据其使用需求和特点来划分和组织空间。如可以考虑经理室、财务室规划为独立空间，保证其私密性，让财务室、会议室与经理室尽量靠近，以方便开展会务等。

（4）要注重空间的舒适性与整体性

办公空间非常讲求效率与协作，各个功能空间的设计首先要符合人体工学的基本要求，让使用者用起来舒适，同时要充分考虑采光和通风的效果，采用大玻璃开窗的形式将室外的自然景观引入室内，营造舒适、惬意的办公环境。其次要体现美感，用整体的装饰效果来激励员工、缓解疲劳。最后要保持空间的整体感，减少无谓的视觉阻隔，展现出开放、包容的办公理念。

（5）要注重空间的主次划分

比较重要的功能空间应该有相对较好的朝向和景观，如总经理室。

3.办公空间的功能区域安排

办公空间功能区域的安排首先要考虑工作和使用的方便。从业务流程的角度考虑，通常平面的布局顺序应是门厅接待—洽谈业务—开展工作—审阅（领导审批）。此外每个工作程序还有相关的功能区域支持。

（1）门厅处于整个办公空间的最前沿的位置，给客人第一印象，应该重点设计，精心装修。门厅的面积要适度，尽量开阔避免局促，可根据需要在合适的位置设置接待台和等待休息区，还可以安排一些园林绿化小品和装饰品陈列区。

（2）接待室是接待访问和洽谈业务的场所，也是展示公司业务和宣传企业形象的场所，装修应有特色，面积不宜过大，家具可使用沙发和茶几组合。要预留陈列柜、摆设镜框和宣传品的位置。

（3）通道在空间的交通组织中起到重要作用。在办公空间设计时要尽量减少和缩短通道的长度，主通道宽一般在1800mm以上，次通道也不要小于1200mm。

（4）员工工作区是办公空间中的主要办公场所，也是人流较密集的地方，应根据工作需要和部门人数并参考建筑结构而设定面积和位置，同时要注意与整体风格的协调。

（5）会议室是员工开会和进行员工培训的场所，主要功能是会务，要求具有一定的私密性。同时要充分考虑室内的隔音、吸音、灯光、音响和减噪效果。如果使用人数在30～50人左右，可用圆形或椭圆形的大会议台形式。

（6）经理办公室通常分为总经理（或董事长）办公室和副总经理办公室，两者在装修档次上有一定区别。这类办公室的位置应选通风、采光和景观条件最好、私密性较强的空间。面积要宽敞，家具型号大，室内可设置装饰柜、书柜、接待沙发、小型会议桌椅等家具以及小型厨房、卫生间和卧室等附属空间。

4. 办公空间的色彩与心理

人不仅能识别色彩，而且对色彩的和谐有一种本能的需求。和谐的色彩使人积极、开朗、轻松、愉快，不和谐的色彩则相反，它使人感到消极、抑郁、沉重、疲劳。办公空间色彩在一定程度上会影响员工的工作状态和工作满足感。一般来说办公空间色彩的配置应依照"大和谐小对比"的原则。大和谐是指办公室的大面积色彩应该色调统一，色差较小，以高明度的暖灰色为首，选小对比是指办公空间内的局部造型和家具可以拉开与整体色调的色差，形成深浅变化的层次，减少空间的单调感。现代办公家具主要有5种色调即黑色、灰色、棕色、暗红色和素蓝色。

5. 办公室设计的基本原理

(1) 空间的充分利用可以通过以下方法来实现：①组合家具的运用使空间更加紧凑，利用率更高；②打掉部分非承重墙，用柜子作隔断实现空间的最大利用率；③在门边和拐角的位置设置储物间或储物柜，加强空间的收纳功能；④采取开放或半开放式设计，使空间更加通透、流畅。

(2) 利用原结构形式可以实现空间的最大利用。利用原结构的梁间距和柱间距可以实现吊顶和间墙的最大利用。

(3) 空间的弹性利用可以改变空间的大小和格局，实现空间的多功能化。空间的弹性利用主要有以下几种形式。

①活动隔断。即利用可以移动和拆卸的隔断来分隔空间的形式，活动隔断可以使空间隔而不断，既可以实现空间的重组，又可以保证空间的流畅贯通。

②活动地面。即通过地面的升降或伸缩来实现分化空间的形式。这种形式既可以丰富空间的使用功能，又可以改变空间的使用性质。

③材料和灯光变换。即通过材料和灯光变换的差异性来分化空间的形式。

6. 办公空间的设计程序

办公空间的设计程序主要分为以下几个步骤。

(1) 访问调查。在行政级，对办公空间的使用面积分配、总体风格样式、色调、材料和灯光效果进行调查。在管理级，对各办公部门的使用功能进行调查。在操作级，对工作流程及设备使用情况进行调查。

(2) 获取室内空间的尺寸数据和建筑结构情况。通过现场测量获取室内空间的尺寸数据，如空间的总长和总宽、柱子的长和宽、梁底到地面的高度、楼板到地面的高度等。根据现场拍照并结合原建筑结构图获取空间建筑结构情况，绘制室内初步平面布置图。

(3) 制作设计提案。阐述空间设计理念和功能分布。根据平面布置图配制各空间的设计意向图。

(4) 制作空间电脑效果图和施工图。

7. 办公空间设计的步骤

设计就是将设计概念转化成设计图纸的过程。办公空间设计主要按照以下步骤来进行。

(1) 在初步方案设计时设计师可以采用气泡图或者块状图来进行空间的脉络组织与格局设计。

(2) 在初步的空间脉络和格局形成后,进行交通流线设计,将各功能空间有效地连接起来并实现功能区域的简单划分。

(3) 进行各功能空间的深化设计,根据办公家具与设备合理地布置室内空间,保证空间的有效利用。

(4) 进行各功能空间的装饰造型设计、色彩设计、材料设计和陈设设计。

(七) 餐饮空间设计技巧

1. 餐饮空间设计概述

餐饮空间的经营内容非常广泛,不同的民族、地域和文化其饮食习惯也不相同。餐饮空间按照不同标准可划分为不同的类型,每种类型都有自己的设计方法。

2. 餐饮空间设计与布局

(1) 餐饮空间的面积可根据餐厅的规模与级别来综合确定,一般按 $1.0 \sim 1.5 m^2$ / 座来计算。餐厅面积指标的确定要合理,指标过小会造成拥挤、堵塞,指标过大会造成面积浪费、利用率不高和增大工作人员的劳动强度等问题。

(2) 营业性的餐饮空间应有专门的顾客出入口、休息厅、备餐间和卫生间。

(3) 就餐区应紧靠厨房设置,但备餐间的出入口应处理得较为隐蔽,同时还要避免厨房气味和油烟进入就餐区。

(4) 顾客用餐活动路线与送餐服务路线应分开避免重叠。同时还要尽量避免主要流线的交叉,送餐服务路线不宜过长 (最长不超过 $40 m^2$) 并尽量避免穿越其他用餐空间。在大型的多功能厅或宴会厅应以备餐廊代替备餐:以避免送餐路线过长。

(5) 餐饮空间总体布局时把入口和前室作为第一空间序列，把大厅和包房雅间作为第二空间序列，把卫生间、厨房和库房作为第三空间序列，使其流线清晰，功能上分区明确，减少相互之间的干扰。

(6) 在大型餐饮空间中应以多种有效的手段（如绿化、半隔断屏风等）来划分和限定，各个不同的用餐区以保证各个区域之间的相对独立和减少相互干扰。

(7) 休闲餐厅布局（包括咖啡、酒吧、酒廊）比较自由灵活，大堂一隅、中庭一侧、顶层、平台及庭园等处均可设置，可以增添建筑内休闲、自然、轻松的氛围。

(8) 餐饮空间设计应注意装饰风格与家具、陈设及色彩的协调。地面应选择耐污、耐磨、易于清洁的材料。

3. 餐饮空间环境气氛的营造

(1) 色彩。餐饮空间的色彩多采用暖色调以达到增进食欲的目的。不同风格的餐饮空间其色彩搭配也不尽相同。中式餐饮空间常用熟褐色、黄色、大红色和灰白色，营造出稳重、儒雅、温馨、大方的感觉；西式餐饮空间多采用粉红、粉紫、淡黄、赭石和白色，有些高档西餐厅还施以描金，营造出优雅、浪漫、柔情的感觉；自然风格的餐饮空间多选用天然材质如竹、石、藤等，给人以自然、休闲的感觉。

(2) 光环境。餐饮空间的光环境大多采用白炽光源，极少采用彩色光源，这是由于白色光源具有较强的显色性，可以更好地突出食物的颜色。餐饮空间的照明可以分为以下三类：直接照明光的主要功能是为整个餐饮空间提供足够的照度，这类光可以由吊灯、吸顶灯和筒灯来实现。反射光主要是为衬托空间气氛、营造温馨浪漫的情调而设置的，这类光主要由各类反射光槽来实现。投射光的主要功能是用来突出墙面重点装饰物和陈设品，这类光主要由各类射灯来实现。

(3) 陈设。室内陈设的布置与选择也是餐饮空间设计的重要环节。室内陈设包括字画、雕塑和工艺品等应根据设计需要精心挑选和布置营造出空间的文化氛围，增加就餐的情趣。餐饮空间墙面悬挂的字画要注意尺寸和比例，字画的长度和宽度要与墙面的长度和宽度协调，太大显得拥挤，太小显得小气。西餐厅墙面的挂画可以采用大小错拼的形式来悬挂。

（4）绿化是餐饮空间设计中必不可少的内容，它可以为整个餐饮空间带来清新、舒适的感觉增强空间的休闲效果。

（八）展示空间设计技巧

1. 展示空间的总体设计

展示空间的总体设计是指在一个宏观的框架下对整个展示活动的空间布局、艺术风格、整体形象及重点表达方式进行的设计。展示空间设计中应强调统一设计、统一审定、统一指挥，展示方案实施的原则使每一个展示活动的策划者和设计者成为一个系统工程的组织者。作为一名展示设计师不仅要具备较强的展示空间专项设计能力，还必须有较高的综合素质。具体来说应该做到以下几方面。

（1）应具备一定的文化知识水平。包括天文、地理、政治、历史、文学、数学、音乐、美术、戏剧、科技等，以便拓展设计师们的设计思路。

（2）设计师的专业能力要强。作为一名展示设计师，对于本专业的基础知识，如室内空间设计、电气设计、建筑设计、环境设计、结构力学、工艺制造产品设计、视觉传达设计等都必须要熟练掌握，还需要具备采用不同的方法将不同的设计意图展现出来的能力，在三维构思、设计表现技巧和制图等方面拥有扎实的功底，对于一些设计软件的运用要驾轻就熟，这样设计方案才能更快、更准、更形象。

（3）敏锐的洞察力。作为一名合格的展示设计师，就必须时刻关注国际展示最新动向，从这些最新的展示中吸取最新的技术、最新的材料、最新的工艺等方面的信息，运用自己思维的创新特性，创作出具有新时代气息、最时髦、最先进的设计方案。

（4）公关协调能力。由于展示设计的工作环节繁多，需要与多个部门进行合作，所以要求展示设计师具有较强的公关能力，来组织协调这些环节与各部门之间的工作，与展示设计工作中所涉及的人能顺利沟通交流，友好合作，对于别人提出的意见和善意的批评都能虚心接受，这就要求展示设计师有较强的人际交往的能力。

2. 展示空间总体设计的目的与原则

（1）强调空间变化。总体设计的目的，其中重要的一点就是注重展示空间的变化，而展示空间的设计正是通过空间形象及其变化来吸引人的，特别是在色彩、结构和形象方面要别致、有创意，展示总体设计的基础就是变化、个性和对比。

（2）追求新颖的艺术形式。就展示空间设计来说，应该把其艺术形式上的不断发展、不断更新、时刻引领潮流作为其追求的目标。具体从以下几个方面来进行创新，如空间的色彩搭配，空间的整体形象，空间的布局，甚至于灯光等各个方面来进行天马行空的创意发挥，呈现多种多样的、各具特色的艺术形式。

（3）创意统一视觉形象。为了便于展示活动的推广和适应宣传需要，应将其当作一个整体的系统，来塑造一个完整的形象。一系列风格统一的、视觉特征鲜明的，如符号、色彩、萌物和标志等组成了这个系统，但是后期的设计活动多多少少会受到这个系统的影响。

（4）重视主题需求性。活动展示的对象是广大的人民群众，它所传递的信息不能有虚假的和违背科学的内容，所以在设计中选择设计方法和表达方式的时候，一定不能偏离科学和真实。设计师要用观众喜闻乐见的形式营造出独特的展示效果，使展示活动产生良好的社会效益和经济效益。

3. 展示空间设计的前期策划

展示设计程序，就是指根据设定好的目标按照时间、步骤的先后顺序落实展示空间设计的计划，同时这种设计方法是具备科学性的。从整个活动的策划、筹备—整体的设计—每个时段的设计这一过程就形成了展示空间的设计。文案和设计基本上就是展示活动的前期工作。二者与整个工作过程是密不可分的。文案工作者和设计工作者在工作中配合的如何，直接决定了展示的效果。根据工作的进度，设计过程可以由以下几个阶段组成：

前期工作虽然还不是真正意义上的设计工作，但包括了许多设想、筹备组织、资金筹集、广告、宣传活动等环节，这些工作环节的进展直接影响到展示设计的效果，也会对后期的展示效果产生较大的影响。

第一，组建展示空间设计筹备机构。

第二，编写展示空间设计文字脚本。

第三，展示空间设计资料的征集。

第四，制作展示空间设计项目设计书。

为了使设计师的工作能够得以顺利进行，除了上述准备工作之外，还有一些方面也需要做足准备，如相关的技术资料和数据必须收集整理好，对其要做充分的了解，根据现场的图纸进行实地考察，对各种备用的数据和图纸都需要进行仔细核对，对现场的地形条件、设备设施都要做全面的了解，与设计相关技术方面的资料、各种材料也要进行收集整理。

(1) 展示空间艺术设计

设计师首先将自己的创意性思维用文字描述出来，然后再将这些文字变为具体形象的过程，就是展示活动的艺术设计 (图示设计)，缺少这一步，展示就无法变为现实。不论是总体设计，还是单项设计，图示设计自始至终都存在。

(2) 展示空间技术设计

展示空间技术设计工作是艺术设计的补充和延续，也是整个展示活动的技术保障。艺术设计方案通过论证、审批后，为了艺术设计效果的实现，须用技术性的表达方式进一步陈述设计意图。技术设计的具体相关内容包括：绘制精确尺寸的平面图、立面图、照明与动力配置线路图、道具制作工艺图及特殊设计图 (音响、电子设施计划和防盗设施等)。这些技术性设计工作需要展示设计师及其他相关专业的设计师共同完成。

4. 展示空间设计的原则

形，有形式、样式和形状之分。形式和样式可以理解为概念的范畴，而形状是具体的视觉领域的二次元和三次元。

(1) 形的象征

形的基本表现元素是线，因此形具有线的所有特征。直线给人的感觉明快、刚直、坚硬，具有速度感、力量感和紧张感；而曲线给人感觉柔软、舒缓，具有动感和美感；水平线比较安稳，垂直线比较锐利，斜线则尖锐且有方向性。

(2) 可视形

可视形即可看、可眺望的形体。展示空间设计首先要考虑的是整体造型的可视性以及重点部位的看点，同时还要考虑参观的人群从哪个角度观察的形最完美。人的有效视域一般为左右各100度，视平线上方60度、下方70度。当视线集中时，视点的锥角在28度左右，凝视时是 2～3 度左右。

因此视点的聚焦方式和位置会直接影响注视面的范围。一般从视点到观察对象的垂直视域（陈列面高度）大约是视点到观察对象距离的 1 / 2，也被称作陈列的黄金区域。另外提高可视性还可以利用曲面形、连续的凹凸面形等容易引起视觉注意的造型样式，提高形体的瞩目性。

展示空间设计的形式美法则是指构成展示空间的物质材料的自然属性（如造型、色彩、线条、声音等）以及组合规律（如节奏与韵律、多元变化与统一等）所呈现出来的审美特性。展示空间设计的形式美法则主要有比例与尺度（黄金分割）、对称与平衡、重复与渐变、节奏与韵律、主从与过渡、质感与肌理、多样与统一等。这些规律是人类在创意美的活动中不断地熟悉和掌握各种感性质料因素的特性，并对形式因素之间的联系进行抽象、概括总结出来的。形式美法则具有独立的审美价值，是富于表现性、装饰性、抽象性、单纯性和象征性的"有趣味的形式"。

5. 展示空间设计的形、色、光

在以视觉传达为诉求的展示空间环境中，光环境的把握、光亮度、光和影、光色直接影响到展示的色彩、造型及其氛围效果。光直接影响人类的感情和行动。光是能引起视觉识别的电磁波，它沿直线传送因而叫光线。光源分为自然光和人工光，展示空间设计中使用的光，通常是指人工照明的光源。

（1）光影和形。物体由于受光的照射而产生阴影，阴影使物体具有立体感。立体感的强弱又取决于光的直接和间接的光照强度、角度和距离。就像南北极附近的国家由于光照强度弱、角度大、光照时间短，因此物体的阴影较长。反之赤道附近的国家，光照强、角度小、光照时间长，因此物体的阴影较短。这就是光、影和形的关系。光源数和色光的变化会使物体的"可见形"发生变化而丰富多彩。利用光的特性巧妙地处理阴影是照明艺术中的一个技巧。试将灯光从一个物体的各个角度去照射该物体，出现的不同受光面及投影会传达不同的感觉，左、右上角45度的照射由于违反常规的视觉习惯会产生怪诞甚至恐怖的效果。如适当增补侧面光则可以减弱或消除不必要的阴影。在展厅和橱窗等环境中用加滤色片的灯具能制造出各种色彩的光源形成戏剧性效果。照明手法的运用也有一定的流行性，现在比较常见的是利用柔和的底透光、背透光效果来造型以突出展品甚至整个展台的效果。道具虚无化的处理也是巧妙地运用了光的效果突出展品而适当地忽略道具。展示照明光源的选择是以取得最佳展示效果，突出展品的形体，还原展品的真实色彩，保护展品为基本原则的。

（2）光色氛围设计。光色氛围的形成通常是采用特定的色彩设计与照明形式结合的方式来达到的。是用照明的手法渲染环境气氛，创意特定的情调与展品的照明形成有机的统一和对比。在展示空间内，根据不同的创意可以运用泛光灯、激光发射器和霓虹灯等设施，通过精心的设计营造出五彩缤纷的艺术气氛。如将灯光色彩进行处理以制造戏剧性的气氛，利用色彩的联想用暖色调的光源制造出炎热的阳光效果，或用五彩的灯光创造出扑朔迷离的幻想效果等。在做灯光色彩处理时必须充分考虑到有色灯光对展品或商品固有色的影响，尽量不使用与展品或商品色彩呈对比的色光，以避免造成展品色彩的失真。

室外展示环境的气氛渲染可采用泛光灯具照射建筑物的手法，也可以用串灯勾画出建筑物或展架的轮廓，还可以装置霓虹灯在喷泉中，甚至可以用探照灯或激光照射天空中浮游展示物等方法来渲染热烈气氛。现代展示空间设计中经常将照明的控制与电脑技术结合起来，根据不同的展示要求达到光线渐亮、渐暗、跳跃的效果，产生交叠流动、瞬间变幻、华丽璀璨的照明效果。

6. 展示空间功能规划

展示空间设计的目的是使观众在合理的艺术空间之中欣赏展示内容，因此展示空间设计的基本原则主要有以下几点。

（1）有效的展示空间。对展区的合理规划是有效利用展示空间的前提。以最有效的空间位置陈列展品，按逻辑性设计展示的秩序编排内容是展区合理规划的主要手法。对于那些在整个展示空间设计中举足轻重的展示要点需要结合声、光、电、动态及模拟仿真等综合设计手段使其成为视觉中心。

（2）安全性和可靠性。在展示空间设计的过程中观众的安全需求、信息需求是第一位的，是设计者必须重视的问题。展示流线的安排必须设想到各种可能发生的意外因素，如停电、火警、意外灾害等，必须考虑到相应的应急措施。在大型的展示活动中必须有足够的疏散通道和应急指示标志、应急照明系统等。

（3）空间的整体与局部。在商业会展中不少展示活动都带有贸易和洽谈的内容，通常在展示空间中要划分出一定的洽谈区，由铝合金的梅花柱和铝配件、夹装式的标准展板等设施构成隔墙，围合成相对独立的小空间，安置接待用的桌椅、简单的茶水设备等。在开口处的楣板上还可以张贴参展公司的名称或标志。这种小空间的设计也必须统一在大空间的整体风格之中。在一些大型的展览中有一些重要的参展商往往还会搭建一些"特装展台"甚至是两层形式的，即由参展公司专门设计以展示、宣传企业形象的大型展示构造空间。这种"岛式"的特装展台常常集版面展示、产品陈列、视频媒体播放及商业洽谈为一体，造型本身就是一种企业形象的标志，这种展示形式常呈开放状，人流活动更自由同时也赋予空间更多的灵活性和机动性。这类"特装展台"在整个空间中的形态具有举足轻重的影响，因此在空间的规划中必须充分考虑到其在整体空间中的"视觉中心"的作用。

（4）辅助空间。在一些大型的展示活动中，展品的展示可能包括各种仪器、机械、装备及模型等需要消耗能源的设备。这些设备的运行大都需要一定的动力支持，如电力、压缩空气、蒸汽等。这些辅助设施需要占据一定的空间而又与展示内容没有直接联系，在视觉上也不美观，因此必须将这些设备的空间与展示环境隔离开，以防止噪声、有害气体等污染并做好安全防范。

7.展示空间设计版式处理

展板是传达图文信息的主要工具。其表现内容通常有企业或品牌的介绍和操作流程说明，形式包括文字、图片、模型和实物等。展版内容有以文字为主、图片为主和实物为主三种主要表达形式。

（1）图版面积、数量。照片或插图面积大小对版面的形式有决定性的影响，面积越大视觉冲击力越强。从大到小的观看次序是人们自然的视觉习惯，所以在展示版面中多以大小差别示意主次关系。图片多版面气氛易活跃但数量过多则给人以散乱或拥挤的感觉。

（2）图版形式。方版即展示宣传照片放在版面的四方形框子里，四周留出四边形的版式，是常规版面的基本形式，具有安定、平稳之感。曲线版即以曲线形为展示版面的版式，具有很强的动感，并有活泼、浪漫的感觉。

满版即照片布满版面不留边框的版式，又称之为"出血版式"，是一种较为舒展的版面形式。去背版即剪去照片中主体形象的背景，经过处理的形象其外轮廓呈自由形状具有清晰分明的视觉形态版面，效果明快。

8. 展示空间设计的程序

(1) 项目接洽阶段

设计人员通过上届展会的会刊、展会专设网站、行业资讯媒体、服务客户的参展商手册和平面图等渠道获得参展客户信息。

上门拜访客户，会展行业的客户大都是稳定的，不过在供应商方面需要有针对性地让客户予以选择，这也是独有的特殊性。业务方面，很多客户会进行邀稿竞标，这些是很多展览公司都可以进入的，而由其他方式或者关系来进入的客户，是因为供应商与其已经有固定的合作关系。以和客户沟通的方式来获取客户主题、风格、设备等方面的所需要求。遇到个别客户不再继续与原有的展览公司合作的，也需对其过往的展台进行一定的了解且为什么会取消原有的合作关系等等。

有部分客户会以多个展览公司予以合作意向的邀请，通过对比的方式来选取其所需方案，而这类客户是很难做到预见性的。甚至有的客户只是为了获得一份较可靠的设计图纸，然后再将图纸给自己之前有合作意向的公司进行操作。

取得客户参展相关资料，展位、面积、客户公司的简介、客户的标准标志、展馆平面图、展商手册、客户标准色标、参展产品用电要求、展位制作预算、重点参展产品等等这些都是确定合作关系后展览公司应向客户索取的资料。

明确设计图交付日期制订工作计划，同客户明确设计稿的交付时间和要求会同设计师进行安排。对于大的项目应该制定一份工作时间明细表，有需要可以提交给客户。

(2) 设计阶段

在设计工作中，设计师需要与客户保持良好的沟通关系，随时保持联系，了解客户的需求。在业务洽谈中，应该有业务人员进行文字记载，将客户的需求和设计风格等要求记录下来，并转交给设计人员。同时，设计人员需要与客户保持沟通交流也是为了更好地为客户提供服务，因为客户的需求有可能会随时发生变化，如果没有进行及时地沟通联系，就有可能造成信息上的不对称，对设计工作造成不良影响。为了方便双方的直接交流，在设计过程中，可以在设计现场进行测量和了解客户信息。

向客户交付设计初稿、设计说明和工程报价。展示空间设计初稿定下以后应制作明晰的报价单。展示空间设计的报价有一个比较细分的顺序，往往按照设计图从天到地或者从外到里的顺序罗列防止遗漏项目。在报价中要对材料、颜色、形状及尺寸进行尽可能完整的描述。一份完整的报价就是一份详细的施工单，便于把握施工成本核算及施工的准确性。

展示空间设计承建中有一部分费用是可以由客户自己向展馆支付的，但往往实践中都是由展览公司代交的，在报价中凡代替场馆收费的项目一定要注明，比如电箱申请、场地管理费等。

分析客户的意图并及时予以调整。一般有多个展览公司参与竞选，若是针对设计师提出修改要求时应尽可能地去调查其目的。就算客户可能之前对有关展览方面的事情一窍不通，但通过第一次的沟通后也能发现一些专业性的问题，所以沟通时切不可掉以轻心。假若客户对设计图纸提出要在风格上有所变化的话，那么可向客户要求费用另算。

交付最终的展厅设计定稿以及该工程的报价。

（3）签约阶段

同客户确定工程价格。在确定价格时一定要保证所有的材料和特别要求公司是能够做到的。否则一旦客户确认而现场无法达到要求的话将造成不良影响。明确同客户的相互配合要求。展馆现场搭建的时间一般都比较紧张，只有 2～3 天时间，这其中还有包括客户的展览产品需要布置，有时涉及需要提前申报的事宜应同客户协调好双方负责的范围。签订合同，内容和价格谈好后拟好合同双方即可签订委托设计合同。

9. 现场施工阶段

（1）现场展位搭建。项目设计的完成度是取决于现场的施工情况。从展览的服务角度出发，之所以客户会频繁地换展览公司，原因大多是因其设计与搭建的不匹配造成的。一般在搭建中客户也会在现场布置展品，具体负责该项目的业务人员应到现场陪同设计师，也可以到现场监督施工并及时交流。如果业务人员确实有原因不能在现场，应该把负责搭建布置的联系人介绍给客户。

（2）处理现场追加、变更项目。现场施工中经常会出现一些设计时没有预料到的情况，而且客户也会临时提出一些修改意见，应保证首先满足其合理的要求，同时对追加的部分要求客户签收补充到总的项目要求中。

（3）配合客户展品进场。在实操过程中，通常是布置完展台的结构再将展品予以安排，但有一点是现场员工需要注意，在客户的展品安排入场时要予以高度的配合。

（4）客户验收。所有的搭建工作完成后要进行展位的卫生清洁直到客户验收完确保次日的开幕。

10. 展会期间及撤场阶段

（1）安排展会期间现场应急服务和增值服务。展会期间，除了要做好接待工作之外，还要对设备、设施等进行维护工作以及应急的配置调度。应预留几个员工在现场进行临时的调度安排。当然展览期有个展览公司的熟人在场配合客户随时解决现场问题，那是客人最为乐见的。在现场的客户应该获得展示公司现场服务人员的最直接的联系方法。

（2）配合客户展品离场和现场拆除。会展的活动告一段落后，第一时间应该是帮助客户将展品从现场转移走，之后再安排人员拆除展位。若展览公司对材料要求予以保存，那么就要以拆装的方式进行工作安排，若是客户需要对某些材料进行回收，那么则要安排人员以打包的方式配合其运输。

（3）退回前期预付的相关费用。完成工程后应及时进行成本结算向展馆或主办方退回事先预付的电箱申请、通信押金等费用。

11. 后续跟踪服务

想要稳定的客源必不可少的便是售后服务工作。除了正常的展会活动的开展与客户有所沟通之外，平常也应该与客户保持一定的联系，让客户有重视感。定期的回访客户也有助于建立良好的合作关系。

第五章　低碳经济理念下室内空间设计理论及室内细部设计

随着全球化经济的发展，低碳经济理念已经被公众广泛认识，现在很多家装设计公司以低碳环保理念进行设计，还有很多的家具、涂料产业生产企业也都极其重视低碳环保，在室内设计中科学合理地运用低碳环保的经济理念。

第一节　室内空间的造型要素分析

在室内空间设计中，空间的效果由各种要素组成，这些要素包括色彩、照明、造型、图案和材质等。造型是其中最重要的一个环节，造型由点、线、面三个基本要素构成。[①]

一、点

点在概念上是指只有位置而没有大小，没有长、宽、高和方向性，静态的形，空间中较小的形都可以称为点。点在空间设计中有非常突出的作用，单独的点可以成为室内的视觉焦点；连续的、重复的点给人以节奏感、韵律感；对称排列的点给人以严肃感、庄重感；不规则排列的点，给人以灵活感和方位感。点的构成方法有下面几个。

（一）等间隔构成法

这种等间隔的排列优点是井然有序，有一定的秩序美感；缺点是缺少

---

① 文健．室内设计 [M]．北京：北京大学出版社，2010.

个性，不太适合表现印象极强的画面，视觉效果比较平淡、呆板。改善的方法有三个：①在间隔不变的情况下，改变一些点的形状，克服其呆板性。②如果不是圆点，便可以改变点的方向，克服其平淡感。③在间隔不变时，可改变点的大小及色彩，达到美好的视觉效果。

(二) 有计划性间隔的构成法

这种构成法可产生动感和立体感。它的变化是在数理的基础上产生的。优点是有一种秩序的精细感；缺点是如果设计不好，就会产生呆板的视觉效果。

改善的方法主要有将点进行单元变化、双元变化、三元变化及多元变化。单元变化只有一个变化因素，能创造出明暗感和立体感。双元变化有两个变化因素，能使画面具有生动感。三元变化使画面更为生动活泼。多元变化能使画面产生丰富生动的感觉，但控制不到位就会使画面缺乏主次，显得杂乱无章。

(三) 连接构成法

等间距的连接具有强烈的秩序感，这种构成手法较单调，改善的方法和等间距的改变方法大致一样。等间隔中点的大小变化，能造成不规则的画面构成。

点的重叠构成会产生空间感，这种构成形式有以下几种。

(1) 当点与点之间重叠的面积越小，越能强化原有的形状；重叠的部分越大，原有的形状就越淡化；重叠到一定程度时就会产生出新的形状。

(2) 当点与点形态之间有空透的线出现时，画面的空间感就会产生。单纯形态越完整的点，越能突出视觉感受，单纯形态弱化越多的点，越容易退缩到视线后面。

(3) 当点和点之间产生透叠现象时，会产生透明的视觉效果。

(四) 点的线化与面化

点所构成的线永远是一种虚线，当画面中的点是同样大小时，表现出的虚线会给人一种方向感；当点有了一定的大小变化时，这条线就产生出空间感和节奏感；当点的间距越大时，线的感觉越弱；间距越小时，线的感觉越强；当点的间距缩小到相接时，线就由虚线变成了实线。

当点的密度增大时，就会有面的感觉，当点是等间距排列时，就会成为一个虚面；当改变其间距、大小、位置、色彩时，就会产生丰富多变的虚面。

二、线

线是点移动的轨迹，点连接形成线。作为空间形态上的线是有粗细之分的，它具有长度和方向的感觉。在造型设计中，线不仅有位置、方向、形状，还有相对的宽度。线具有很强的表形功能和表象功能。有曲直、粗细、浓淡、流畅与顿挫之分。它的相对视觉特征能为视觉属性提供富于表现力的造型手段。

（一）线的类别：直线与曲线

1. 直线

直线具有男性的特征，刚直挺拔，力度感较强。直线分为水平线、垂直线和斜线。水平线给人以稳定、平和的感觉；垂直线给人以向上、崇高的感觉；斜线具有较强的方向性，使空间产生速度感和上升感。

2. 曲线

曲线具有女性的特征，表现出一种弯曲运动感，显得柔软丰满、轻松优雅。曲线分为几何曲线和自由曲线。几何曲线包括圆、椭圆和抛物线等规则型曲线；自由曲线是一种不规则的曲线，包括波浪线、螺旋线和水纹线等，它富于变化和动感。在室内空间设计中，经常运用曲线来体现轻松、自由的空间效果。

（二）线的构成方法

线的创造性非常强，利用线可以很容易地创造出许多丰富的视觉效果。

1. 线的不连接构成

所谓"不连接"特指平行线和等间隔线的构成。这种构成会产生宁静、稳定和单调无味的视觉效果。一般通过改变其中的部分设计元素组织手段，便可使画面产生丰富的变化。

2. 线的连接构成

如果把一些线条连接起来，便可构成具有特殊感觉的外形，如旋涡形、发射形和辐射形。

3. 线的交叉构成

线的相互交叉可产生平稳感或光感的视觉效果。

4. 封闭曲线构成

封闭曲线可以构成具有发射感和空间感的空间形式。

5. 线的面化构成

当线的排列构成较密集时，面的感觉就会越强烈。同时，在线的组织构成中，利用直线可以构成平面，曲线可以构成曲面，折线可以产生空间，虚线可以产生丰富多变的虚面。

三、面

线的并列形成面，直线并列形成平面，曲线并列形成曲面。根据室内设计中对面的应用特点，面可以分为表现结构的面、表现动感的面、表现质感的面、表现光影的面、主题性的面、趣味性的面、视错觉的面、倾斜的面、仿生的面、同构的面、渗透的面、特异的面、表现重点的面、表现层次变化的面、表现节奏和韵律的面这十五种。

表现结构的面，即对结构进行外露处理而形成的面。这种面具有粗犷的美感和现代感，其结构本身亦具有力学的美，富有一定的节奏感和韵律感。

表现动感的面，即使用动态造型元素表现出面的动感，这些元素包括各种灵动的曲线和曲面，例如波浪形的天花板造型、旋转而上的楼梯等。动感的面富有活力和生机，具有灵动、优美的特点。

表现质感的面，是指通过表现材料肌理和质感而形成的面。这种面具有粗犷、自然的美感。

表现光影的面，即运用光影变化效果来设计的面。这种面给人以虚幻、灵动的感觉。

主题性的面，是为表达某种主题而设计的面，如在博物馆、纪念馆、主题餐厅和公司入口等场所经常出现的主题墙。

趣味性的面，指利用带有娱乐性和趣味性的图案设计而成的面。这种面给人以轻松、愉快的感觉。

视错觉的面，即利用材料的反射性和折射性制造出视错觉和幻觉的面。这种面给人以新奇、梦幻的感觉。

倾斜的面，即运用倾斜的处理手法来设计的面。这种面给人以新颖、奇特的感觉。

仿生的面，指模仿自然界动植物形态设计而成的面。这种面给人以滋润、朴素和纯净的感觉。

同构的面，同构即同一种形象经过夸张、变形，应用于另一种场合的设计手法。同构的面给人以新奇、诙谐的效果。

渗透的面，指运用半通透的处理手法形成的面。这种面给人以顺畅、延续的感觉。

特异的面，是指通过解构、重组和翻转等处理手法设计而成的面。这种面给人以迷幻、奇特的感觉。

表现重点的面，是指在空间中占主导地位的面。这种面给人以集中、突出的感觉。

表现层次变化的面，是指运用凹凸变化、深浅变化和色彩变化等处理手法形成的面。这种面具有丰富的层次感和体积感。

表现节奏和韵律的面，即利用有规律的、连续变化的形式设计的面。这种面给人以活泼、愉悦的感觉。

第二节　室内空间的类型与分割解析

一、室内空间的类型

室内空间的类型是根据建筑空间的内在和外在特征来进行区分的，具体来讲可以划分为以下几个类型。[1]

---

[1] 陈岩.室内设计 [M].北京：水利水电出版社，2014.

(一) 开敞空间与封闭空间

开敞式空间与外部空间有着或多或少的联系，其私密性较小，强调与周围环境的交流互动与渗透，还常利用借景与对景，与大自然或周围的空间融合，如落地的透明玻璃窗让室外景致一览无余。相同面积的开敞空间与封闭空间相比，开敞空间的面积给人感觉更大。开敞空间呈现出开朗、活跃的空间性格特征。所以在处理空间时要合理地处理好围透关系，根据建筑的状况处理好空间的开敞形式。

封闭空间是一种建筑内部与外部联系较少的空间类型。在空间特点上，封闭空间是内向型的，体现出静止、凝滞的效果，具有领域感和安全感，私密性较强，有利于隔绝外来的各种干扰。

(二) 静态空间与动态空间

静态空间的封闭性较好，限定程度比较强且具有一定的私密性。例如卧室、客房、书房、图书馆、会议室和教室等。在这些环境中，人们要休息、学习、思考，因此室内必须要保持安静。室内一般色彩清新淡雅，装饰规整，灯光柔和。静态空间一般为封闭型，限定性、私密性强；为了寻求静态的平衡，多采用对称设计 (四面对称或左右对称)；在设计手法上常运用柔和舒缓的线条进行设计，不会制造强烈的对比，色泽、光线和谐。

动态空间是现代建筑的一种独特形式。它是设计师在室内环境的规划中，利用"动态元素"使空间富于运动感，令人产生无限的遐想，具有很强的艺术感染力。这些手段在水体、植物、观光梯等处的运用可以很好地引导人们的视线和举止，有效地展示室内景物，并暗示人们的活动路线。动态空间可以使用于客厅，但更多地会出现在公共的室内空间，例如娱乐空间的舞台、商业空间的展示区域、酒店的绿化设计等。

(三) 结构空间与交错空间

结构空间是一种通过暴露建筑构件来表现结构美感的空间类型。其整体空间效果较质朴。

交错空间是一种具有流动效果，相互渗透，穿插交错的空间类型。其主要特点是韵律感强，有活力，有趣味。

（四）凹入空间与外凸空间

凹入空间是指将室内界面局部凹入，形成界面进深层次的一种空间类型。其特点是私密性和领域感较强。

外凸空间是指将室内界面的局部凸出，形成界面进深层次的一种空间类型。其主要特点是视野开阔，领域感强。

（五）虚拟空间与共享空间

虚拟空间又称虚空间或心理空间。它处在大空间之中，没有明确的实体边界，依赖形体的启示，如家具、地毯、陈设等，唤起人们的联想，是心理层面感知的空间。虚拟空间同样具有相对的领域感和独立性。对虚拟空间的理解可以从两方面入手：一种是以物体营造的实际虚拟空间；另一种是指以照明、景观等设计手段创造的虚拟空间，它是人们心理作用下的空间。

共享空间是指将多种空间体系融合在一起，在空间形式的处理上采用"大中有小，小中有大，内外镶嵌，相互穿插"的手法而形成的一种层次分明、丰富多彩的空间环境。共享空间一般处在建筑的主入口处，常将水平交通和垂直交通连接为一体，强调了空间的流通、渗透、交融，使室内环境室外化，室外环境室内化。

（六）下沉式空间与地台空间

下沉式空间是一种领域感、层次感和围护感较强的空间类型。它是将室内地面局部下沉，在统一的空间内产生一个界限明确、富有层次变化的独立空间。

地台空间是将室内地面局部抬高，使其与周围空间相比变得醒目与突出的一种空间类型。其主要特点是方位感较强，有升腾、崇高的感觉，层次丰富，中心突出，主次分明。

二、室内空间的分隔

室内空间的分隔是在建筑空间限定的内部区域进行的，它要在有限的空间中寻求自由与变化，在被动中求主动。它是对建筑空间的再创造。一般情况下，对室内空间的分隔可以利用隔墙与隔断，建筑构件和装饰构件，家具与陈设、水体、绿化等多种要素，按不同形式进行分隔。

（一）室内隔断的分隔

室内空间常以木、砖、轻钢龙骨、石膏板、铝合金、玻璃等材料进行分隔。形式有各种造型的隔断、推拉门和折叠门以及各式屏风等。一般来说，隔断具有以下特点。

（1）隔断有着极为灵活的特点。设计师可以按需要设计隔断的开放程度，使空间既可以相对封闭，又可以相对通透。隔断的材料与构造决定了空间的封闭与开放。

（2）隔断因其较好的灵活性，可以随意开启，在展示空间中的隔断还可以全部移走。因此十分适合当下工业化的生产与组装。

（3）隔断有着丰富的形态与风格。这需要设计师对空间的整体把握，使隔断与室内风格相协调。例如，新中式风格的室内设计就可以利用带有中式元素的屏风分隔室内不同的功能区域。

（4）在对空间进行分隔时，对于需要安静和私密性较高的空间可以使用隔墙来分隔。

（5）住宅的入口常以隔断（玄关）的形式将入口与起居室有效地分开，使室内的人免受打扰。它起到遮挡视线、过渡的作用。

（二）室内构件的分隔

室内构件包括建筑构件与装饰构件。例如，建筑中的列柱、楼梯、扶手属于建筑构件；屏风、博古架、展架属于装饰构件。构件分隔既可以用于垂直立面上，又可以用于水平的平面上。一般来说，构件的形式与特点有如下几个方面。

（1）对于水平空间过大、超出结构允许的空间，就需要一定数量的列柱。这样不仅满足了空间的需要，还丰富了空间的变化，排柱或柱廊还增加了室内的序列感。相反宽度小的空间若有列柱，则需要进行弱化。在设计时可以与家具、装饰物巧妙地组合，或借用列柱做成展示序列。

（2）对于室内过分高大的空间，可以利用吊顶、下垂式灯具进行有效的处理，这样既避免了空间的过分空旷，又让空间惬意、舒适。

（3）对于钢结构和木结构为主的旋转楼梯、开放式楼梯，本身既有实用功能，同时对空间的组织和分割也起到了特殊作用。

（4）环形围廊和出挑的平台可以按照室内尺度与风格进行设计（包括形状、大小等），它不但能让空间布局、比例、功能更加合理，而且围廊与挑台所形成的层次感与光影效果，也为空间的视觉效果带来意想不到的审美感受。

（5）各种造型的构架、花架、多宝格等装饰构件都可以按需要用来分隔空间。

（三）家具与陈设的分隔

家具与陈设是室内空间的重要组成元素，它们除了具有使用功能之外，还可以组成与分隔空间。这种分隔方法是利用空间中餐桌椅、小柜、沙发、茶几等可以移动的家具，将室内空间划分成几个小型功能区域，例如商业空间的休息区、住宅的娱乐视听区。这些家具的摆放与组织还有效地暗示出人的走向。此外，室内家电、钢琴、艺术品等大型陈设品也对空间起到调整和分隔作用。家具与陈设的分隔让空间既有分隔，又相互联系。其形式与特点有如下几个方面。

（1）住宅中起居室的主要家具是沙发，它为空间围合出家庭的交流区和视听区。沙发与茶几的摆放也确定了室内的行走路线。

（2）公共的室内空间与住宅的室内空间都不应将储物柜、衣柜等储藏类家具放置在主要交通流线上，否则会造成行走与存取的不便。

（3）餐厨家具的摆放要充分考虑人们在备餐、烹调、洗涤时的需求，做到合理的布局与划分，缩短人们在活动中的行走路线。

（4）公共办公空间的家具布置要根据空间不同区域的功能进行安排。例如接待区要远离工作区；来宾的等候区要设置在办公空间的入口，以免工作人员受到声音的干扰。内部办公家具的布局要依据空间的形状进行安排设计，做到动静分开、主次分明。合理的空间布局会大大提高工作人员的工作效率。

(四) 绿化与水体的分隔

室内空间的绿化、水体的设计也可以有效地分隔空间。具体来说，其形式与特点有如下几个方面。

(1) 植物可以营造清新、自然的空间。设计师可以利用围合、垂直、水平的绿化组织创造室内空间。垂直绿化可以调整界面尺度与比例关系；水平绿化可以分隔区域、引导流线；围合的植物创造了活泼的空间气氛。

(2) 水体不仅能改变小环境的气候，还可以划分不同功能空间。瀑布的设计使垂直界面分成不同区域；水平的水体有效地扩大了空间范围。

(3) 空间悬挂艺术品、陶瓷、大型座钟等小品，不但可以划分空间，还能形成空间的视觉中心。

(五) 顶棚的划分

在空间的划分过程中，顶棚的高低设计也影响了室内的感受。设计师应依据空间设计高度变化，或低矮或高深。其形式与特点有如下几个方面。

(1) 顶棚照明的有序排列所形成的方向感或形成的中心，会与室内的平面布局或人的行走路线形成对应关系，这种灯具的布置方法经常被用到会议室或剧场。

(2) 局部顶棚的下降可以增强这一区域的独立性和私密性。酒吧的雅座或西餐厅餐桌上经常用到这种设计手法。

(3) 独具特色的局部顶棚形态、材料、色彩以及光线的变幻能够创造出新奇的虚拟空间。

(4) 为了划分或分隔空间，可以利用顶棚上垂下的幕帘来进行分隔。例如，住宅中或餐饮空间常用布帘、纱帘、珠帘等分隔空间。

(六) 地面的划分

利用地面的抬升或下沉划分空间，可以明确界定空间的各种功能分区。

除此之外，用图案或色彩划分地面，被称为虚拟空间。其形式与特点有如下几个方面。

(1) 区分地面的色彩与材质可以起到很好的划分和标识作用。

(2) 发光地面可以用在表演区。

(3) 在地面上利用水体、石子等特殊材质可以划分出独特的功能区。

(4) 凹凸变化的地面可以用来引导残疾人的顺利通行。

第三节　天棚与地面设计

一、天棚设计

(一) 天棚的作用

天棚在室内设计中又称"天花""顶棚"，是指室内建筑空间的顶部。作为建筑空间顶界面的天棚，可通过各种材料和构造技术组成形式各异的界面造型，从而形成具有一定使用功能和装饰效果的建筑装饰装修构件。

天棚作为空间围合的重要元素之一，在室内装饰中占有重要的地位，它和墙面、地面构成了室内宅间的基本要素，对空间的整体视觉效果产生很大的影响。天棚装修给人最直接的感受就是为了美化、美观。随着现代建筑装修要求越来越高，天棚装饰被赋予了新的特殊的功能：保温、隔热、隔音、吸声等，利用天棚装修来调节和改善室内热环境、光环境、声环境，同时作为安装各类管线设备的隐蔽层。

(二) 天棚的设计形式

天棚的形式多种多样，随着新材料、新技术的广泛应用，产生了许多新的吊顶形式。

(1) 按不同的功能分有隔声、吸音天棚，保温、隔热天棚，防火天棚，防辐射天棚等。

(2) 按不同的形状分有平滑式、井字格式、分层式、浮云式等。

（3）按不同的材料分有胶合板天棚、石膏板天棚、金属板天棚、玻璃天棚、塑料天棚、织物天棚等。

（4）按不同的承受荷载分有上人天棚、不上人天棚。

（5）按不同的施工工艺分有抹灰类天棚、裱糊类天棚、贴面类天硼、装配式天棚。

（6）按构造技术分有直接式天棚和悬吊式天棚。

（三）天棚的材料选择与应用

1. 骨架材料

在室内设计中，骨架材料主要用于天棚、墙体、造型、家具的骨架，起支撑、固定和承重的作用。室内设计常用骨架材料有金属和木质两大类。

（1）金属类骨架材料

室内装修常用金属吊顶，骨架材料有轻钢龙骨和铝合金龙骨两大类。

轻钢龙骨是以镀锌钢板或冷轧钢板经冷弯、滚轧、冲压等工艺制成，根据断面形状分为 U 形龙骨、C 形龙骨、V 形龙骨、T 形龙骨。U 形龙骨、T 形龙骨主要用来做室内吊顶，又称吊顶龙骨。U 形龙骨有 38、50、60 三种系列，其中 50、60 系列为上人龙骨，38 系列为不上人龙骨。C 形龙骨主要用于室内隔墙，又叫隔墙龙骨，有 50 和 75 系列。V 形龙骨又叫直卡式 V 形龙骨，是近年来较流行的一种新型吊顶材料。轻钢龙骨应用范围广，具有自重轻，刚性强度高，防火、防腐性好，安装方便等特点，可装配化施工，适应多种覆面（饰面）材料的安装。

铝合金龙骨是钢通过挤（冲）压技术成型，表面施以烤漆、阳极氧化、喷涂等工艺处理而成，根据其断面形状分为 T 形龙骨、LT 形龙骨。铝合金龙骨质轻，有较强的抗腐蚀、耐酸碱能力，防火性好，加工方便，安装简单等特点。

（2）木质类骨架材料

吊顶木龙骨材料分为内藏式木骨架和外露式木骨架两类。内藏式木骨架隐藏在天棚内部，起支撑、承重的作用，其表面覆盖有基面或饰面材料。一般用针叶木加工成截面为方形或长方形的木条。外露式木骨架直接悬挂在楼板或装饰面层上，骨架上没有任何覆面材料（如外露式格栅、棚架、支架及外露式家具骨架等），此类骨架多用于结构式天棚吊顶，主要起装饰、美化的作用，常用阔叶木加工而成。

2. 覆面材料

覆面材料通常是安装在龙骨材料之上，可以是粉刷或胶粘的基层，也可以使用饰面板作覆面材料。室内设计中用于吊顶的覆面材料很多，常用的有胶合板、石膏板、矿棉装饰吸声板、金属装饰板、埃特装饰板、硅钙板等。

（1）胶合板

胶合板又叫"木夹板"，是将原木蒸煮，用旋切或刨切法切成薄片，经干燥、涂胶，按奇数层纵横交错黏合、压制而成，故称之为"三层板""五层板""七层板""九层板"等。胶合板一般作普通基层使用，多用于吊顶、隔墙、造型、家具的结构层。

（2）石膏板

用于顶棚装饰的石膏板，主要有装饰石膏板和纸面石膏板两类。

装饰石膏板采用天然高纯度石膏为主要原料，辅以特殊纤维、胶粘剂、防水剂混合加工而成。表面经过穿孔、压制、贴膜、涂漆等特殊工艺处理。该石膏板强度高且经久耐用，防火、防潮、不变形、抗下陷、吸声、隔音，健康安全。施工安装方便，可锯、可刨、可粘贴。装饰石膏板品种类型较多，有压制浮雕板、穿孔吸声板、涂层装饰板、聚乙烯复合贴膜板等不同系列。可结合铝合金 T 形龙骨广泛用于公共空间的顶棚装饰。

纸面石膏板按性能分有普通纸面石膏板、防火纸面石膏板、防潮纸面石膏板三类。它们是以熟石灰为主要原料，掺入普通纤维或无机耐火纤维与适量的添加剂、耐水剂、发泡剂，经过搅拌、烘干处理，并与重磅纸压合而制成。纸面石膏板具有质轻、强度高、阻燃、防潮、隔声、隔热、抗振、收缩率小、不变形等特点。其加工性能良好，可锯、可刨、可粘贴，施工方便，常作室内装修工程的吊顶、隔墙用材料。

（3）矿棉装饰吸声板

矿棉装饰吸声板以岩棉或矿渣纤维为主要原料，加入适量黏结剂、防潮剂、防腐剂，经成形、加压烘干、表面处理等工艺制成。具有质轻、阻燃、保温、隔热、吸声、表面效果美观等优点。长期使用不变形，施工安装方便。

矿棉装饰吸声板花色品种繁多，可根据不同的结构、形式、功能、适用环境进行分类。根据功能分有普通型矿棉板、特殊功能型矿棉板；根据矿棉板边角造型结构分有直角边 (平板)、切角边 (切角板)、裁口边 (跌级板)；根据矿棉板吊顶龙骨分有明架矿棉板、暗架矿棉板、复合插贴矿棉板、复合平贴矿棉板。其中复合插帖矿棉板和复合平贴矿棉板需和轻钢龙骨纸面石膏板配合使用。

(4) 金属装饰板

金属装饰板是以不锈钢板、铝合金板、薄钢板等为基材，经冲压加工而成。表面作静电粉末、烤漆、滚涂、覆膜、拉丝等工艺处理。金属装饰板自重轻、刚性大、阻燃、防潮、色泽鲜艳、气派、线型刚劲明快，是其他材料所无法比拟的。多用于候车室、候机厅、办公室、商场、展览馆、游泳馆、浴室、厨房、地铁等天棚、墙面装饰。

金属装饰板吊顶以铝合金天花板最常见，它们是用高品质铝材经过冲压加工而成。按其形状分为铝合金条形板、铝合金方形板、铝合金格栅天花板、铝合金挂片天花板、铝合金藻井天花板等。

铝合金装饰天花板构造简单，安装方便，更换随意，装饰性强，层次分明，美观大方。

(5) 埃特装饰板

埃特装饰板是以优质水泥、高纯石英粉、矿物质、植物纤维及添加剂经高温、高压蒸压处理而制成的一种绿色环保、节能的新型装饰板材。此板具有质轻而强度高，保温隔热性能好，隔音、吸声性能好，使用寿命长、防水、防霉、防蛀、耐老化、阻燃等优点。安装快捷，可锯、可刨、可用螺钉固定等优点。主要适用于室内外各种场所的隔墙、吊顶、家具、地板等。

(6) 硅钙板

硅钙板的原料来源广泛，可采用石英砂磨细粉、硅藻土或粉煤灰；钙质原料为生石灰、消石灰、电石泥和水泥，增强材料为石棉、纸浆等。原料经配料、制浆、成形、压蒸养护、烘干、砂光而制成。具有强度高、隔声、隔热、防水等性能。

（四）天棚设计注意要点

天棚设计因功能要求不同，其建筑空间构造设计不尽相同。在满足基本的使用功能和美学法则基础上，还需注意以下几个方面的设计要点。

1. 要有较好的视觉空间感

天棚在人的视觉中，占有很大的视阈性，特别是高大的厅堂和开阔的空间，天棚的视阈比值就更大。因此，设计时应考虑室内净空高度与所需吊顶的实际高度之间的关系，注重造型、色彩、材料的合理选用；并结合正确的构造形式来营造其舒适的空间氛围，对建筑顶部结构层起到保护、美化的作用，弥补土建施工留下的缺陷。

2. 注意选材的合理性与环保性

天棚材料的使用和构造处理是空间限定量度的关键因素之一，应根据不同的设计要求和建筑功能、内部结构等特点，选用相应的材料。天棚材料选择应坚持无毒、无污染、环保、阻燃、耐久等原则。

由于天棚是吊在室内空间的顶部，天棚表面安装有各种灯具、烟感器、喷淋系统等，并且内部隐藏有各种管线、管道等设备，有时还要满足工人检修的要求，因此装饰材料自身的强度、稳定性和耐用性不仅直接影响到天棚装饰效果，还会涉及人身安全。所以天棚的安全、牢固、稳定、防火性能等十分重要。

3. 注重装饰性

天棚设计时要充分把握天棚的整体关系，做到与周围各界面在形式、风格、色彩、灯光、材质等方面协调统一，融为一体，形成特定的风格与效果。

二、地面设计

（一）室内地面的构成

室内地面是人们日常生活、工作、学习中接触最频繁的部位，也是建筑物直接承受荷载，经常受撞击、摩擦、洗刷的部位。其基本结构主要由基层、垫层和面层等组成。同时为满足使用功能的特殊性还可增加相应的构造层，如结合层、找平层、找坡层、防火层、填充层、保温层、防潮层等。

（二）室内地面的分类

在室内设计中，地面材质有软、有硬，有天然的、有人造的，材质品种众多，但不同的空间，材质的选择也要有所不同。按所用材料区分，有木制地面、石材地面、地砖地面、马赛克地面、艺术水磨石地面、塑料地面、地毯地面等。

1. 木制地面

木制地面主要有实木地板和复合地板两种。

实木地板是用真实的树木经加工而成，是最为常用的地面材料。其优点是色彩丰富、纹理自然、富有弹性，隔热、隔声、防潮性能好。常用于家居、体育馆、健身房、幼儿园、剧院舞台等和人接触较为密切的室内空间。从效果上看，架空木地板更能完整地体现木地板的特点。但实木地板也有对室内湿度要求高、容易引起地板开裂及起鼓等缺点。

复合地板主要有两种：一种是实木复合地板，另一种是强化复合地板。实木复合地板的直接原料为木材。强化复合地板主要是利用小径材、枝桠材和胶黏剂通过一定的生产工艺加工而成。复合地板的适应范围广泛，家居、小型商场、办公等公共空间皆可采用。

2. 石材地面

石材地面常见的石材有花岗岩、大理石等。

由于花岗岩表面成结晶性图案，所以也称之为"麻石"。花岗岩石材质地坚硬、耐磨，使用长久，石头纹理均匀，色彩较丰富，常用于宾馆、商场等客流密集的大面积地面中。

大理石地面纹理清晰花色丰富，美观耐看，是门厅、大厅等公共空间地面的理想材料。由于大理石表面纹理丰富，图案似云，所以也称之为"云石"。大理石的质地较坚硬，但耐磨性较差，纹理清晰，图案美观，色彩丰富。其石材主要做墙面装饰，做地面时常和花岗石配合使用，用作重点地面的图案拼花和套色。

3. 地砖地面

地砖的种类主要是指抛光砖、玻化砖、釉面砖、马赛克等陶瓷类地砖。

抛光砖是用黏土和石材的粉末经压机压制，烧制而成。抛光砖经过抛光处理，表面很光亮。缺点是不防滑，有颜色的液体容易渗入等。

玻化砖也叫"玻化石""通体砖"。它由石英砂、泥按照一定比例烧制而成，表面如玻璃镜面样光滑透亮。玻化砖属于抛光砖的一种。它与普通抛光砖最大的差别就在于瓷化程度上，玻化砖的硬度更高、密度更大、吸水率更小，但也有污渍渗入的缺点。

釉面砖是指表面用釉料烧制而成的一种地砖。其优点是表面可以做各种图案和花纹，比抛光砖色彩和图案丰富，但因为表面是釉料，所以耐磨性不如抛光砖。

马赛克又称"陶瓷锦砖"，也是地砖的一种。马赛克按质地分为三种：陶瓷马赛克、大理石马赛克和玻璃马赛克。马赛克是以前流行的饰面材料，但由于色彩单一、材质简单，马赛克的使用日趋减少。但随着马赛克的材质和色彩的不断更新，其特点也逐渐为人们所认识。马赛克可拼成各种花纹图案，质地坚硬，经久耐用，花色繁多，还有耐水、耐磨、耐酸、耐碱、容易清洗、防滑等多种特点。随着设计理念的多元化、设计风格的个性化的出现，马赛克的使用会越来越多。马赛克多用于厨房、化验室、浴室、卫生间以及部分墙面的装饰。在古代，许多教堂等公共建筑的壁画均由陶瓷锦砖拼贴而成，艺术效果极佳，保持年代长久，这些也许会对设计者有所启发。

地砖的共同特点是花色品种丰富，便于清洗，价钱适中，色彩多样，在设计中选择的余地较多，可以设计出丰富多彩的地面图案，适合于不同功能的室内设计。地砖另外一个特点是使用范围广，适用于各种空间的地面装饰，如办公、医院、学校、家庭等多种室内空间的地面铺装。尤其适用于餐厅、厨房、卫生间等水洗频繁的地面，是一种用处广泛、价廉物美的饰面材料。

4. 艺术水磨石地面

水磨石地面是用白石子与水泥混合研磨而成。现在水磨石地面经过发展，如加入地面硬化剂等材料使地面质地更加坚硬、耐磨、防油，可适用于多种场所。艺术水磨石地面是在地面上进行套色设计，形成色彩丰富的图案。水磨石地面施工有预制和现浇之分，相比来说现浇的效果更为理想。

但有些地方需要预制，如楼梯踏步、窗台板等。水磨石地面施工不当，也会发生一些诸如空鼓、裂缝等质量问题，设计者字啊选择时应做充分考虑。

水磨石地面的应用范围很广，而且价格较低。它适合一些普通装修的公共建筑室内地面，如学校、教学楼、办公楼、食堂、车站、室内外停车场、超市、仓库等公共空间。

5. 塑料地面

塑料地面以塑料地板最为常见。塑料地板多以有机材料为主要成分的块材或卷材为饰面材料，不仅具有独特的装饰效果，而且还具有质地轻、表面光洁、有弹性、踩踏舒适、防滑、防潮、耐磨、耐腐蚀、易清洗、阻燃、绝缘性好、噪声小、施工方便等优点。另外，还有用合成橡胶制成的橡胶地板。该种地板也有块材和卷材两种。其特点是吸声、耐磨性较好，但保温性稍差。

塑料地板多用于住宅室内，也有用于工业厂房的。橡胶地板主要用于公共建筑和工业厂房中对保温要求不高的地面、绝缘地面、游泳池边、运动场等防滑地面。

6. 地毯地面

地毯有纯毛、混纺、化纤、塑料、草编之分。地毯通常具有弹性好、抗磨性强、花纹美观、隔热保温等优点，但它相比其他地面材料还有清洗麻烦、易燃等缺点。地毯的使用范围较广泛，在公共建筑中，如宾馆的走廊，客房都可铺设地毯，可减轻走路时发出的噪声，在办公室或家庭也可以使用地毯，不但保温，而且可以降低噪声。

（三）室内地面的设计形式

随着我国室内装饰行业的迅速发展，地面装饰一改以前地面水泥的传统装饰方法，各种新型、高档、舒适的地面装饰材料相继出现在各种室内装修中。地面的设计形式也越来越新颖，但从常用的设计形式来看，主要分为平整地面设计和地台地面设计两种形式。

1. 平整地面设计

平整地面主要是指在原土建地面的基础上平整铺设装饰材料的地面，地面保持在一个水平面上，地面没有高低起伏。这种地面铺设形式最为常见，通常设计者会依据使用需求和艺术需要，对材质、图案进行专门设计。常见的地面材质及图案划分有以下三种方式：功能性划分、导向性划分和艺术性划分。

（1）功能性划分

功能性划分主要是根据室内的使用功能特点，对不同空间的地面采用不同质地地面材料的进行设计，加以区分，也可称其为"质地划分"。例如，在宾馆大堂中客流较多的地方常采用坚硬耐磨的石材，但在客房里要采用柔软的地毯装饰地面。在家庭装修中，厨房和卫生间常采用地砖装饰地面，防止地面污水等侵蚀。卧室地面则常选用木地板装饰，不但温馨舒适，而且保温隔热性能良好。

（2）导向性划分

导向性划分是指在室内地面设计中利用不同材质和不同图案等手段来强调不同使用功能的地面设计方式。目的是让使用者在室内能够较快地适应空间的流动，尽快地熟悉室内空间的各个功能。这种划分形式具有以下两个方面的特点：

第一，采用不同材质的地面设计，使人感受到交通空间的存在。这种地面形式比较容易识别，但要注意不同材质地面的艺术搭配。

第二，采用不同图案的地面设计来突出交通通道，也可以对客人起到导向性作用。这种设计往往在大型百货商场、博物馆、火车站等公共空间采用。例如在商场里顾客可以根据通道地面材料的引导，从容进行购物活动。

（3）艺术性划分

设计者对地面进行艺术性划分是室内地面设计重点考虑的问题之一，尤其在较大型的空间，更是常见的设计形式之一，它是通过采用不同的图案，并进行颜色搭配来达到地面装饰艺术效果。通常使用的材料有花岗石、大理石、地砖、水磨石、地板块、地毯等。这种地面划分形式往往是同房间的使用性质密切相关的，但以地面的艺术性划分为主，用以烘托整个空间的艺术氛围。

地面艺术性划分应用很广，如在宾馆的堂吧地面设计中采用自由活泼的装饰图案，以达到休闲、交往、商务的目的。在宾馆的大堂设计中采用石材拼花地面，既能满足功能上需求，还能产生高雅华贵的艺术效果。在一些休闲、娱乐空间的室内地面设计中，有些设计师将鹅卵石与地砖搭配使用布置地面，凹凸起伏的鹅卵石与地砖在照明光线下形成极大的反差，不但取得了较好的艺术效果，而且也通过不同材质的变化实现了不同功能的分区。

2.地台地面设计

在某些较大的室内空间，平整地面设计难以满足功能设计的要求，因此，设计者在原有地面的基础上采用局部地面升高或降低的方法，所形成的地面形式称为"地台地面"。这种地面形式力求在高度上有所突出，以实现设计的整体效果。修建地台常选用砌筑回填骨料完成，也可以用龙骨地台配以板材饰面，这种做法自重轻，更适宜应用在多楼层建筑中。

地台地面应用的范围不是很广，但在适当的场合采用，可以取得意想不到的艺术效果。如宾馆大堂的咖啡休闲区，常采用地台设计。地台区域材料有别于整体地面，常采用地毯饰面，加以绿化衬托，使地台区域形成小空间，在此休息有一种亲切、高雅、休闲、舒适的感觉。在某餐厅，设计者将就餐区域和交通区域用地台设计的手法加以划分，使就餐环境更感安全、私密。

在家庭装修中也常采用地台设计形式，形成有情趣的休闲空间。地台设计，还常在日式、韩式的房间装修中采用，民族风格特征鲜明。和地台设计相反的还有下沉地面的设计手法，但一般较少采用。

(四) 室内地面设计注意要点

室内地面设计首先要满足建筑构造的要求，并充分考虑材料的环保、节能、经济等方面的特点，并且还要满足室内地面的物理需要，如防潮、防水、保温、耐磨等要求。其次还要便于施工。最后就是地面装饰设计，要符合大众欣赏口味。

1.注意材料的选择

地面材料的选择要依据空间的功能来决定。例如，住宅中的卧室会选用地毯或木质地板，这样会增添室内的温馨感。而卫生间和厨房则应选择防水的地砖。另外，对于客流较大的公共空间则应选用耐磨的天然石材。

而一些静态空间，如酒店的客房、人员固定的办公空间可选用像地毯或人造的软质材料做地面。另外一些特殊空间，如儿童活动场所，则需要地面弹性较好，以保障儿童的安全。除此之外，体育馆和食堂等场所，则可以采用水磨石做地面铺装。

2.注意材料的功能设计

在进行室内地面设计时，设计师可以根据地面材料色彩的多样性特点，利用材料的色彩组织划分地面，这样不仅能活跃室内气氛，还会因为材料的色彩区分，引导室内的行走路线。对于同样面积的地面，材料的规格大小还会影响空间的尺度。尺寸越大，空间的尺度会显得越小；相反，尺度越小，空间的尺度则会显得大一些。

此外，地面材料的铺装方向还会引起人们的视觉偏差。例如长而窄的空间作横向划分，可以改善空间的感觉，不会让人感到过于冗长。因此，地面的设计，一定要按室内空间的具体情况，因地制宜地进行设计。

3.注重整体性和装饰性

地面是室内一切内含物的衬托，因此，一定要与其他界面和谐统一。设计地面时应协调简洁，不要过于烦琐。设计师对地面的设计不仅要充分考虑它的实用功能，还要考虑室内的装饰性。运用点、线、面的构图，形成各种自由、活泼的装饰图案，以更好地烘托室内气氛，给人一种轻松的感觉。在公共空间(宾馆大堂、建筑门厅、商业共享空间)可以利用图案作装饰，但必须与周围环境的风格相协调。

第四节　玄关与墙面设计

一、玄关设计

(一) 玄关的作用

玄关是进入室内的咽喉地带和缓冲区域，会给人以室内装修的第一印象，因此在室内设计中，玄关具有不可忽视的地位。其作用主要表现在以下三个方面：

（1）玄关可以展现设计理念。通过色彩、材料、灯光和造型的综合运用，可以体现装修的整体风格及特征。可以说，玄关设计是整个设计思想的浓缩，它在住宅室内装饰中起到画龙点睛的作用。

（2）玄关是进入客厅的回旋地带，可以有效地分割室外和室内，避免将室内景观完全暴露；能够使视线有所遮掩，更好地保护室内的私密性；还可以避免因室外人的进入而影响室内人的活动，使室外进入者有个缓冲、调整的场所。

（3）具有一定的贮藏功能，用于放置鞋柜和衣架，便于主人或客人换鞋、挂外套之用。

（二）玄关设计注意要点

1. 注意选择合适的样式

玄关样式的选择，首先应考虑与室内整体风格保持一致，力求简洁、大方。常用的玄关样式有以下四种：自然材料隔断式、玻璃半通透式、列柱隔断式和古典风格式。[①]

（1）自然材料隔断式玄关

这是一种运用竹、石、藤等自然材料来隔断空间的形式，这样可以使玄关空间看上去朴素、自然。

（2）玻璃半通透式玄关

这是一种运用有肌理效果的玻璃来隔断空间的形式，常用的玻璃包括：磨砂玻璃、裂纹玻璃、冰花玻璃、工艺玻璃等。这样可以使玄关空间看上去有一种朦胧而有意境的美感，使玄关和客厅之间隔而不断。

（3）列柱隔断式玄关

这是一种运用几根规则的立柱来隔断空间的形式，这样可以使玄关空间看上去更加通透，使玄关空间和客厅空间很好地结合和呼应。

（4）古典风格式玄关

这是一种运用中式和欧式古典风格装饰元素来设计的玄关空间，如中

---

① [英]吉布斯著；吴训路译. 室内设计教程（第2版）[M]. 北京：电子工业出版社，2011.

式的条案、屏风、瓷器、挂画，欧式的柱式、玄关台等。这样可以使玄关空间更加具有文化气息和古典、浪漫的情怀。

2. 注意选择恰当材料

玄关是一个过道，是容易弄脏的地方，其地面宜用耐磨损、易清洁的石材或颜色较深的陶质地砖，这样不仅便于清扫，而且使玄关看上去清爽、华贵且气度不凡。

3. 注意灯光及色彩的设计

作为给人带来室内第一印象的玄关，在装潢设计时应尽量营造出优雅、宁静的空间氛围。灯光的设置不可太暗，以免引起短时失明。玄关的色彩不可太艳，应尽量采用纯度低，彩度低的颜色。

二、墙面设计

(一) 墙面的作用

墙面是空间围合的垂直组成部分，也是室内空间内部具体的限定要素，其作用是可以划分出完全不同的空间领域。内墙设计不仅要兼顾室内空间、保护墙体、维护室内物理环境等因素，还应保证各种不同的使用条件得以实现。更重要的是，墙面把室内建筑空间各界面有机地结合在一起，起到渲染、烘托室内气氛，增添文化、艺术气息的作用，从而产生各种不同的空间视觉感受。

(二) 室内墙面的分类

室内墙面是人最容易感觉、触摸到的部位，其材料的使用在视觉及质感上均比外墙有更强的敏感性，对空间的视觉影响颇大，因此，有人把室内墙面装饰材料称为"第二层皮肤"。

室内墙面设计对内墙材料的各项技术标准都有着严格的要求。原则上应坚持绿色环保、安全、牢固、耐用、阻燃、易清洁的原则，同时应有较高的隔音、吸声、防潮、保暖、隔热等特性。不同的材料能构成效果各异的墙面造型，能形成各种各样的细部构造手法。材料选择正确与否，不仅影响室内的装饰效果，还会影响到人的心理及精神状态。

室内墙面装饰装修材料种类繁多，规格各异，式样、色彩千变万化。从材料的性质上可分为木质类、石材类、陶瓷类、涂料类、金属类、玻璃类、塑料类、墙纸类等。可以说，绝大多数材料都可用于墙面的装饰装修。从构造技术的角度可归结为五类：即抹灰类、贴挂类、胶粘类、裱糊类、喷涂类。这里仅介绍第二种分类方法。

1. 抹灰类墙面

抹灰类墙面的主要材料有水泥砂浆、白灰砂浆、混合砂浆、聚合物水泥砂浆以及特种砂浆等，它们多在土建施工中即可完成，属一般装饰材料及构造。

2. 贴挂类墙面

贴挂类墙面是以人工烧制的陶瓷面砖以及天然石材、人造石材制成的薄板为主材，通过水泥砂浆、胶粘剂或金属连接件经特殊的构造工艺将材料粘、贴、挂于墙体表面的一种装饰方法。其结构牢固、安全稳定、经久耐用。贴挂类墙面装饰因施工环境和构造技术的特殊性，饰面材料尺寸不易过大、过厚、过重，应在确保安全的前提下进行施工。

3. 胶粘类墙面

胶粘类墙面是将天然木板或各种人造类薄板用胶粘贴在墙面上的一种构造方法。现代室内装修中，饰面板贴墙装饰已不再局限于传统意义上简单的护墙处理，传统材料与技术已不能完整体现现代建筑装饰风格、手法和效果。随着新材料的不断涌现，构造技术的不断创新，其适应面更广、可塑性更强、耐久性更好、装饰性更佳、安装简便，弥补了过去单一的用木板装饰墙面的诸多不足。

4. 裱糊类墙面

裱糊类墙面是指采用粘贴的方法将装饰纤维织物覆盖在室内墙面、柱面、天棚的一种饰面做法，是室内装修工程中常见的装饰手段之一，起着非常重要的装饰作用。此方法改变了过去"一灰、二白、三涂料"单调、死板的传统装饰做法，装饰纤维织物贴面因其图案的丰富多样，装饰效果佳而深受人们的喜爱。

5. 喷涂类墙面

喷涂类墙面是采用涂料经喷、涂、抹、刷、刮、滚等施工手段对墙体表面进行装饰装修。涂料饰面是建筑装饰装修中最为简单、最为经济的一种构造方式。它和其他墙面构造技术相比，虽然不及墙砖、饰面板材、金属板经久耐用，但由于涂料饰面施工简便、省工省料、工期短、工效高、作业面积大、便于维护更新，且造价较低，所以在装修施工中，被广泛采用。

(三) 室内墙面设计注意要点

室内墙面的设计在满足美化空间环境、提供某些使用条件的同时，还应在墙面的保护上多做文章。它们三者之间的关系相辅相成，密不可分。但根据设计要求和具体情况的不同有所区别。

1. 注重保护性

室内墙面虽不受自然灾害恶劣天气的直接侵袭，但在使用过程中会受到人的摩擦，物体的撞击，空气中水分的浸湿等影响，因而要求通过其他装饰材料对墙体表面加以保护，以延长墙体及整个建筑物的使用寿命。

2. 注重实用性

室内是与人最接近的空间，而内墙又是人们身体接触比较频繁的部位，因此墙面的设计必须满足基本的使用功能，如易清洁、防潮、防水等。同时还应综合考虑建筑的热学性能、声学性能、光学性能等各种物理性能，并通过设计材料来调节和改善室内的热环境、声环境、光环境，从而创造出满足人们生理和心理需要的室内空间环境。

3. 注重装饰性

除了保护性、实用性外，还应从美学角度去审视内墙设计，并且从空间的统一性加以考虑，使天棚、墙面、地面协调一致，建立一种既独立又统一的界面关系，同时创造出各种不同的艺术风格，营造出各种不同的氛围环境。

第五节　门窗与楼梯设计

一、门窗设计

（一）门窗的作用

门窗是联系室外与室内，房间与房间之间的纽带，是供人们相互交流和观赏室外景物的媒介，不仅有限定与延伸空间的性质，而且对空间的形象和风格有着重要的影响。门窗的形式、尺寸、色彩、线型、质地等在室内设计中因功能的变化而变化。尤其是通过门窗的处理，会对建筑外饰面和内部装饰产生极大的影响，并从中折射出整体空间效果、风格样式和性格特征。

门的主要功能是交通联系，供人流、货流通行以及防火疏散之用，同时兼有通风、采光的作用。窗的主要功能是采光、通风。此外门窗还具有调节控制阳光、气流以及保温、隔热、隔音、防盗等作用。[①]

（二）门窗的分类与尺度

1. 门的分类

门按不同材料、功能、用途等可分为以下几种：

（1）按材料分有木门、钢门、铝合金门、塑料门、玻璃门等。

（2）按用途分有普通门、百叶门、保温门、隔声门、防火门、防盗门、防辐射门等。

（3）按开启方式分有平开门、推拉门、折叠门、弹簧门、转门、卷帘门、无框玻璃门等。

2. 门的尺度

门的尺度通常是指门洞的高宽尺寸，门的尺度取决于其使用功能与要求行人的通行、设备的搬运、安全、防火以及立面造型等。

普通民用建筑门由于进出人流较小，一般多为单扇门，其高度为

---

① 李强 . 室内设计基础 [M]. 北京：化学工业出版社，2010.

2000～2200mm；宽度为900～1000mm；居室厨房、卫生间门的宽度可小些，一般为700～800mm。公共建筑门有单扇门、双扇门以及多扇门之分，单扇门宽度一般为950～1100mm，双扇门宽度一般为1200～1800mm，高度为2100～2300mm。多扇门是指由多个单扇门组合成三扇以上的特殊场所专用门（如大型商场、礼堂、影剧院、博物馆等），其宽度可达2100～3600mm，高度为2400～3000mm，门上部可加设亮子，也可不加设亮子，亮子高度一般为300～600mm。

3. 窗的分类

窗依据其材料、用途、开启方式等可作以下分类：

（1）按材料分有木窗、铝合金窗、钢窗、塑料窗等。

（2）按用途分有天窗、老虎窗、百叶窗等。

（3）按开启方式分有固定窗、平开窗、推拉窗、悬窗、折叠窗、立转窗等。

随着建筑技术的发展和新材料的不断出现，窗的设置、类型已不仅仅局限于原有形式与形状，出现了造型别致的外飘窗、落地窗、转角窗等。

4. 窗的尺度

窗的尺度一般由采光、通风、结构形式和建筑立面造型等因素决定，同时应符合建筑要求。

普通民用建筑窗，常以双扇平开或双扇推拉的方式出现。其尺寸一般每扇高度为800～1500mm，宽度为400～600mm，腰头上的气窗及上下悬窗高度为300～600mm，中悬窗高度不宜大于1200mm，宽度不宜大于1000mm，推拉窗和折叠窗宽度均不宜大于1500mm。公共建筑的窗可以是单个的，也可用多个平开窗、推拉窗或折叠窗组合而成。组合窗必须加中梃，起支撑加固、增强刚性的作用。

（三）门窗的设计与施工

1. 平板门的设计与施工

平板门的设计与施工需要注意以下几个方面：

（1）检查门洞。检查门洞是否符合要求，门洞是否方正、平整，位置是否合理，一般房门尺寸860mm×2035mm为宜，大门及推拉门尺寸根据现场而定。

（2）门扇设计。普通门扇一般采取如下方法：

① 15+15+3+3+3+3=42mm 厚

② 18+9+9+3+3=42mm 厚

③ 18+9+5+5+3+3=43mm 厚

④ 28 开条 +4+4+3+3=42mm 厚

（3）门扇收边。先将门压实，门扇四周清边，门边线胶水涂刷均匀，选好材，用纹钉打，门边线开槽、以防变形，收边打磨光滑。

（4）门扇饰面。拼板、拼花，金属条要平整光滑；门扇的安装用 3 个合页，凹凸大门用 3 个以上；门扇与门面、门板颜色保持一致。

（5）门套制作。门套制作又可细分为以下几个环节：

①做好防潮、验收、通过目测。

②用 18mm 大芯板做好防潮打底板，用 9mm 夹板钉内框，留子口，门套要安装防撞条。

③门套线要确定宽度及造型，颜色一致，施工时胶水要涂刷严密、均匀。

④门套线及门边线严禁打直钉，卫生间、厨房的门套线应吊 1cm 脚，以防发霉。

⑤同一墙面、同一走廊，门高要保持在同一水平线上，门顶要封边严密。

⑥要待门套线干水后再收口，以防门套线缩水。

⑦验收标准框的正侧面垂直度少于 2mm，框的对角线长度差少于 2mm。

⑧用冲击钻在门洞墙内打眼，一般用直径为 10～12mm 钻头，眼洞位置应呈梅花形。

⑨用合适的木钻打入眼内预留在外部约 10mm 长。

⑩按规定做好墙面防潮层。

2. 推拉门的设计与施工

推拉门的设计与施工需要注意以下几个方面：

（1）推拉门常用于书房、阳台、厨房、卫生间、休闲区等，有平拉推拉门及暗藏推拉门。

(2) 推拉门有单轨（宽度 50 ~ 60mm）、双轨（100 ~ 120mm），槽内深度（55 ~ 60mm）为宜，以便安装道轨。

(3) 压门用 18mm 大芯板，80 ~ 100mm 宽板条打锯路，双层错位用胶压，厚 42mm 为宜（指木框玻璃门）。

(4) 推拉门吊轮道轨用面板收口，门套需留子口，推拉门如果是木格玻璃门，面板需整板开挖。

(5) 门扇框与框之间需要重叠、对称，吊轮道轨要用面板收口，门套要留子口，推拉门框要用整块面板开孔。

(6) 推拉门推拉要顺畅。

二、楼梯设计

(一) 楼梯的构成

楼梯一般是由楼梯段、楼梯平台、栏杆 (栏板)、扶手等组成。它们用不同的材料，以不同的造型实现了不同的功能。

1. 楼梯段

楼梯段又称"楼梯跑"，是楼梯的主要使用和承重部分，用于连接上下两个平台之间的垂直构件，由若干个踏步组成。一般情况下楼梯踏步不少于 3 步，不多于 18 步，这是为了行走时保证安全和防止疲劳。

2. 楼梯平台

楼梯平台包括楼层平台和中间平台两部分。中间 (转弯) 平台是连接楼梯段的平面构件，供人连续上下楼时调节体力、缓解疲劳，起休息和转弯的作用，故又称"休息平台"。楼层平台的标高与相应的楼面一致，除有着与中间平台相同的用途外，还用来分配从楼梯到达各楼层的人流。

3. 楼梯栏杆与扶手

楼梯栏杆是设置在楼梯段和平台边缘的围护构件，也是楼梯结构中必不可少的安全设施，栏杆的材质必须有足够的强度和安全性。扶手附设于栏杆顶部，作行走时依扶之用。而设于墙体上的扶手称为靠墙扶手，当楼梯宽度较大或需引导人流的行走方向时，可在楼梯段中间加设中间扶手。楼梯栏杆与扶手的基本要求是安全、可靠、造型美观和实用。因此栏杆应能承受一定的冲力和拉力。

(二) 楼梯设计的形式

楼梯的类型与形式取决于设置的具体部位，楼梯的用途，通过的人流，楼梯间的形状、大小，楼层高低及造型、材料等因素。

(1) 按设置的位置分有室外楼梯与室内楼梯，其中室外楼梯又分安全楼梯和消防楼梯，室内楼梯又分主要楼梯和辅助楼梯。

(2) 按材料分有钢楼梯、铝楼梯、混凝土楼梯、木楼梯及其他材质的楼梯。

(3) 按常见形式分有单梯段直跑楼梯、双梯段直跑楼梯、双跑平行楼梯、三跑楼梯、双分平行楼梯、双合平行楼梯、转角楼梯、交叉楼梯、剪刀楼梯、螺旋楼梯、弧形楼梯等。

(三) 楼梯的设计尺度

楼梯在室内装饰装修中占有非常重要的地位，其设计的好坏，将直接影响整体空间效果。所以楼梯的设计除满足基本的使用功能外，应充分考虑艺术形式、装饰手法、空间环境等关系。

楼梯的宽度应满足上下人流和搬运物品及安全疏散的需要，同时还应符合建筑防火规范的要求。楼梯段宽度是由通过该梯段的人流量确定的，公共建筑中主要交通用楼梯的梯段净宽按每股人流 550～750mm 计算，且不少于两股人流；公共建筑中单人通行的楼梯宽度应不小于900mm，以满足单人携带物品通行时不受影响；楼梯中间平台的净宽不得小于楼梯段的宽度；直跑楼梯平台深度不小于2倍踏步宽加一步踏步高。双跑楼梯中间平台深度≥梯段宽度，而一般住宅内部的楼梯宽度可适当缩小，但不宜小于850mm。

楼梯坡度是由楼层的高度以及踏步高宽比决定的。踏步的高与宽之比需根据行走的舒适、安全和楼梯间的面积、尺度等因素进行综合考虑。楼梯坡度一般在23°～45°范围内，坡度越小越平缓，行走也越舒适，但扩大了楼梯间的进深，而增加占地面积；反之缩短进深，节约面积，但行走较费力，因此以30°左右较为适宜。当坡度小于23°时，常做成坡道，而坡度大于45°时，则采用爬梯。

楼梯踏步高度和宽度应根据不同的使用地点、环境、位置、人流而定。学校、办公楼踏步高一般在140～160mm，宽度为280～340mm；影剧院、医院、商店等人流量大的场所其踏步高度一般为120～150mm，宽度为300～350mm；幼儿园踏步较低，为120～150mm，宽为260～300mm。而住宅楼梯的坡度较一般公共楼梯坡度大，踏步的高度一般在150～180mm，宽度在250～300mm。

楼梯栏杆（栏板）扶手的高度与楼梯的坡度、使用要求、位置等有关，当楼梯坡度倾斜很大时，扶手的高度可降低，当楼梯坡度平缓时高度可稍大。通常建筑内部楼梯栏杆扶手的高度以踏步表面往上900mm，幼儿园、小学校等供儿童使用的栏杆可在600mm左右高度再增设一道扶手。室外不低于1100mm，栏杆之间的净距不大于110mm。

楼梯的净空高度应满足人流通行和家具搬运的需要，一般楼梯段净高宜大于2200mm；平台梁下净高不小于2000mm。

（四）楼梯设计注意要点

公共建筑中楼梯分为主楼梯和辅助楼梯两大类。主楼梯应设置在入口较为明显、人流集中的交通枢纽处；具有醒目、美化环境、合理利用空间等特点。辅助楼梯应设置在不明显但宜寻找的位置，主要起疏散人流的作用。

住宅空间中楼梯的位置往往明显但不宜突出，一般设于室内靠墙处，或公共部位与过道的衔接处，使人能一眼就看见，又不过于张扬。但在别墅或高级住宅中，楼梯的设置越来越多样化、个性化，不拘于传统，通常位置显眼以充分展示楼梯的魅力，成为住宅空间中重要的构图因素之一。

第六章　低碳经济理念下室内环境设计实践

低碳经济理念已经逐渐成为城市建设过程中必不可少的经济理念之一，这一理念的应用有利于城市的可持续发展，提升资源的利用率，有效保护城市环境，确保居民的身体健康。在室内设计中应用低碳经济理念是当今时代发展的必然趋势，对室内设计水平和质量的提升有重大的意义和影响。

第一节　低碳经济理念下的室内环境设计思维与方法探索

绿色建筑除对建筑物的外观和环境衬托加以考量和界定之外，对室内装饰的考量也较严格。这主要是对设计创意的内涵和个性特点进行综合评估。因为室内设计一方面要接受绿色建筑理念的催化，一方面要承受新时代的洗礼，要适应人们的价值观、人生观和审美观所发生的深刻变化。由此，象征时代气息的思维及其所产生的设计创意便成为新时代的主流。

当代室内设计师必须按照绿色建筑的新概念，在室内设计理念、装饰目标、评估标准等一系列变化中，探索新的创意思维，培养新的创作灵感，寻求并建立新的艺术基调。新颖的设计创意，体现在该设计摒弃了传统的目标追求、设计原则和考量标准，并且从价值取向出发，以功能性、环保性、协调性为坐标，讲究自然、舒适、采光通风，讲述文化品位，格调层次和展现主人的个性特点等多功能效果。在一定情况下，甚至可能将居室装饰成为起居、饮食、工作、服务、娱乐、社交一体化的寓所；或者，装饰成为能听从主人指令，能按程序为主人的生活服务，为主人做好防火、防盗、防伤害的智能化寓所。这便是新时代室内设计新思维的主要特征，也是当代设计师必须掌握并且经常应用的基本知识。

总而言之，室内设计思维的创新不仅是时代的要求，更是设计师创作生涯的起点与归宿。能否在极具挑战性的时代奉献出精品，传递一个时代象征性的信息，完全取决于设计师对这门综合艺术的感悟程度，对各门学科的阅历与整合能力。

一、室内设计思维

(一) 室内设计思维的特征

1. 原创性特征

原创性的室内设计思维过程遇到的问题，不能用常规、传统的方式来解决。需重新审视和组织，以产生独特、新颖的亮点。

"原"强调原始，从前没有的性质，"创"则显现时间上的初始，新的纪录。对于设计原创性的描述应该是"新的使用方法""新的材料运用""新的结构体系""新的价值观念"等，这就要求设计师在空间功能设计时，把更多的精力投入到"用"的环节。在"新材料的开发"环节、"新结构的实验"环节以及"新观念的表达"环节中，寻找空间设计的依据，从而避免抄袭、拼贴等不良现象的出现，用这种解决问题的方法和思路来思考设计中存在的问题，这有利于设计师创造性思维的开发。

2. 多向性特征

室内设计中的创造性思维又是一种连动思维，它引导人们由已知探索未知，开拓思路。连动思维表现为纵向、横向和逆向连动，体现了多向性的特征。

3. 想象性特征

室内设计要求设计者善于想象，善于结合以往的知识和经验在头脑里形成新的形象，善于把抽象的东西形象化。

4. 突变性特征

室内设计中的直觉思维、灵感思维是在设计创造中出现的一种突如其来的领悟或理解。它往往表现为思维逻辑的中断，出现思想的飞跃，突然闪现出一种新设想、新观念，使对问题的思考突破原有的框架，从而使问题得以解决。

（二）室内设计创意

1. 方案构思的自我体验

方案的构思是创造性最强的工作，设计师能否善于采用各种有助于创新思维的方法，对于设计项目的成败是至关重要的。创造性方法是室内设计方法的重要组成部分，它贯穿于装饰工程设计的全过程。可以说，设计是一种创造性劳动。

2. 方案细节的过渡

素材再造是通过观察、分析、归纳、联想的方式，始终贯穿设计的目的方向，并研究实现目的的外因限制。理解设计定位是建立目标系统后的设计评价系统，也是选择、组织、整合、创造内因（原理、材料、结构、工艺技术和形态）的依据。

（三）室内设计创意的方法

1. 智慧与激励

强调激励团队的智慧与力量。在制定室内设计方案前期过程中，应激发团队每位设计师的潜能，在内部进行互动式方案构思训练，充分发挥每个人的智慧与能量。

智慧与激励创意的特征：①人人都有创造性的设计能力，集体的智慧高于个人的智慧；②创造性思维需要引发，多人相互激励可以活化思维，产生更多的新颖性设计构思；③摆脱思想束缚，保持头脑自由，有助于新奇想法的出现，过早判断有可能扼杀新设想。

智慧与激励创意的三种方式：

其一，在指定时间内，由个体方案师独立完成设计方案，以手绘草图的形式，构想出大量意念型的构思方案，通过例会的形式进行方案解说，经过集体讨论，由他人提出问题，并从中提出其他的设计构想，反复多次论证，最终确定方案。

其二，召集4名设计方案师参加会议，每人针对设计方案以手绘的形式制作出3种设计方案，有时间限定。然后将设计方案相互交换，在限定时间内每人根据他人的启发，再在（别人的）设计基础上制作出3种设计方案。如此循环，采用设计相互交流的方式，完善设计方案。

其三，强调多学科集体智慧思考的方法。通过扩大知识来源范围，达到最终设计目标，运作过程既要保证大多数人是室内设计领域的专业人员，也要吸收一些知识面宽阔的外行人参加，可以包括相关的景观设计师、建筑师、文学家、画家、音乐家、诗人、物理学家、旅游爱好者等。这种方式可以通过不同的角度展开设计思维联想。

智慧与激励创意的运作过程为：①选择合适的会议主持人。参加会议的人员一般以 5~10 人为宜，人员的构成要合理。②确定研究设计任务目标方向。确定会议讨论的设计方案主题。③明确会议规则。这是与一般的集体讨论会最明显的区别。与会者要遵循以下规则：优雅清新的环境；自由奔放原则；禁止评判原则；追求数量原则；借题发挥原则。④启发思维，进行发散，畅谈设想。充分运用想象力和创造性思维能力，畅谈自己各种新颖奇特的想法。会议一般不超过一小时。⑤整理和评价。会后由设计主持人、设计总监或秘书对设想进行整理，组织评价人员（一般以 3~5 人为宜，也可由设计方案的提出者组成，但其中应包括对项目跟踪的设计人员）根据事前明确的涉及方案进行评价筛选。评价指标包括两部分：一是专业、技术上的"内在"指标，主要是衡量设计方案在专业上是否有根据，在技术上是否先进和可行；二是实施的可操作性、客户群的"外在"指标，主要是衡量设计方案实现的现实性和是否能满足用户或开发商的需求。

2. 推理与创新

（1）提问

用提问的方式来打破传统思维的束缚，扩展设计思路，是提升设计师创新性设计能力的一种方法。以创造新理念作为前提，开启设计师智慧的闸门，引发思考和想象，激发创造动力，扩展创造思路。

提问的具体内容：①为什么要针对此项目设计？为什么采用这种结构？明确目的、任务、性质……②此项目的功能属性？有哪些方法可用于这种设计？哪些是已知的？哪些方面需创新？……③此项目的用户及开发商是谁？谁来完成此设计？是自己独立承担还是成立设计小组？……④什么时间能完成此设计？最后期限？各设计阶段何时开始？何时结束？何时鉴定？……⑤该设计用在哪些地方？哪个行业？哪个部门？在何地投产？……⑥怎样设计？结构如何？材料如何？颜色如何？形状如何？……

提问的特点——如此逐一提问并层层分解，设计要具有目的性、针对性，就像医生对病人要对症下药，才能药到病除，达到最终目的，使设计工作很快进入实质性操作阶段。同时，也可以按照逆向思维提问，即始终从反面去思考问题，反向理解设计项目。柱头为什么不能倒放？椅子为什么不能两面坐或悬空？

（2）列举

任何设计师的设计方案都难免存在缺点和误区。要克服设计的不足，就要通过比对大师作品或成功的设计案例来提升设计的品质，确定设计的价值。抓住设计的准确性，就意味着抓住设计目标的本质。

随着科技的不断发展，新理念、新材料不断更新。人们的居住环境永远不可能完全得到满足，一种需要满足之后，还会提出更高的需求。

列举的具体方法有：特性列举法、缺点列举法、希望列举法等。有针对性地系统地提出问题，会使我们所需要的设计项目信息更充分、更完善。

列举的特性体现在三个方面，即名词特性，如材料：水泥、叶子、风等；形容词特性，如颜色：白、黑、红、墨绿、天蓝、紫红等；又如结构、形状、功能特性，如现代、艺术、自然、表演、行为艺术等。

（3）类比

通过两个（类）设计对象之间某些相同或相似来解决其中一个设计项目需要解决的问题。其关键是寻找恰当的类比对象，这里需要直觉、想象、灵感、潜意识等创意灵感。

（4）组合

将两个以上的设计元素或设计取向点进行组合，获得统一整体的设计，在功能、形态上形成统一的切合点，进行组合。适用于方案的设计过程阶段，通过寻求问题、论证问题、产生设计联想，达成共识，来解决设计的问题。

（5）逆向

"左思右想""旁敲侧击"说的是侧向思维的形式之一。在设计过程中，如果只沿着一个思路，常常找不到最佳的感觉，这时可让思维向左右发散，或作逆向推理，有时能获得意外的收获。

(6) 立体

设计思维的广度指善于立体地、全面地看问题。在设计过程中，围绕问题多角度、多途径、多层次、跨学科地进行全方位研究，又称之为"立体思维"。包括求同法、求异法、同异并用法、共变法、剩余法、完全归纳法、简单枚举归纳法、科学归纳法和分析综合法等。

3. 意识与再造

意识与再造表现为热线、导引、新知图、求同与求异、分与合、梦境、发射设计等方面。

热线——意识孕育成熟了的并和潜意识相沟通的一种设计思路。

导引——灵感的迸发几乎都要通过某一偶然事件作为创意的"导火线"，刺激大脑，引起相关设计联想，然后才能闪现。

新知图——此法主要采用意念的概念，是设计观念图像化的思考策略。以线条、图形、符号、颜色、文字、数字等各种方式，将意念和信息以手绘的形式快速地以上述各种草图的方式摘记下来。

求同与求异——在室内设计中，常常是多次反复，求异—求同—再求异—再求同，二者相互联系，相互渗透，相互转化，从而产生新的认识和创意思路。

分与合——将不相同也无关联的设计元素加以整合，产生新的设计意念。分合法利用模拟与隐喻的作用，协助思考者分析问题以产生各种观点。

梦境——利用做梦迸发出的设计创意灵感来进行室内设计。

发射——设计思维在一定时间内向外发射出来的数量和对外界刺激物做出反应的速度，使设计师对设计案例做出快速的反应，以激发新颖独特的构思。

二、室内设计方法

(一) 设计图形的表达方法

在室内设计中，由于图形最具有直观性，因此常被设计者们用来表达自己的思想与主题。室内设计图形的表达方法主要有平面图、透视图、立面图、剖面图和施工图五种。

1. 平面图的表达方法

平面图是一种俯视"地图"，从中可粗略地看到一个特定空间的全貌。从上空看，一张桌子或者小地毯可能只是一个简单的长方形，而一把凳子看起来可能像茶托。从高空看去，墙壁的厚度和门窗之间的距离也能清晰地在图中展现；只要把这个空间观念谨记心中，楼层平面图将不难理解。

假如设计师画平面图的比例为1∶1，这意味着最终得到的图像将与实物大小一样，这样的话，画出一个房间将需要一张与实际楼层空间面积一样大小的纸张。很显然，这从实际操作上行不通，因此设计师会选择一个合适的比例尺，以便纸张的面积不会太大，方便携带和操作。设计师最常用的平面图比例尺是1∶20或者1∶50（也就是说，房间的实际尺寸是平面图尺寸的20或50倍）。然而，单一纸张中的绘图数量、决定使用的纸张大小和平面图中需要涵盖的绘图细节的数量都无不影响着比例尺的选择。

另外，在向客户做设计展示报告时，如果设计师拿出的平面图在添加说明内容之后显得过分拥挤，也会导致客户认为设计师不够专业，所以，如何在纸张上绘制和安排好平面图的内容，从某种程度上讲，还受到空间实际形状的影响。

手绘平面图的绘制应平行移动作画护条，把草图画纸固定到画板上。决定好比例尺之后，设计师可以用一支技术铅笔开始平面图的绘制。先沿着平行移动线画出各水平线，然后把三角板按到平行移动线上，保持好90°角，沿着三角板的边沿画出垂直线。画好一条直线时，测量出所需线段的长度，并用铅笔做好标记。画图时交会的线条可以相互交叉，这样可使棱角分明，方便给平面图上墨。总之，先制作出房间的总体覆盖情况，包括各个墙壁的厚度，然后再把各结构细节，比如窗户、门等添加进去。

早期的绘画用铅笔来完成，最后展示用的平面图可誊写出来，复制到底图纸上，或者是更高级的纸张，如果是平面图还应处理润色，交到董事会审查通过。作为支撑设计理念进一步发展的手段，平面图的基本形式应包括墙壁——表现出它们的厚度和长度；门、橱柜和窗户的开口；暖气片的布置；窗台、壁脚板等细节。平面图还要包括一个图签、一个比例尺说明和指北针。

当代的绘画用CAD软件来完成，对于人们绘画带来很多方便。学习

CAD（计算机辅助设计）软件的学生不但要熟悉什么是坐标系、尺度参数和其他约束条件，而且需要懂得各种工具、选项和菜单的使用。如果需要，利用CAD软件可直接生成和编辑直线、弧线、曲线、角、矩形、多边形、椭圆和圆圈；文本以及符号也可添加进去。这其中掌握好鼠标控制十分有必要。制作层次感和操纵窗口的能力可使设计师在最终绘图的布局和展示中如鱼得水，在添加注释和编辑之后，最终绘图就可保存或者打印出来。对于大多数电脑集成软件包，达到特定效果的途径通常不止一条；正因为如此，要使软件运用得得心应手，不断地练习和尝试十分必要。

2. 透视图的表达方法

透视图的作用是提供逼真的具象视图。在这里，三维立体的空间和物件随着它们渐去渐远而高度变小。这些图画在做客户展示报告的时候将发生奇效，因为它们不但能展示方案中各元素的搭配、施工完成时的面貌，而且能极佳地反映空间的基调、氛围和风格。不仅如此，透视图还能表现一些人性化的细节处理，比如在图中加入些植物、美术作品、一只宠物或者一幅窗口的风景。透视的基础是网格，取决于需要展现角度的宽度，选择一个或者两个透视参考点。一点透视图较容易绘制，但看起来有些呆滞，而两点透视图——两条直线汇聚到两点上——是最具有现实感的，也使用得最为广泛。

3. 立面图的表达方法

立面图是缩尺图，表示一堵墙的平面视图，它看起来就像人们正视着这堵墙。对难以掌握平面图比例尺的客户来说，立面图尤其有用。立面图对室内设计师来说也很有用处，因为它可帮助设计师理解他的设计布局中的含意，并且这些立面图也会给装饰材料承包商提供在平面图里没法反映的信息内容。

通常，平面图里距离墙面1m内的物件都将在立面图中画出，但是为了确保设计方案能有效地向客户传达，设计师可在此时制造一些艺术效果。跟没有视角的平面图一样，一张立面图提供二维视图。立面图里的房门是关闭着的，檐口和踢脚板的轮廓也将在图中得以反映。根据平面图的指北针，立面图里也应标明方向——如取决于展示墙面的方位，标明"北立面图"或者"南立面图"。因为此种图片的目的在于勾画比例，所以图中不注明测量数据。固定好的家具从地面画起，而自由站立的家具则采取加粗物体与地板接触线条来进行区别。

跟平面图一样，立面图也是以铅笔在固定于画板上的草图画纸绘制，采用的比例尺是已有的平面图比例尺，画完之后需要上色。设计师选好需要绘制的墙壁，把画好的平面图置于画板的下方，以便参照着在它的上面画立面图。跟绘制平面图时的方法一样，先画出外围轮廓，即从地板线条画起，从两边带出表示墙壁的两条垂线，最后画出封顶线条。接着把家具画进图中，这时由于离墙壁最远的物件可看见整体，所以先画出那些物件。对于紧靠墙壁的物体，比如暖气片或者护壁板，因为它们很可能有些部分被遮挡住，则应放在最后画。

4. 剖面图的表达方法

剖面图跟立面图十分相似，但也存在一定的差别，即立面图反映的是从空间内部看一堵墙的效果，而剖面图是对设计空间的一刀切。因此，剖面图可以表示各个墙壁的厚度，这点跟平面图相当类似。画图时通常采用的方法是，出示至少两幅剖面图或者两幅立面图，并在房屋的总体平面图中标明它们所在的位置。除此之外，还可以通过画剖面图和立面图的简单草图来试验各种设计理念，解决设计当中遇到的难题。剖面图可以反映出空间中任何一个视点向着墙面的情形——而不像立面图只反映离墙壁仅 1m 以内的距离——所以，设计中要采用剖面图还是立面图将取决于设计师想要展现的家具种类。剖面图在图示两个或者两个以上相邻房间时尤其有用，例如展现一间带独立浴室的卧室。

5. 施工图的表达方法

在设计方案获得客户的首肯后，就可以制作出周详的施工图。这是为了向材料承包商或者规划局官员递交关于某些工程施工的准确信息。当呈递的对象是承包商时，这些图纸应确保具有最高标准的细节性和完整性。它们的一般形式是根据比例尺绘制而成的平面图、立面图和剖面图；它们注重功效而非外观好看，并附有十分清楚的注解，以便设计师对即将使用的材料、饰面的意图得以良好地传达。施工图往往用于厨房、浴室、橱柜或者书架等内装细木工制品的细节，还用于专门设计的家具，比如接待服务台或者董事会议办公桌。

计算机辅助设计（CAD）大大促进了国际设计交流的发展，施工图、平面图或者三维图像都可以在电脑上制作，转化成 JPEG 或者 PDF 电子文件，然后通过电子邮件发给客户、建筑监管人员或者装饰材料承包商。这样，承包商就可以根据最终的 CAD 绘图制作家具或者其他装置，而不需要出现在工地现场。现如今，设计师只跟客户有过初次见面，然后利用电子邮件与客户保持联系，完成所有进一步的商业合作，一直到最后的项目交递和竣工阶段才有第二次见面，这种情况大为常见。

（二）空间实用布局的方法

虽然空间设计中设计师总要留意空间布局的整体美感，但是空间的功能和实用性是另外一个明显需要优先考虑的因素。一块区域的设计和布局必须是为了特定的一个或者一组目的而进行的，它必须能为在那里的人们提供活动场所，满足他们的各种需求，同时对于身体不便的使用者还要给予特别的关注。

空间里的人员流线是室内设计的一个重要方面，如一位搞饭店设计的设计师可能得通过画交通流量图来确保饭馆的工作人员和客人能够在饭馆里安全而舒适地走动，从门口到餐桌，从厨房到餐桌，从餐桌到洗手间，等等。

在所有的布局设计中，家具的周围都必须留出充足的空间，另外抽屉、窗户和橱柜的打开，或者门打开时转动的方向也全部要在这个设计过程中考虑周全。有时设计师会用家具的精心摆设来对一个较大空间里的区域进行划分。例如，位于意大利的 GolfoGabella 湖畔胜地由 SimoneMicheli 设计的餐桌的摆设实现了厨房和起居室的分隔。

贮藏处是生活中重要的组成部分，设计师必须准确地规划出贮藏空间，确保所有的必需品都能够最有效率地得到存储，而且容易取出使用。此外，屏风的引入能够使得空间的划分更灵活。如位于淋浴室和厨房的门，可由一个滑动屏风构成。

室内安全也是布局设计中的优先考虑项，根据常识，当空间的使用者有孩子或者老人时，设计师应该在这方面给予特别的关注。虽然对于家庭住宅室内设计的规划条例仍然有些模糊不清，但是对于公共区域，布局规划的法律条款已经相当健全。

实际上，灵活性的空间布局方法正在现代室内设计中发挥着越来越重要的作用。虽然仍然需要开放空间，使得光线和居住空间最大化，但是家庭或者工作环境里，有时也需要一片谨慎、宁静之地，现在也已被广泛地理解。有时，设计师会寻求在不独立块区域的情况下，把它从一个较大空间中分离出来。他们通过小心地摆设家具或者安装四分之三高的带有小孔的矮墙实现这个目的，小孔既可让光线轻易渗透，又不影响隔开的两块区域之间的交流。不同空间还可通过地板和天花板的处理来加以限定。最近，东方设计理念中的可移动屏风或者滑动隔板也在西方室内设计中日渐增多。

设计师会使用各种错觉效果手段来增强室内的空间感，或者达到扩大小房间的目的。去除或者缩小某些细节能给人带来扩大空间的感觉，比如形成棱角的檐口有时显得挤掉了空间的体积。相反地，由于小型家具、图画和灯具的排列经常会分散眼睛的注意力，在一间小屋里放置超大尺寸的家具就往往能达到增强空间感的效果。

在地板上安装轻量级的家具或者镶嵌玻璃板可进一步增加空间和光线。设计师可能还会使用灯光来缓和墙面与天花板之间的接合处，或者安装一面够不到天花板的液晶屏假墙，也可以达到同样目的。房间的高度同样能通过开放空间或者安装灯具、采光屋顶、天窗等得到扩张。

镜子是设计师理想的调节空间感和光感的另一个工具。除了可以使用悬挂着的框镜，大副的镜面可以安装在护墙板和檐口，或者相邻的墙壁之间，或者壁炉架之上，从而反射图像，让空间生机盎然。

对于熟识设计原理的设计师来说，活用规则通常意味着寻找有效地模糊传统经典风格和现代主义或者东方风格之间的途径。经常可以见到的情况是：少即是多，设计得愈简单，就愈可获得忘我和满足的效果。这里就涉及屋内设施网的整合方法。在室内设计中，屋内设施网虽然隐身不可见，但它却是设计中的重要组成部分，不可忽视，如暖气的设置，室内电子通信服务的设置等。

常见的室内供暖类型包括配备汽油、煤气或者固体燃料锅炉的中央暖气系统，以及灌水暖气片（通常也提供生活热水）。此外，可供选择的还有复式锅炉，大型流动锅炉系统，蓄电式加热器，煤气燃烧、固体燃料燃烧、地下供暖系统，热风供暖，个别供暖（比如电暖炉）和太阳能光板等。

设置在地板下的供暖系统可使设计师在设计方案中避免暖气片的出现，现代暖气片设计本身可以被当成设计亮点来给予引进，比如位于柏林的Gleimstrasse阁楼，它的设计者是哥拉夫特（Graft）。

科技的不断进步对室内设计师来说也是一项重要的挑战。他们的工作性质和职责受其影响都产生了相应的变化。紧随着科学进步的步伐，设计师不得不在接受传统室内设计培训之余，努力地跟最新的科技创新保持同步。这种努力是持续不断的，也至关重要。因为设计师可给自己的知识和设计资源充电，这样才有能力解决客户关于最新科技的运用问题，合理而满意地把最新的科技产品规划到房子的总体设计方案中去。对此预先布局十分关键，但设计师能清楚自身的局限，必要时寻求专家的帮助，也将对设计方案的合理规划起到重要作用。现在，不但电话机需要安装电话线路，而且传真、电子邮件和网络连通都必须依靠电话线。此外，其他高速数据电缆也必不可缺。现代社会中，许多人在家办公，凭借着先进的通信通道跟公司取得联系。这属于另一个专业领域，虽然大多数情况下得依靠专业的科技人员来进行设计安装，但是所涉及的把专业通信设备整合到室内设计方案、管理缆线和克服人体工程学等难题，却是设计师义不容辞的职责。

在室内设计中，开关控制系统和保安系统不可或缺，许多客户会提出安装具有多重扬声器系统的家庭影院的要求，这样就涉及专业的安装技能和声学的谨慎处理。为了在不同的几个房间里都能看上电视节目，设计师需要采用跟主天线相连接的多重插座升压器；如果同时也安装卫星电视或者有线电视的话，那么每个译码器单元将需要配备专门的天线插座和电源供应。音响系统发出的声音也不再只在一个屋子里回响，美妙的音乐可贯穿整栋房屋，虽然特制的音响系统花销不少，但已经不再是幻想。

为家庭办公室设计时，设计师不但需要把各种专业设备整合到设计方案中，而且要迎接线缆管理和人体工程学等方面的挑战。弗莉希蒂比尔设计的位于伦敦的一个阁楼，办公室的空间可以利用一面折叠式屏障来实现完全隔绝。

家庭影院正变得越来越受欢迎，因此，设计师需要了解相关的科技发展状况和它们的安装方法。

第二节　室内绿化设计

随着人们生活水平的提高和对更高生活质量的追求，对室内设计的要求也越来越高，人们已经不仅仅停留在对基本生理需求的满足，而更加注重室内设计所体现的心理需求和文化层面的价值。将植物景观在室内设计中充分地融合和运用，既可以为生硬的室内空间增添生机和活力，又可以使人们和植物景观亲密接触。在室内设计中融入植物景观已经成为一种新的需要和时尚，代表着室内设计的发展方向。

一、植物景观在室内设计中的重要作用

(一) 净化空气

植物具有多种生理功能。在室内设计中的合理应用能充分发挥其生态效应，调节室内的微气候。植物既可以作为室内的"天然氧吧"，通过光合作用增加室内的氧气含量，又可以作为室内的"天然加湿器"，通过蒸腾作用增加室内的湿度。植物还能通过吸收周围环境中的有害物质或是通过其挥发物质抑制空气中的细菌，净化空气。NASA 的科学家曾经做过实验，探究植物对室内空气的净化作用，结果发现，室内植物能有效降低空气中的氯仿、苯、甲醛等有害微量气体的浓度。

(二) 美化环境

植物景观美化室内的环境主要体现在两方面。首先是植物景观本身体现出来的生命力和自然美。室内设计中选用的景观植物一般都具有较高的观赏性，其自身的生机以及不同植物景观独特的形态、色彩和芳香都是其美感的体现。其次，植物可以和室内的其他装饰通过合理组合和有机搭配，构成统一的整体，从色彩和形态等方面展现组合的美感。现代建筑的室内空间多为棱角分明的几何体，给人生硬冷漠之感。而通过植物景观生动的投影和柔和的情调，原本生硬的室内空间会变得亲切和宜人。

(三) 修身养性

植物景观是大自然的产物，其最大的特点就是有生命力。植物景观通过其蓬勃向上的力量，激发人们热爱自然、热爱生活。长势旺盛的植物还能使人们精神焕发，充满活力，而有些盘根错节、横延纵伸的植物给人以顽强的意志，显示着勃勃生机。人们在茶余饭后或是工作休息期间，可以对植物进行浇水、养护等，这本身也是陶冶情趣、修身养性的途径。

二、植物景观当前室内设计中的研究现状

(一) 室内设计中应用植物景观的原则

现代室内设计主要包括空间、装饰、陈设、色彩、光影和绿化6个方面，而绿化就需要植物景观的搭配才能体现，其在室内设计中发挥着重要的作用。要充分发挥绿化的作用，应遵循以下3个基本原则。

1. 经济实用

室内设计中应用植物景观的首要原则就是从实际需要出发，根据室内空间的不同性质选择不同的植物。如客厅等多用来迎接客人，可以摆放迎客松等盆景，以营造热烈、欢快的欢迎气氛。而书房主要是用来学习工作的场所，可以摆放一些典雅清新的绿色植物。同时，选择植物景观时还应注意经济性原则。植物景观的搭配要与不同的室内装修风格和档次相适应，使室内的"软装修"和"硬装修"协调一致。

2. 摆放适宜

植物景观在室内的摆放要跟室内空间相适宜，不能突兀地占据大部分室内空间，也不能不起眼地摆放在室内一隅，让人感觉不到其存在。植物景观的摆放既要体现出美化价值，又不能妨碍人们在室内的正常活动。同时要注意保持大型植物的摆放稳定性，保证安全性。不同植物景观之间的布局要合理，不能与室内其他装饰冲突。植物景观在室内适宜的摆放和合理的布局既要符合艺术规律，体现艺术美，又要展现其独特的生命力，彰显自然魅力。

3. 色彩协调

人们对色彩的感觉十分敏感，因此室内设计中应主要考虑用对比的手法突出植物景观的重要性和立体感。暖色调的环境应主要选用偏冷色的植物，如客厅背景一般为浅色调或亮色调，可以考虑选择深绿的观叶植物或是颜色艳丽的花卉；而冷色调的环境应主要选用偏暖色的植物，如卫生间或卧室等一般光线不足，环境较暗，可以考虑选择黄白色的花卉等。这样一来，就能通过对比取得理想的陪衬效果。

（二）室内植物景观设计的演绎手法

不同的室内设计需要不同的演绎手法来展现，目前关于室内植物景观设计的演绎手法主要有两种：点、线、面的布局和综合式布局。

1. 点、线、面的布局

抽象艺术的先驱、俄罗斯画家和美术理论家瓦西里·康定斯基曾说："依赖于对艺术单个的精神考察，这种元素分析是通向作品内在律动的桥梁，在艺术中这些元素形态主要表现为点、线、面。"

在现代室内设计方案中，应用植物景观设计时常用的布局方式也可分为点式布局、面式布局和线式布局。"在几何学上，点是一种看不见的实体，因此它被界定为一种非物质的存在。从物质内容来考虑，点相当于零。从外表看，点具有实际用途，其自身是带有实用目的因素的标记。点属于日常环境中习以为常的声音，它悄无声息"。在室内设计中应用点式布局植物景观，一般是把植物摆放在室内中心区域，多为独立、高大的乔木或灌木，这样可以强化室内的空间层次。"线应用于各类艺术之中，它的本质或多或少通过艺术手法准确地予以转化。在几何学上，线是一个看不见的实体，它是点在移动中留下的轨迹，因此它是由运动产生的，有一直伸向无限的趋势"。在室内设计中应用线式布局植物景观，就是指把植物排成直线状或曲线状，这样可以有效地分割室内空间，组织室内流线。"从几何学的角度看，面是线运动的轨迹和结果，是线平等均衡的象征。面是点和线发展的结果，却又是它们表现的背景，面的照明特点既宽容、温和又充满人情味"。植物景观的面式布局多应用于中庭、大堂等面积较大的室内空间，形式可以多种多样。既可根据不同色彩，也可以根据不同形态进行搭配。

2.综合式布局

植物景观在室内设计中的综合式布局就是点式布局、线式布局和面式布局的综合应用，其不同的组合形式可以产生不同的效果。在针对中庭、大堂等空间较大的室内空间进行设计时，主要应用这种综合式布局。根据不同位置的设计需求，将不同形态、不同色彩、不同高低的植物进行组合，使得整体景观疏密有致、浑然一体。还可考虑将地被植物、草本植物、乔木、灌木进行组合，突出不同的层次，注重不同色彩、质地的协调，同时可以与假山、水景进行组合，构成大自然的景观。综合式布局的精髓就是在整体的协调一致中突出局部的对比，这样才能显示出错落有致的空间层次和引人入胜的设计效果。

三、植物景观在室内设计中的应用现状

(一) 室内设计中植物景观的设计方式

室内设计中应用植物景观主要根据不同植物形态、大小、色彩、生态习性和不同空间的光线、大小、气氛需要等确定。不同植物景观在室内设计中可以有不同的应用形式，进而体现出不同的设计效果。关于室内设计中植物景观的应用形式，具体来说主要可以分为以下几种。

1.陈列式

陈列式是室内设计中最普通和最常用的配置形式，主要可以通过前述演绎手法中的点式、线式和面式的布局来体现。将盆景置于室内的书桌、茶几、窗台等处，即可构成点式的植物景观。而将不同的植物进行线性组合或者面式组合，再与其他室内装饰结合，可以起到不同的效果。

2.壁挂式

壁挂式的植物景观设计也深受人们的喜爱，其主要形式有挂壁悬垂法、挂壁摆设法、嵌壁法和开窗法。这种配置形式主要应用于较大的室内空间，有较高的墙壁或装饰物。可以选择种植攀附植物，或是在不同高度的墙面设置壁洞，摆放盆景，还可以贴墙壁摆放支架，通过放置多种小型花卉构成统一整体。美国白兰地大力神酒厂就有一面墙采用了壁挂式的植物景观，十分雄伟。

171

3. 室内组合栽培与迷你花园

通过聚散相依、疏密有致的搭配将多种不同的植物景观进行组合应用，还可配合假山、水景等构成室内迷你花园。这也是近年来大型室内设计中常用的形式。既可以烘托室内设计的大气豪华，又可以充分发挥多种植物的组合生态效应，是一种极具展现力和发展潜力的植物景观配置形式。在园艺发达的荷兰，将这种组合盆栽称为"活的园艺，动的雕塑"，更形象地突出了其观赏价值。

（二）不同室内空间中不同的植物景观应用形式

不同的场所有不同的环境，发挥不同的功能，因此应"因地制宜"，根据不同的场所配置不同的植物景观。

1. 酒店中庭或大堂

越来越多的酒店、写字楼等开始注重对大堂的设计，因为其主要用来欢迎客人，需要营造一种热烈的氛围。可以摆放一些大气的植物，如散尾葵、绿萝、马拉巴尼、非洲茉莉等，而大堂的办公桌或休息区等可以摆放富贵塔、粉掌、一品红等。另外，还应根据大堂中的不同位置选择不同的植物，比如正对着大门的地方可以摆放气派、有美好寓意的植物，可以是发财树、南洋杉或者苏铁之类，也可以对称摆设，或者用其他的一些蕨类或者时令花卉衬托单独摆设。而在柱子或楼梯的护栏等处，可以布置些藤蔓类植物，攀援或者下垂的，这样能增添活泼轻盈的气氛。

2. 办公场所

办公室是现代人们工作的主要室内环境，在办公室适当地养些花草，不仅能起到调节空气的作用，还能调节人的心理状态，缓解工作带来的单调与疲惫。芦荟、吊兰、虎尾兰等是天然的清道夫，可以清除空气中的有害物质。芦荟可以强有力地吸收室内的甲醛。常青藤、铁树、菊花等能有效地清除二氧化硫、氯、乙醚、乙烯、一氧化碳、过氧化氮等有害物。兰花、桂花、腊梅等是天然的除尘器，其纤毛能截留并吸滞空气中的飘浮微粒及烟尘。而丁香、茉莉、玫瑰、紫罗兰、薄荷等植物可使人感到轻松、精神愉快，有利于睡眠，还能提高工作效率。

3.家居植物的选择

家庭环境是日常生活中重要的场所，应根据不同的家居空间应用不同的植物景观。客厅作为接待客人和家庭活动的主要场所，植物景观选择以朴素、美观、大方为主，例如印度橡皮树、椰子等，而茶几上也可适当摆放一些小型盆景。卧室是主要的休息场所，具有私密性，植物景观主要起点缀作用。可以选择小型花卉，如海棠、天竺葵等。书房作为读书、学习的地方，应主要摆放绿色植物，减少疲劳。卫生间环境相对阴暗潮湿，可以摆放喜湿的冷水花或鸡冠花等。

(三) 室内植物景观的日常养护与管理

要保证植物景观的观赏性，必须先确保其能正常生长，因此应注意对植物的日常管理。首先要选用合适的培养基质，根据不同植物的喜好选择河沙、田园土、锯末、珍珠岩等不同的培养基。其次在日常维护中应及时浇水、施肥，保证植物生长迅速，活力旺盛。再次，对观叶植物还应注意定期修剪，保持其观赏外形。此外，还应注意对植物病虫害的防治，发病植物不仅会影响其生长，还会严重降低其观赏价值。

室内绿化设计就是将自然界的植物、花卉、水体和山石等景物经过艺术加工和浓缩移入室内，达到美化环境、净化空气和陶冶情操的目的。室内绿化既有观赏价值，又有实用价值。在室内布置几株常绿植物，不仅可以增强室内的青春活力，还可以缓解和消除疲劳。室内花卉可以美化室内环境，清逸的花香可以使室内空气得到净化，陶冶人的性情。室内水体和山石可以净化室内空气，营造自然的生活气息，并使室内产生飘逸和灵动的美感。

四、室内植物的点缀与设计

室内植物种类繁多，有观叶植物、观花植物、观景植物、赏叶植物、藤蔓植物和人造植物等，主要有橡胶树、垂榕、蒲葵、苏铁、棕竹、棕榈、广玉兰、海棠、龟背竹、万年青、金边五彩、文竹、紫罗兰、白花吊竹草、水竹草、兰花、吊兰、水仙、仙人掌、仙人球、花叶常春蔓等。人造植物是由人工材料（如塑料、绢布等）制成的观赏植物，在环境条件不适合种植真植物时常用人造植物代替。

绿色植物点缀室内空间应注意以下几个方面。

第一，品种要适宜，要注意室内自然光照的强弱、多选耐阴的植物，如红铁树、叶椒草、龟背竹、万年青、文竹、巴西木等。

第二，配置要合理，注意植物的最佳视线与角度，如高度在1.8~2.3m为好。

第三，色彩要和谐，如书房要创造宁静感，应以绿色为主；客厅要体现主人的热情，可以用色彩绚丽的花卉。

第四，位置要得当，宜少而精，不可太多太乱，到处开花。

五、室内山石和水景的设计

山石是室内造景的常用元素，常和水相配合，浓缩自然景观于室内小天地中。室内山石形态万千，讲求雄、奇、刚、挺的意境。室内山石分为天然山石和人工山石两大类，天然山石有太湖石、房山石、英石、青石、鹅卵石、珊瑚石等；人工山石则是由钢筋水泥制成的假山石。

水景有动静之分，静则宁静，动则欢快，水体与声、光相结合，能创造出更为丰富的室内效果。常用的形式有水池、喷泉和瀑布等。

第三节　室内布艺设计

室内布艺是指以布为主要材料，经过艺术加工达到一定的艺术效果与使用条件，满足人们生活需求的纺织类产品。室内布艺包括窗帘、地毯、枕套、床罩、椅垫、靠垫、沙发套、台布、壁布等。其主要作用是既可以防尘、吸音和隔音，又可以柔化室内空间，营造出温馨、浪漫的情调。室内布艺设计是指针对室内布艺进行的样式设计和搭配。

一、特征表达与类别分析

(一) 室内布艺的特征表达

1. 风格各异

室内布艺的风格各异，主要有欧式、中式、现代和田园几种代表风格。其样式也随着不同的风格呈现出不同的特点。例如欧式风格的布艺手工精美，图案繁复，常用棉、丝等材料，金、银、金黄等色彩，显示出高贵的品质和典雅的气度；田园风格的布艺讲究自然主义的设计理念，将大自然中的植物和动物形象应用到图案设计中，体现出清新、甜美的视觉效果。

2. 装饰效果突出

室内布艺可以根据室内空间的审美需要随时更换和移动，其色彩和样式具有多种组合，也赋予了室内空间更多的变化。如在一些酒吧和咖啡厅的设计中，利用布艺做成天幕，软化室内天花板，柔化室内灯光，营造温馨、浪漫的情调；在一些楼盘售楼部的设计中，利用金色的布艺包裹室内外景观植物的根部，营造出富丽堂皇的视觉效果。

3. 方便清洁

室内布艺产品不仅美观、实用，而且便于清洗和更换。如室内窗帘不仅具有装饰作用，而且还可以弱化噪声、柔化光线；室内地毯既可以吸收噪声，又可以软化地面质感。此外，室内布艺还具有较好的防尘作用，可以随时清洗和更换。

(二) 类别分析及应用

室内布艺设计可以分为以下几类。[①]

1. 窗帘

窗帘具有遮蔽阳光、隔声和调节温度的作用。窗帘应根据不同空间的特点及光线照射情况来选择。采光不好的空间可用轻质、透明的纱帘，以增加室内光感；光线照射强烈的空间可用厚实、不透明的绒布窗帘，以减

[①] 室内布艺从使用角度上，可分为功能性布艺 (如地毯、窗帘、靠枕和床上用品等) 和装饰性布艺 (如挂毯、布艺装饰品等)。

弱室内光照。隔声的窗帘多用厚重的织物来制作，折皱要多，这样隔声效果更好。窗帘的材料主要有纱、棉布、丝绸、呢绒等。

窗帘的款式主要有以下几类。

（1）拉褶帘：用一个四叉的铁钩吊着缝在窗帘的封边条上，造成2～4褶的形式的窗帘。可用单幅或双幅，是家庭中常用的样式。

（2）卷帘：是一种帘身平直、由可转动的帘杆将帘身收放的窗帘。其以竹编和藤编为主，具有浓郁的乡土风情和人文气息。

（3）拉杆式帘：是一种帘头圈在帘杆上拉动的窗帘。其帘身与拉褶帘相似，但帘杆、帘头和帘杆圈的装饰效果更佳。

（4）水波帘：是一种卷起时呈现水波状的窗帘，具有古典、浪漫的情调，在西式咖啡厅广泛采用。

（5）罗马帘：是一种层层叠起的窗帘，因出自古罗马，故而得名罗马帘。其特点是具有独特的美感和装饰效果，层次感强，有极好的隐蔽性。

（6）垂直帘：是一种安装在过道，用于局部间隔的窗帘。其主要材料有水晶、玻璃、棉线和铁艺等，具有较强的装饰效果，在一些特色餐厅广泛使用。

（7）百叶帘：是一种通透、灵活的窗帘，可用拉绳调整角度及下落，广泛应用于办公空间。

2. 地毯

地毯是室内铺设类布艺制品，不仅可以增强艺术美感，还可以吸收噪声，创造安宁的室内气氛。此外，地毯还可使空间产生集合感，使室内空间更加整体、紧凑。地毯主要分为以下几类。

（1）纯毛地毯。纯毛地毯抗静电性很好，隔热性强，不易老化、磨损、褪色，是高档的地面装饰材料。纯毛地毯多用于高级住宅、酒店和会所的装饰，价格较贵，可使室内空间呈现出华贵、典雅的气氛。它是一种采用动物的毛发制成的地毯，如纯羊毛地毯。其不足之处是抗潮湿性较差，而且容易发霉。所以，使用纯毛地毯的空间要保持通风和干燥，而且要经常进行清洁。

（2）合成纤维地毯。合成纤维地毯是一种以丙纶和腈纶纤维为原料，经机织制成面层，再与麻布底层溶合在一起制成的地毯。纤维地毯经济实用，具有防燃、防虫蛀、防污的特点，易于清洗和维护，而且质量轻、铺设简便。与纯毛地毯相比缺少弹性和抗静电性能，且易吸灰尘，质感、保温性能较差。

（3）混纺地毯。混纺地毯是一种在纯毛地毯纤维中加入一定比例的化学纤维制成的地毯。这种地毯在图案、色泽和质地等方面与纯毛地毯差别不大，装饰效果好，且克服了纯毛地毯不耐虫蛀的缺点，同时提高了地毯的耐磨性，有吸音、保温、弹性好、脚感好等特点。

（4）塑料地毯。

塑料地毯是一种质地较轻、手感硬、易老化的地毯。其色泽鲜艳，耐湿、耐腐蚀、易清洗，阻燃性好，价格低。

3. 靠枕

靠枕是沙发和床的附件，可调节人的座、卧、靠姿势。靠枕的形状以方形和圆形为主，多用棉、麻、丝和化纤等材料，采用提花、印花和编织等制作手法，图案自由活泼，装饰性强。靠枕的布置应根据沙发的样式来进行选择，一般素色的沙发用艳色的靠枕，而艳色的沙发则用素色的靠枕。靠枕主要有以下几类。

（1）方形靠枕。方形靠枕的样式、图案、材质和色彩较为丰富，可以根据不同的室内风格需求来配置。它是一种体形呈正方形或长方形的靠枕，一般放置在沙发和床头。方形靠枕的尺寸通常有正方形 40cm×40cm、50cm×50cm，长方形 50cm×40cm。

（2）圆形碎花靠枕。圆形碎花靠枕是一种体形呈圆形的靠枕，经常摆放在阳台或庭院中的座椅上，这样搭配会让人有家的温馨感。圆形碎花靠枕制作简便，用碎花布包裹住圆形的枕芯后，调整好褶皱的分布即可。其尺寸一般为直径 40cm 左右。

（3）莲藕形靠枕。莲藕形靠枕是一种体形呈莲藕形状的圆柱形靠枕。它给人清新、高洁的感觉。清新的田园风格搭配莲藕型的靠枕能让人感受到清爽宜人的效果。

（4）糖果形靠枕。糖果形靠枕是一种体形呈奶糖形状的圆柱形靠枕。糖果形靠枕的制作方法相当简单，只要将包裹好枕芯的布料两端做好捆绑即可。它简洁的造型和良好的寓意能体现出甜蜜的味道，让生活更加浪漫。

糖果形靠枕的尺寸一般长为40cm，圆柱直径约为20～25cm。

（5）特殊造型靠枕。主要包括幸运星形、花瓣形和心形等，其色彩艳丽，形体充满趣味性，让室内空间呈现出天真、梦幻的感觉。在儿童房空间应用较广。

4. 壁挂织物

壁挂织物是室内纯装饰性质的布艺制品，包括墙布、桌布、挂毯、布玩具、织物屏风和编结挂件等，它可以有效地调节室内气氛，增添室内情趣，提高整个室内空间环境的品位和格调。

二、风格设计与表现

（一）欧式

欧式豪华富丽风格的室内布艺，做工精细，选材高贵，强调手工的精湛编织技巧，色彩华丽，充满强烈的动感效果，给人以奢华、富贵的感觉。

（二）中式

中国传统的室内设计融合了庄重与优雅双重气质，中式庄重优雅风格的室内布艺色彩浓重、花纹繁复，装饰性强，常使用带有中国传统寓意的图案（如牡丹、荷花、梅花等）和绘画（如中国工笔国画、山水画等）。

（三）现代式

现代式简洁明快风格的室内布艺强调简洁、朴素、单纯的特点，尽量减少烦琐的装饰，广泛运用点、线、面等抽象设计元素，色彩以黑、白、灰为主调，体现出简约、时尚、轻松、随意的感觉。

（四）自然式

自然式朴素雅致风格的室内布艺追求与自然相结合的设计理念，常采用自然植物图案（如树叶、树枝、花瓣等）作为布艺的印花，色彩以清新、雅致的黄绿色、木材色或浅蓝色为主，展现出朴素、淡雅的品质和内涵。

三、搭配原则与设计

（一）体现文化品位和民族、地方特色

室内布艺搭配时还应注意体现民族和地方文化特色。如在一些茶馆的设计中，采用少数民族手工缝制的蓝印花布，营造出原始、自然、休闲的氛围；在一些特色餐馆的设计中，采用中国北方大花布，营造出单纯、野性的效果；在一些波希米亚风格的样板房设计中，采用特有的手工编制地毯和桌布，营造出独特的异域风情等。

（二）风格相互协调原则

室内布艺搭配时应注意布艺的格调与室内的整体风格相协调。如欧式风格室内装饰要配置欧式风格的布艺，田园风格的室内装饰要配置田园风格的布艺。要尽量避免不同风格的布艺混杂搭配，造成室内杂乱、无序的效果。

（三）充分突出布艺制品的质感

特有的柔软质感和丰富的色彩调节室内的温度、柔软度和装饰效果室内布艺搭配时，应充分考虑布艺制品的样式、色彩和材质对室内装饰效果造成的影响，如利用布艺制品调节室内温度，在炎热的夏季。选用蓝色、绿色等凉爽的冷色，使室内空间的温度降低；而在寒冷的冬季选用黄色、红色或橙色等温暖的色调，使室内空间的温度提高。再如，在 KTV、舞厅等娱乐空间设计中，可以利用色彩艳丽的布艺软包制品，达到炫目的视觉效果，还可以有效地调节音质。

第四节　室内家具设计

家具是室内空间的重要组成部分，它在室内空间中能有效地组织空间，为陈设提供一个限定的空间。家具在这个有限的空间中，在以人为本的前提下，被合理地组织和安排在室内空间，以满足人们工作、生活的各种需求。

一、以不同标准划分的家具类别

(一)标准一：使用功能

家具按使用功能，可划分为支撑类、凭倚类、装饰类和储藏类四种。

（1）支撑类家具。支撑类家具指各种坐具、卧具，如凳、椅、床等。

（2）凭倚类家具。凭倚类家具指各种带有操作台面的家具，如桌、台、茶几等。

（3）装饰类家具。装饰类家具指陈设装饰品的开敞式柜类或架类的家具，如博古架、隔断等。

（4）储藏类家具。储藏类家具指各种有储存或展示功能的家具，如箱柜、橱架等。

(二)标准二：制作材料

家具，以制作材料为标准，可划分为木质家具、玻璃家具、金属家具、皮家具、塑料家具和竹藤家具六种。

（1）木质家具。木质家具主要由实木与各种木质复合材料（如胶合板、纤维板、刨花板和细木工板等）所构成。

（2）玻璃家具。玻璃家具，是以玻璃为主要构件的家具。

（3）金属家具。金属家具是以金属管材、线材或板材为基材生产的家具。

（4）皮家具。皮家具是以各种皮革为主要面料的家具。

（5）塑料家具。塑料家具是整体或主要部件用塑料包括发泡塑料加工而成的家具。

（6）竹藤家具。竹藤家具是以竹条或藤条编制部件构成的家具。

(三)标准三：结构特征

家具，以结构特征为标准，可划分为框式、板式、折叠式、拆装式、曲木式、壳体式和树根式。

（1）框式。框式家具是以榫接合为主要特点，木方通过榫接合构成承重框架，围合的板件附设于框架之上，一般一次性装配而成，不便拆装。

（2）板式。以人造板构成板式部件，用连接件将板式部件接合装配的家具，板式家具有可拆和不可拆之分。

（3）折叠式。折叠家具是能够折动使用并能叠放的家具，便于携带、存放和运输。

（4）拆装式。拆装式家具是使用各种连接件或利用插接结构组装而成的可以反复拆装的家具。

（5）曲木式。曲木家具是以实木弯曲或多层单板胶合弯曲而制成的家具。具有造型别致、轻巧、美观的优点。

（6）壳体式。壳体家具指整体或零件利用塑料或玻璃一次模压、浇注成型的家具。具有结构轻巧、形体新奇和新颖时尚的特点。

（7）树式。树根家具是以自然形态的树根、树枝、藤条等天然材料为原料，略加雕琢后经胶合、钉接、修整而成的家具。

二、形态及风格分析

居室中的家具除了具备坐、卧、储藏等功能之外，还应考虑其外观的审美性。因为受到人们的年龄、喜好、受教育程度以及社会地位、流行趋势等因素的影响，家具的形态多种多样，其中包括新古典、现代、田园、地中海、中式、欧式等风格。

（一）加入了现代元素的古典风格——新古典

新古典风格的家具，其实是加入了现代元素的古典风格，它在保留了欧式风格的雍容尊贵、精雕细刻的同时，又将过于复杂的肌理和装饰做了简化处理，使其更符合现代人的审美观。设计师将古典风范、个人风格以及现代元素结合起来，使新古典家具呈现出多姿多彩的面貌。白色、咖啡色、深紫、绛红是新古典家具常用的色调，少量加入银色或金色装饰，看起来时尚、个性。

（二）简约——现代风格

现代风格造型简洁，线条简单，没有过多的繁复装饰。它讲究的是家具的功能设计，它以先进的科技和新型的材料为表现形式。现代风格的家具常用的材料为玻璃、金属、板材等，因其造型简单时尚、价格便宜，受到年轻人的追捧。但是，现代风格的家具对空间的布局和使用功能要求比较高，主张功能性的需求，着重发挥形式美。

（三）富丽、华贵——欧式风格

欧式风格的家具裁剪雕刻讲究，手工精细，整体的轮廓及结构的转折部分，常以曲线或曲面构成，并常伴有镀金的线条装饰。整体给人的感觉是富丽堂皇、华贵优雅。

在室内的装饰选择上，欧式因其尊贵的视觉效果，非常受人青睐。根据欧式家具的装饰特点和色彩处理，欧式家具可分为欧式古典家具、欧式新古典家具、现代欧式家具、欧式田园家具。

（四）巴洛克与田园意味——地中海式风格

地中海风格的家具根植于巴洛克风格，并融入了田园风格的韵味，其家具的线条简单柔和，不是直来直去的线条，多为弧状或拱状。在色彩上，一般会选择接近自然的柔和色彩，多以蓝色和白色为主，时时能感受到单纯自然的地中海气息。在选材和质感上，多为木质和布艺。木质的家具表面通常做旧，表现质朴；布艺的家具则多为色彩清爽的碎花、条纹或格子，追求休闲舒适的自然气质。

（五）庄重、优雅——中式风格

中式风格的家具多为明清时的家具样式，融合了中国传统庄重与优雅的双重气质。在中式风格中用得比较多的是屏风、圈椅、官帽椅、案、榻、罗汉床等，颜色多以原木色、暗红色、深棕色为主。一件件家具仿佛一首首经典的老歌，回响在空间中的每一个音符都耐人寻味。

新中式风格，则是将这些繁复的传统元素符号进行提取或简化，用最简单的语言来表达。古典的语言、现代的手法、意境的注入等，这些都表现着现代人对意味悠久、隽永含蓄、古老神秘的东方精神的追求。

（六）回归自然——田园风格

田园风格追求的是一种回归自然、娴雅舒适的乡村生活气息。在室内空间中力求营造出一种悠闲、自然的生活情趣。田园风格的家具，材质一般多为木、藤、竹、石，其纹理饰面简洁质朴。

（1）木质家具，色调则多以白色、乳白色、棕黄色为主。

（2）布艺家具，则多以碎花为表面，配上铁艺制品、盆栽等装饰物，显得格外温馨、舒适。

三、家具的布置与设计

（一）格局的陈设与放置

陈设格局即家具布置的结构形式。格局问题的实质是构图问题。总的说来，陈设格局分规则和不规则两大类，规则式多表现为对称式。有明显的轴线，特点是严肃和庄重。因此，常用于会议厅、接待室和宴会厅，主要家具呈圆形、方形、矩形或马蹄形。[①]不规则式的特点是不对称，没有明显的轴线，气氛自由、活泼、富于变化。因此，常用于休息室、起居室、活动室等。这种格局在现代建筑中最常见，因为它随和、新颖，更适合现代生活的要求。不论采取哪种格局，家具布置都应符合有散有聚、有主有次的原则。一般地说，空间小，宜聚不宜散；空间大，宜适当分散。

室内空间的位置环境各不相同，在位置上有靠近出入口的地带、室内中心地带、沿墙地带或靠窗地带，以及室内后部地带等区别，各个位置的环境如采光效率、交通影响、室外景观各不相同。应结合使用要求，使不同家具的位置在室内各得其所。

（二）数量的选择与确定

室内家具的数量，要根据不同空间的使用要求和空间面积大小来决定，在诸如教室、观众厅等空间内，家具的多少是严格按学生和观众数量决定的，家具尺寸、行距、排距都有明确的规定。在一般房间，如卧室、客房、

---

① 我国传统建筑中，对称布局最常见，以民居的堂屋为例，大都以八仙桌为中心，对称加置坐椅，连墙上的中堂对联、桌子上的陈设也是对称的。

门厅中，则应适当控制家具的类型和数量，在满足基本功能要求的前提下，充分考虑容纳人数和空间活动的舒适度，尽量留出较多的空间，以免给人拥挤不堪、杂乱无章的印象。

家具的数量取决于不同空间的使用要求和空间面积大小。除了影剧院、体育馆等群众集合场所家具相对密集外，一般家具面积与室内总面积的占比不宜过大，要考虑容纳人数和活动要求以及舒适的空间感，特别是活动量大的房间，如客厅、起居室、餐厅等，更宜留出较多的空间。小面积的空间，应满足最基本的使用要求，或采取多功能家具、悬挂式家具以留出足够的活动空间。

(三) 布置形式和方法

家具的布置形式和方法，可见表6-1。

表 6-1　家具的布置形式和方法

依据	形式	方法
家具在空间中的位置	周边式	沿四周墙布置，留出中部空间位置，空间相对集中，易于组织交通，为举行其他活动提供较大的面积，便于布置中心陈设。
	岛式	将家具布置在室内中心部位，留出周边空间，强调家具的中心地位，显示其重要性和独特性，周边的交通活动，保证了中心区不受干扰和影响。
	走道式	将家具布置在室内两侧，中间留出走道。节约交通面积，交通对两边都有干扰，一般客房活动人数少，都这样布置。
	单边式	将家具集中在一边，留出另一边空间 (常称为走道)。工作区与交通区截然分开，功能分区明确，干扰小，交通成为线形，当交通线布置在房间的短边时，交通面积最为节约。
家具的布置格局	对称式	显得庄重、严肃、稳定而静穆，适合于隆重、正规的场合。
	非对称式	显得活泼、自由、流动而活跃，适合于轻松、非正规的场合。

续　表

依据	形式	方法
家具的布置格局	分散式	常适用于功能多样、家具品类较多、房间面积较大的场合，组成若干家具组，不论采取何种形式，均应有主有次，层次分明，聚散相宜。
	集中式	常适用于功能比较单一、家具品类不多、房间面积较小的场合，组成单一的家具组合。
家具布置与墙面的关系	靠墙布置	充分利用墙面，使室内留出更多的空间。
	垂直于墙面布置	考虑采光方向与工作面的关系，起到分隔空间的作用。
	临空布置	用于较大的空间，形成空间中的空间。

第五节　室内陈设设计

室内陈设是指室内的摆放，是用来营造室内气氛和传达精神功能的物品。随着人们生活水平和审美的提高，人们越来越认识到室内陈设品装饰的重要性。

一、功能性与装饰性陈设

(一) 功能性陈设

功能性陈设主要包括餐具、茶具和生活用品等。

1. 餐具

餐具是指就餐时所使用的器皿和用具。主要分为中式和西式两大类：中式餐具包括碗、碟、盘、勺、筷、匙、杯等，材料以陶瓷、金属和木制为主；西式餐具包括刀、叉、匙、盘、碟、杯、餐巾、烛台等，材料以铜、金、银、陶瓷为主。

餐具是餐厅的重要陈设品，其风格要与餐厅的整体设计风格相协调，更要彰显主人的身份、地位、审美品位和生活习惯。一套形式美观且工艺考究的餐具还可以调节人们进餐时的心情，增加食欲。

2. 茶具

茶具亦称茶器或茗器，是指饮茶用的器具，包括茶台、茶壶、茶杯和茶勺等。其主要材料为陶和瓷，代表性的有江苏宜兴的紫砂茶具、江西景德镇的瓷器茶具等。

(1) 紫砂茶具

紫砂茶具由陶器发展而成，是一种新质陶器。江苏宜兴的紫砂茶具是用江苏宜兴南部生产的一种特殊陶土，即紫金泥烧制而成的。这种陶土含铁量大，有良好的可塑性，色泽呈现古铜色或淡墨色，符合中国传统的含蓄、内敛的审美要求，从古至今一直受到品茶人的钟爱。其茶具风格多样，造型多变，富含文化气息。同时，这种茶具的质地也非常适合泡茶，具有"泡茶不走味，贮茶不变色，盛暑不易馊"三大特点。

(2) 瓷器茶具

瓷器是中国文明的一面旗帜。中国茶具最早以陶器为主，瓷器发明之后，陶质茶具就逐渐为瓷质茶具所代替。瓷器茶具又可分为白瓷茶具、青瓷茶具和黑瓷茶具等。瓷器之美，让品茶者享受到品茶过程的意境美。瓷器本身就是一种艺术，是火与泥相交融的艺术，这种艺术在品茶的意境之中给品茗人更有效的欣赏空间和欣赏心情。瓷器茶具中的青花瓷茶具，清新典雅，造型精巧，胎质细腻，釉色纯净，体现出中国传统文化的精髓。

3. 生活日用品

生活日用品是指人们日常生活中使用的物品，如水杯、镜子、牙刷、开瓶器等。其不仅具有实用功能，还可以为日常生活增添几分生机和情趣。

其中镜子晶莹剔透又宜于切割成各种形式，同时不同材质有不同的反光效果，习惯被用于各种室内软装饰中。在现代风格和欧式风格中，常在背景墙、顶棚等位置使用印花镜、覆膜镜以延伸空间；在古典欧式风格中，常采用茶色或深色的菱形镜面来装饰；在其他风格中，根据风格和空间的主体色调，也可采用木质镜框和铁艺镜框的镜子装饰空间。比如卫生间中常用的普通镜子，使墙面更亮丽；茶色的镜子用作墙面装饰，极具时尚感。

（二）装饰性陈设

装饰性陈设品指本身没有实用性，纯粹作为观赏的装饰品。包括装饰画、书法、摄影等艺术作品，以及陶瓷、雕塑、漆器、剪纸、布贴等工艺品，它们都具有很高的观赏价值，能丰富视觉效果，营造室内环境的文化氛围。本节主要探讨装饰画和工艺品。

1. 装饰画

随着人们对空间审美情趣的提高，装饰画作为墙面的重要装饰，能够结合空间风格，营造出各种符合人们情感的环境氛围。许多家庭在处理空白的墙面时，都喜欢挂装饰画来修饰。不同的装饰画不仅可以体现主人的文化修养；不同的边框装饰和材质，也能影响整个空间的视觉感受。

目前市场上的装饰画，有各种形式和类别，常见的有油画、摄影画、挂毯画、木雕画、剪纸画等，其表现的题材和内容、风格各异。例如，热情奔放类型的装饰画，颜色鲜艳，较适合在婚房装饰，古典油画系列的装饰画，题材多为风景、人物和静物，适宜于欧式风格装修或喜好西方文化的人士；摄影画的视野开阔、画面清晰明朗，一般在现代风格的家居中摆放，可增强房间的时尚感和现代感。比如小幅挂画对称悬挂，较大的可单独悬挂，与桌面上的装饰品相互搭配，形成良好的装饰效果。采用平面形式的装饰画，对称悬挂，题材相似却又有区分，与背景花色相得益彰。

在中式风格的家中，常采用水墨字画，或豪迈狂放，或生动逼真，无论是随意置于桌上，还是悬挂于墙上，都将时尚大气的格调展露无遗。

2. 装饰工艺品

在室内家居软装上，还需要通过一些小小的工艺品陈设来点缀，以提高品位和涵养。工艺品的选择，往往要花费很多心思。

例如，书房的书桌上，通过铜质的地球仪、皮质笔记本以及钢笔和咖啡杯子来增加文化气氛。再如，中式博古架，通过中式陶艺饰品、陶马、瓷杯饰物等的陈设布置，显示出主人的品位。

二、室内陈设的选择和布置

(一) 桌面摆设

桌面摆设包括不同类型和情况，如办公桌、餐桌、茶几、会议桌以及略低于桌高的靠墙或沿窗布置的储藏柜和组合柜等。桌面摆设一般均选择小巧精致、宜于微观欣赏的工艺制品，并可按时即兴灵活更换。桌面上的日用品常与家具配套购置，选用和桌面协调的形状、色彩和质地，常起到画龙点睛的作用。如会议室中的沙发、茶几、茶具、花盆等，均应统一选购。

(二) 墙面与路面陈设

墙面陈设一般以平面艺术为主，如书、画、摄影、浅浮雕等，或小型的立体饰物，如壁灯、弓、剑等，也常见将立体陈设品放在壁柜中，如花卉、雕塑等，并配以灯光照明，也可在路面设置悬挑轻型搁架，以存放陈设品。路面上布置的陈设常和家具发生上下对应关系，可以是正规的，也可以是较为自由活泼的形式，可采取垂直或水平伸展的构图，组成完整的视觉效果。墙面和陈设品之间的大小比例关系是十分重要的，留出相当的空白墙面，使视觉获得休息的机会。如果是占有整个路面的壁画，则可起到背景装修艺术的作用。

此外，某些特殊的陈设品，可利用玻璃窗面进行布置，如剪纸窗花以及小型绿植，以使植物能获取自然阳光的照射，也别具一格。

(三) 落地陈设

大型的装饰品，如雕塑、瓷瓶、绿植等，常落地摆放。布置在大厅中央的就会成为视觉中心，更为引人注目，也可放置在厅室的角隅、墙边或出入口旁、走道尽端等位置，作为重点装饰，或起到视觉上的引导作用和对景作用。

(四) 悬挂陈设

空间高大的厅室，常采用悬挂各种装饰品，如织物、绿植、抽象金属雕塑、吊灯等，弥补空间空旷的不足，并有一定的吸声或扩散的效果。居室也常利用角落悬挂灯具、绿植或其他装饰品，既不占面积又装饰了枯燥的墙边角隅。

(五) 橱柜陈设

数量大、品种多、形色多样的小陈设品，最宜采用分格分层的隔板、博古架或特制的装饰柜架进行陈列展示，这样可以达到多而不繁、杂而不乱的效果。布置整齐的书橱书架，可以组成色彩丰富的抽象图案，起到很好的装饰作用。壁式博古架，应根据展品的特点，在色彩、质地上起到良好的衬托作用。

三、室内陈设艺术的创新表达

陈设艺术设计是室内空间氛围营造设计的重要组成部分，是一门随着社会生活质量不断提高而兴起的学科，是一门充满青春活力的艺术，能够渲染室内的气氛，提升空间的格调，衬托空间的品位，表达空间的意境，体现空间的内涵。陈设艺术的形成经历了长时间的沉淀，从人类在空间中存在的那一刻开始一直到我们现在生活的四维空间，这种生活状态也会一直延续到未来。陈设艺术的存在一直都会伴随着我们的生活，而且不断改变着我们的生活方式。陈设艺术影响着我们生活的空间，在空间中化作点线面，颜色形状，通过这些细节的设计来突出空间的主题，表达使用者的思想感情以及对空间的节奏把握。

(一) 四维空间概念表达与基本构成

1.四维空间概念表达

陈设艺术设计是室内各构件之间、构件与空间之间，根据设计理念和环境特点营造出既符合审美情趣又兼具实用功能的有机和谐的空间统一体；是近几十年随着物质生活水平的提高，人们对精神生活的追求而兴起的一门年轻、充满艺术表现力的新兴学科。

作为一种艺术，陈设设计首先强调体现室内空间内涵与品位，提升室内空间层次与格调，追求室内空间意境与氛围，整体展现室内空间综合感染力，给人一种视觉美的同时上升到精神层面的享受。

从广泛意义上说，自从有了人类就开始了简朴的艺术构思，一直到今天。这种状态将一直持续到未来社会。人类生生不息的追求在改变着社会，同时也在改变着人类自身。从简单的构件摆放到艺术的陈列，陈设艺术无时无刻不在伴随着人类生活，并且在不断改善着人类的生活方式。其实，仔细品位陈设艺术，它就在我们生活的空间中，色彩的对比、个性的突出、民族风格的体现、空间层次的丰富，这些艺术构思都在无声地倾诉着作者的思想情感和陈设理念。

现代室内陈设艺术不仅展现建筑实体空间内构件的静态展示，而且会展现一种超越现实的时空感，展现一种时间流逝的动态之美。永不停息的时间成就了空间，空间中每一道轨迹都是时间短暂的影子，两者相互交织构成一幅动态画卷。而陈设艺术追求的就在于此。它表达一种时空概念，展现陈设艺术的四维空间属性。有位外国建筑美学家说过，建筑类似一座空城，人们可以自由地感受它的效果。这句话要表达的意思是建筑空间之所以存在，是因为有人们的行为活动，人们的行为活动又为建筑空间增添了更多内涵。

从静态角度看待建筑空间，就有了动态的行为活动。这就体现了建筑空间存在的价值意义。建筑设计是这样，从建筑设计延伸到空间设计也是这样。在设计领域，对四维空间的理解是在能够感受到在四个维度空间的基础上的艺术构思。具体到我们讨论的室内陈设艺术设计，是将空间中陈设品的时间积淀、空间轨迹、历史脉络、文化内涵等人类活动通过艺术设计，利用多种手段完成对室内空间布局、风格、节奏的规划，形成完整的四维空间。

2. 四维空间的基本构成

空间与时间就像我们生活中的天与地，相对存在着。时间与空间一直在运动，它们不曾一刻停歇。通俗地说，时间划过的所有痕迹组合构成了空间整体。而空间内的每一道印痕都显示时间曾经光顾过。也就是所有的时间成就了空间，而空间又具体地体现了时间。两者相互促进，缺一不可，构成永恒的统一体。

辩证唯物主义理论认为，时间和空间都是物质的运动形式，离开了物质就谈不上时间和空间的概念。从相对论观点看，时间就是空间在瞬间的虚拟状态，而空间就是时间在相对静止情况下的停滞状态，两者相互依存，离开任何一方都不成立。在人们的日常生活中，对空间和四维空间的理解仅仅局限于立体几何，甚至处于模糊的状态。数学课堂上画的那条直线是一维的，平时见到的平面广告、平面设计是二维的，而我们生活在三维的空间里。从数学观念看，空间是无穷大的，空间的维数也是无穷尽的。从设计的观点看，四维空间的设计是三维空间和时间的组合。陈设艺术的时间脚印和由此构成的逻辑流动线的空间都表现出四维的属性。

空间设计过程中，要用到平面（二维）设计和立体（三维）设计以及四维空间设计。数学上用到的 X 轴、Y 轴、Z 轴坐标属于三维空间，再加上一个时间坐标就构成四维空间。这个概念的理论依据就是任何物质都是在空间中运动着的。也就是物质同时存在于时间和空间中，它们是不可分开的。

室内空间设计是在客观存在的四种维度空间的基础上，经过艺术性再加工，在同一维度空间内，将各维度间互相交织成为更高一层次的维度空间。因此，形成四维空间陈设艺术。

（1）动态空间

"埏埴以为器，当其无，有器之用，凿户牖以为室，当其无，有室之用也故有之以为利，无之以为用。"这是老子的《道德经》中的一句话，这句话里所说的"用"即为空间，"空间"一词首先是在哲学和美学思想中被认可，它作为一个相对独立的建筑语汇首先出现在19世纪的德国。万物存在于世间，以空间为基础，空间是万物存在的基本形式。只有空间的存在才会有客观物质的存在，我们只有在空间存在的前提下才能洞察分析一切可能真实存在的物质。

空间虽然看不见摸不着，但是其实很好理解。我们生活在这个世界上，需要有一个容身之处遮挡风雨，那么就需要建造一座房子，也就是创造了一个空间。其实就是将大空间分割出来一个属于自己的小空间。从大的范围来说，宇宙本身是一个很大的空间，人类为了自身需要发明了建筑的形式，许许多多的建筑把这大空间分成了各种各样的功能空间，并根据人类的要求进行设计创造，于是就产生了现代意义上的建筑空间概念。这里所说的空间是与建筑物实体相对而言的，可以理解为建筑物本身的容积。在这个容积范围内进行陈设艺术设计。

我国古代哲学家认为，空间是两种相对的力量和谐共处的统一体。这种观点符合客观事实。空间虽然是比较抽象的概念，没有具体的形态，但是在建筑物内部进行室内设计时，空间就有了一个具体的范围，这个范围就是建筑物限定的环境场所，也是墙体围合而成的一个可以让人产生联想的空间环境。正是因为墙体的存在，才有了空间视觉感受，如果没有墙体就不会存在视觉感。因此从这个意义上来说，空间是建筑物的客观存在形式，也可以说空间是物质存在的一种形式。

可以从客观意义和抽象意义两方面，理解空间在建筑中的存在。

（1）客观意义。建筑中的空间是建筑物墙体围合而成，是以真实存在的物质——墙体围合形成的客观真实存在。建筑物形体与空间的表达相互联系，从围合到空间概念的形成，中间有建筑形式的演变。可以说，空间的存在价值就体现在围合的过程中。

（2）抽象意义。从根本上说，空间的所有特质都是外界物质给予的，如建筑的墙体结构、门窗结构以及陈列设施等。正是有了这些客观物质，空间在建筑中才有了存在的意义，也就是空间以建筑的材料、色彩、风格等存在方式显示了自己的存在。离开了这一切，空间就荡然无存。

（3）四维空间中的时间度量

四维空间设计理论的核心，是在客观真实存在的三维空间中创造空间的动线，调节空间的行为节奏，融入人类的生活方式。在这个新的空间体系中，时间成为起主要作用的度量，它同时决定着空间的变化，使原本静止存在的三维空间体系转变为具有动态向量的四维空间体系。例如在宇宙空间中，空间是没有具体范围的，它可以延伸到无限大，这个时候，任何度量的作用已经很小了，只有时间度量才能够说明空间存在的距离，也就是只有时间才能证明原本存在。

建筑物本身是具有时间性的，主要表现于建筑的客观存在、人们的使用活动和人类的思想赋予建筑审美的标准等方面。换句话说，时间在建筑空间中的表现，可以从现象和本质两方面来理解：一种是随着时间的流逝，社会环境、文化氛围都在不停改变，这些也都在建筑中有所体现，即建筑是具有时代感的，是拥有历史故事的见证者；另一种是人们在建筑分隔形成的室内外空间中活动所体验到的连续性，即建筑空间的流动性、时间性。

从一个空间到另一个空间，从中经历不同体验、对空间的时间感受。虽然从客观上来讲，建筑的存在包含着空间这一基本要素，也离不开人的主观时间感受，但是没有时间序列要素在空间中的贯穿，建筑空间就不存在。时间序列的产生也是因人在空间中的活动而产生。在这个过程中，人对建筑内部空间的感受是不同的，建筑材质的不同创造不同的空间体验，空间中格局的虚与实、时间的不同对色彩的影响等，这些不同的信息都会产生不同的感受。

人在建筑空间中活动，随着时间的变化，活动的过程中注意的焦点不同以及对空间观察角度的变换，在时间方向上的连续位移，给客观存在的三维空间增加了一个时间的量度。室内空间陈设艺术不能一眼就看到它的全部，只有在连续行进体验的过程中，从一个空间到另一个空间，才能逐次看到它的各个部分，最后连成整体印象，通过对时间的衡量把握，对建筑空间的完美展现，设计师应该在设计过程中提高对时间要素的重现，充分运用时间概念，使感受者获得无限的时间体验，彰显设计中的精华，超越客观存在，进入一个富于情感的精神世界。

（4）人与空间关系的转变

空间设计的理念是"因人而生"，设计的重点也要满足人的需求与感受。人是空间的主体，也是室内陈设艺术的接受与传达者。

人穿梭在空间之间，不同的陈设艺术传达着不同的情感，在人们活动的过程中，对空间的感觉是千变万化的，正如帕拉斯玛在《建筑七感》中列举的我们对建筑整体会产生七种感觉。不同的建筑风格表现不同的情感，表现不同的民族风情，这些都是我们可以看到的，是建筑空间给予我们的视觉感受。除此之外，还有很多建筑采用不同的材质形成独特的空间感受，这是我们可以触摸到的，是一种肌肤触觉的空间感。在感受的过程中，人们不知不觉加入到空间中，给建筑空间带来了新的动力。对于陈设艺术来说亦是如此，不仅需要视觉盛宴，同时也需要听觉、嗅觉以及肢体感受的艺术。

在室内空间设计体系中，人类已从过去置身事外的角度，客观的对空间的研究转变为参与到空间中，与空间内部的设计有机结合，认识到了空间是自身存在的基础。这也是人与空间关系在认知程度上的一个跨越。这种从空间客体到自身主体的认识，也深刻地揭示了空间本质的变化。空间由三维空间转变为四维空间，由绝对静止的状态转变为相对运动的状态。四维空间的形成因素有多种，其中三维空间的存在是基础，加上时间方向上的移动创造的空间节奏感和人类行为活动的参与。时间是一个永远变化的量，空间是在变化的时间中展开的量，空间和时间不能抛弃一者而谈另一者。在设计领域理论百花齐放的今天，科学技术的不断提高，越来越多的建筑方面的设计师不断地增强对空间理论的重视。

（二）室内陈设艺术与四维空间

随着设计领域的不断发展创新，出现一些新的设计理论。各种设计理论让人应接不暇，但是有一种足够新潮的设计理念，越来越被人关注，那就是"四维空间"设计观。

"四维空间"设计观最先出现在哲学思想中，后来被用于电影、戏剧中。在室内陈设艺术设计理念上，也越来越多涉及四维空间，在原来静态的三维空间中加上时间的度量，使空间变得更加富有动感，突出人的参与性，体现与时间相呼应的空间特性，形成四维空间。在当前许多大师的成功设计案例中，"四维空间"的设计理念会贯穿其中，使得空间效果更加具有灵动性。

1. 室内陈设艺术与空间的关系

四维空间设计理念反映了设计师对传统空间设计手法的一种全新思考，是一种理念上的升华。正如卡西尔所言："空间和时间是一切实在与之相关的构架。我们只有在空间和时间的条件下，才能设想任何真实的事物。"

这句话所表达的设计理念就是将时间物化，转化成具象的空间形态。在空间的创作设计中，始终贯穿着时间的概念。简单说，就是把时间空间化，在当代设计师的作品中也能体现这种设计理念。何为时间空间化？其实就是对时间和空间的再次重组设计，充分发挥空间的作用，将空间的使用最大化，使其表现出多种"时间性"和"可变性"，真正做到空间中物质表达与精神表达的完美结合。

在室内空间陈设艺术的设计创作过程中，如何将时间与空间完美结合，形成空间气场表现出来，并不是简单地在具象的空间里加入抽象的时间概念的问题，而是要强调空间与时间结合形成的时空观。改变空间的静态存在形式，创造空间的逻辑动态。在设计空间逻辑感的过程中，进一步发挥时间的作用，让时间概念贯穿始终。陈设艺术的发展依靠的是对陈设品细节的考虑，通过空间中的细节问题打造空间整体形象，这也是一种特殊的设计手段。

陈设艺术在某种程度上来讲，反映的是不同使用者不同的生活习惯和方式，也从侧面表达了人们对生活各种各样的感悟。使用者的不同，文化背景的差异对空间陈设艺术的理解也是不同的，由此创造出形态各异的空间形象。在今天物质文化与精神文化飞速发展的时代，为了刺激消费者的消费欲望，在室内空间的设计中，陈设艺术发挥了强大的作用。

2. 室内陈设艺术与空间设计的统一

陈设艺术是近几年设计行业中新兴的一门学科，它的发展并不完善，但是随着社会的发展进步，人们对自己的生活质量要求越来越高，陈设艺术的理论也日趋完善。虽然陈设艺术起步较晚，人们对室内空间的安排布置却在人类社会刚发展之时就已经出现。

有了建筑的存在，就有了室内空间陈设艺术设计的发展。从理论上讲，陈设艺术的存在发展是以空间存在为前提，它们之间存在着千丝万缕的关系。先有了建筑设计，随之室内空间设计也不断发展壮大，行业的不断细分，才出现了陈设艺术。它们之间有许多相同点，互相渗透。

首先，空间是两者不可抛弃的一个重要前提。陈设艺术是对既有空间的再次布置，重新调整空间格局；室内空间设计是在建筑原有结构的基础上，用结构形式创造空间。这两者都是需要解决空间功能最大化的使用，空间的整体格调，照顾室内采光，人的参与性等问题。

其次，陈设艺术与室内空间设计在设计语言的表达上，要达到设计理论与设计原则的一致，力求对空间的处理形成和谐统一的效果。两者之间存在着一定的关联性，相辅相成，不能分开而论。为了最终能够使空间组合形式变化多样而又统一在一种格调之下，形成统一整体效果，空间中各种设计要素在基本设计理念的支持下相互关联渗透。抛开这种基本设计理念的支持，任何孤立的空间设计都不能完整地表达空间所传递的语言情绪，不能创造完整的空间感。

陈设艺术是一门空间连续表达的三维空间和时间链相结合的四维空间表现艺术，其本质与空间、时间密不可分。陈设艺术在空间中能够存在并且不断发展，也是得益于空间中人的参与。在空间范围内，人的主观时间感受起到了很大的作用，是连接空间与陈设艺术的纽带。在进行陈设艺术设计时，要考虑空间存在的载体——建筑实体结构。

建筑结构形成的空间，在不同的时间段里展现不同的视觉效果。这是以人在空间中的行为活动为前提。因此，空间界面的艺术表现形式是以人的主观感受，也就是时间为基础的二维空间的设计延续实现的。人在空间中行走，不断变化视角，在时间上形成了连续的位移，改变了传统三维空间的存在模式，增加了新的活力。在这种条件下，时间就成为第四维度的主角，同时人在空间中的活动创造了四维空间的存在性。空间问题在陈设艺术设计中占据重要的位置。所谓的空间排列，在客观上就是空间的表现形式以不同的比例和形态的展示；在主观上则是以人的主观时间感受在空间中的沉淀体现。在空间中，人的主观时间感受以及空间排列对陈设艺术设计都有很大影响，从这一角度出发，空间排列与人在空间中的活动都与陈设艺术设计有着紧密的关系。因此，陈设艺术设计在空间中所得到的效果展示不仅是二维平面的装饰效果和三维立体的家具摆设，也不是对时间艺术或者空间艺术的表现，而是陈设艺术与四维空间整体表现的艺术形式。

3. 室内陈设艺术是空间设计的延续

陈设艺术是在室内设计的基础上完成的时空连续的四维表现艺术。简而言之，陈设艺术从某种角度来说，是对空间中时间观念的延续；是对室内空间进行的设计，是在完成室内设计之后，对空间的继续深化，或者在不改变空间范围的基础上进行创新、修改。随着社会的发展，人们的需求不断提高，陈设艺术设计已成为完善室内空间设计的一个不可或缺的重要组成部分。陈设艺术设计离不开空间，也离不开加入空间排列和时间概念的四维空间，两者相互补充。陈设艺术在遵循空间设计基本理念的过程中，不断地完善空间的概念，用实际存在的物质演绎着四维空间的理论。

陈设艺术设计对空间表现性的深入、推进，主要表现在空间的完美表达和时间的虚拟化再现。陈设艺术通过空间艺术的完美演绎以及对时间的充分表达，不断地完善着空间的整体性。陈设艺术和空间存在着微妙的联系，也就是整体与局部的带有连续性的递进关系，二者共同打造完美。

陈设艺术是表现空间完整性的一部分，同时也是室内空间设计体系中的一个分支结构。虽是分支，但陈设艺术表达出的理念则是一个完整的空间概念。陈设艺术不仅在设计理念物化的过程中纵观室内空间，同时在局部细节的深入、各种空间的转换上也创造出了许多具备审美价值的个性的空间形态。看似简单的放置，其实是精心的设计。陈设艺术在室内空间中很好诠释着生活的情调，同时也间接地传达了空间的设计理念。

因此，陈设艺术在一定程度上是对室内空间设计的延续，陈设艺术也是在不改变建筑原始空间结构的基础上，对空间环境的进一步修饰设计。空间是人们生活的容器，陈设艺术是对生活的完美解释，不能把人们的生活与空间分开而论，两者是对立统一的关系。陈设艺术既不能简单解释为存在的实体，也不是虚有的空间填充物，而是人与空间通过这种表达媒介对空间表达不同的态度。

室内陈设艺术是空间设计中的重点，表现出空间的特性，延续着陈设艺术的精神品质，表达人们的生活内涵。从理论上讲，陈设艺术必须完成对空间的精神创造，结合各学科的设计理论，提高空间的使用效率，创造空间特有的品性，这样才能完成陈设艺术在空间中承上启下的作用。

（三）室内陈设艺术在四维空间中的表现方法

陈设艺术，提到这个名词首先应当考虑它是在一个什么样的舞台空间，以什么样的表现方法展示自己。建筑创造的是空间，材料和结构是构成空间的基本内容，照明和光展示空间的氛围，而陈设艺术则进一步丰富和活跃了空间的内容。空间布局形式的不同，给人的感觉便不同，方方正正规整的空间形式，往往让人感觉严肃、正式；形状富于变化的空间，则让人感到活泼、随意、亲近。陈设艺术在空间中就像精灵一样，给空间增添了无限的趣味。

1. 满足使用功能

室内陈设艺术设计首先是服务生活，当然以满足使用功能为基本。在进行设计理念的构思时，不仅要考虑满足最基本的使用要求，还要使空间布局更加便捷舒适，更多地考虑健康、人性化设计，要符合人体工学和生活规律，更好地处理空间关系，使空间比例达到舒适。在陈设艺术设计方面，要合理配置各组成元素，与整体空间风格协调、满足使用要求，这也是陈设艺术在空间中存在的现实意义。

室内陈设艺术以更好地创造、丰富室内空间环境、更加注重人的参与性为目的，所以会格外注意对功能要求的满足。空间的存在也是为了服务于功能。在进行陈设艺术设计工作之前，对空间如何达到合理布置的思考，充分了解空间的特点，对使用者以及周围环境的考察，都是为了创造更方便舒适的陈设艺术，这也是一种服务于人的设计手法。最终都是为了达到和谐统一的空间环境，陈设艺术如果失去了使用功能，这一艺术也成为多余的设计，画蛇添足，"陈设"二字的原本价值意义也不存在了。

2. 满足精神功能

室内陈设艺术不仅具备使用功能，也要充分考虑经过陈设艺术设计之后能够得到什么样的空间效果，能够表现出什么样的精神境界，包括视觉感受、心理反应、艺术审美等。这种精神主题的内涵就是体现人们的情感生活，反映精神价值，表达人们的审美情趣。通过对艺术的理解，运用各种设计手段，渲染空间艺术氛围，体现出符合使用者要求的意境，让陈设艺术更好地发挥在空间中的精神价值。

室内陈设艺术在四维空间中的作用更多的是影响人们的情感。随着时间的不同，人们的情绪表现也会不同，在空间中的行动也会受到影响。因此，在室内空间中，进行陈设艺术设计要研究人们活动的规律、情感的变化，使陈设艺术与人更好地结合，共同完善室内空间。在设计创作的过程中，为了达到预期的设计效果，利用各种设计方法，将陈设艺术在空间中表现得淋漓尽致，从中透露出人们的情感。如果室内空间环境和陈设艺术搭配得当，能够突出表达某种意境，那么，陈设艺术就能够产生浓厚的艺术氛围，能更好地将精神价值在空间中发挥出来。

世人都喜好美好的事物，格调高雅、文化内涵丰富的陈设品能够改变人的心情，陶冶情操。在合适的空间中选择恰当的陈设品，更能突出陈设艺术的特色。在空间氛围的衬托之下，陈设艺术早已超越自身的美学意义而创造了室内空间的思想价值。如在现在最流行的现代中式空间中，为了突出中式韵味，又不缺乏现代感，可以增添一些经过现代设计的具有中式元素的陈设品或者中式元素的简化符号。这样即能达到文化氛围的烘托，又能传承古人的文化思想，还能在充满中式味道的空间中感受到现代设计的创意思想。

为了适应社会发展的需求，一些有特色的工作室、会馆应运而生，经营者本身也许就是艺术工作者，这种空间的设计更加具有特色。空间中放置的陈设艺术品，装饰空间只是一方面，更多的是表达使用者的精神，突出空间的主题，这也是一种表达内心世界的方式。在这种设计的过程中，陈设艺术不仅装饰了空间，为使用者提供了方便，同时还改变了人们对美的认识，表达了空间的精神文化。

空间精神文化的表达包含两方面——艺术性和个性。在陈设品艺术性表达上，外观造型要优美，与空间的尺度要协调，色彩与空间整体色调能够同步，这样才能够给人以视觉的美感和心灵的融通，使空间的整体设计锦上添花。在空间的个性创意上，不能千篇一律，要反映出不同群体的不同特点，不同空间的不同设计风格，满足特殊性的精神需求，让人们能够在有限的空间中感受无限的精神力量。

总之，陈设艺术设计应当做到利用合理的设计方法，将陈设艺术在空间中要表达的精神力量充分表现出来，创造个性的空间环境。陈设艺术是生活与艺术的统一体，要充分利用有限的物质条件，创造无限的精神内涵。

3.满足环保功能

科技是不断进步发展的，人们的思想意识也在不断提高，越来越多的人开始关注我们生存的环境。为了适应时代的发展，设计的方向日趋走向绿色环保。因此，在进行陈设艺术设计时，要时刻注意环保，在保证设计质量，做好安全工作的前提下，在陈设的配置设计等方面首选环保型材料。可持续发展和共生美学的设计理念应该是贯穿于设计过程的始终。陈设艺术在室内空间中的设计要以人的需求为出发点，充分考虑在使用过程中陈设品带来的便利，能提供给人舒适的生活环境。在室内空间中，人能与陈设艺术形成的空间环境有积极的互动。在这个过程中，人们能够体会在空间环境中生活的乐趣，同时也应该注意减少资源的浪费，为保护我们赖以生存的地球环境尽一分力。例如在陈设艺术设计中，对空间照明的调整应当把握尽量采用自然光照的原则，在陈设品的放置问题上，也应该注意光照问题，使陈设品的材质和颜色最大化最好地展示在空间中。而自然光照不仅能节约大量的电资源，还能营造温馨自然的空间环境，调节室内的温湿度。在空间中引入绿色环保的概念，也能在生理上给人以极大好处。因此，在陈设艺术设计中注意绿色环保的概念，不仅能改善空间环境，调整人与空间的和谐关系，又能更好展示四维空间中陈设艺术的魅力，还能减少对环境的破坏。

陈设艺术在整体设计中引入绿色概念，不仅仅是在设计理念上注意环保，而是在陈设品材料选择等一系列方面都应该注意对人们健康的威胁，尽可能在陈设品的选择过程中使用可重复利用、可再生的材料制成的陈设品，以减少设计完成后材料中有害物质对环境的污染，达到人、空间、陈设艺术三者之间和谐相处。这样既能减少材料的浪费，又能保护环境。例如在木制家具的选择上可以用复合结构的木材代替名贵木材，它的应用不仅能达到良好的装饰效果，同时又能节省。陈设艺术最终要实现空间整体的多元化和陈设艺术的个性化协调统一发展，展示陈设艺术在空间中的四维属性。

由于人们对设计要求不断提高，促使设计外观、造型以及设计新形式的出现。在陈设艺术设计中表现出了明快、简洁、新奇的趣味性。意味深远的超前设计理念不仅体现在陈设家具独特的造型上，还体现在材料的使用上，它们大多采用环保材料，富有环保意识。在陈设艺术设计发展的进程中，设计师应该担当起保护环境的职责，在完美表现空间感、创新造型的基础上，多注意环保问题。

陈设艺术的变化，也折射出空间格局的不断变化。通过陈设艺术连接了若干个空间之间的关系。它把外在的家居文化融入空间整体的设计理念中，打造符合使用者的精神空间，重新注重陈设艺术在整个室内空间中的作用和影响，考虑陈设艺术无论从功能性还是观赏性在空间中的合理布局，尽可能满足四维空间的各项要求。

四、室内陈设艺术发展的未来趋势

(一) 突出因人而生的四维设计理念

家装设计中的很多物件都是为了解决人们日常生活的需要而存在的，譬如沙发、衣柜、电视机等，它们有机地组合在每个室内空间，发挥自身固有的作用。另外，设计时还要考虑其具体构造和性能的差异，从而使设计符合不同阶层群体的审美和实用性的要求。伴随着社会和现代科技不断进步，一些新兴的学科渐渐出现在人们的视野当中。人体工学的出现，目的就是为了研究家具与人体的相关比例关系。根据一些具体的数据，可以实现大规模的生产和销售。现代的家具在设计制作时都会按照一些既定的比例来完成，从而更好地为人们的日常生活服务，做到舒适性、美观性兼顾。

对于设计师来讲，室内陈设的设计需要注重物品之间以及物品与所存在的空间的比例关系，在符合功能要求的基础上，实现最大程度的美观与协调。否则，不仅会使整个空间失去美感，还会给使用者的日常生活带来很多不便。所以，想要展现出完美的室内设计，必须准确地把握住空间与所摆物品之间的比列。

1. 四维空间的尺度

在确定特定空间内摆放物件的大小和位置时，对四维空间的尺度衡量是至关重要的，必须做到二者之间的协调一致，才具备了成功的设计的基础。举个例子来说，在某个高级酒店的大堂内，不适宜摆放一些小的物件，应该倾向于选择尺寸较大的陈设品，符合酒店大堂宽敞明亮的客观要求，同时还不会显得拥挤。在常规的室内空间设计时，也应该注重空间的尺度，不能放置太多的物件，否则会让人产生无比凌乱的感受。所以，注重空间尺寸和物品大小之间适宜的比例关系是很有必要的。在某些追求个性和时尚的店铺，可以沿着空间的特定方向，摆放一些可以让人产生空间感受的物件。

2. 主体人的比例尺度

室内陈设设计针对的最终主体是使用者，每个人对于空间的三维尺度都有不同的需求。也就是说，室内摆放的物件需要与具体的人物身高、活动范围相一致。太大的物件，不仅影响整体的设计美感，还会给日常生活带来麻烦。因此，一个成功的设计案例，关键是要在空间的细节处理方面倾注更多的精力，将设计变得更加人性化，符合人们日常生活的习惯和特殊的要求。

室内设计的创作灵感来源于设计师对于使用者审美和日常生活需求的不断观察与探索。归根结底，室内设计是一门人性化的艺术，不仅要更好地为人们展现空间细节，还要与人们的日常活动需求相一致，最终目的是为使用者营造出舒适美观的生活氛围。

和其他的艺术形式一样，室内设计的发展也是伴随着社会的不断进步以及人们的需求变化而不断调整的。如何更好地将空间和人们完美地融合在一起，是设计师不断追寻的方向。人类的情感是室内陈设设计的首要影响因素。通过不同的设计，展现不同时代不同追求的人们对于空间和设计的个性化要求。所以，从另一个角度来说，空间设计的不断变化是因为有一个需求不断变化的使用者。那些成功的设计案例，不仅展现了独特的空间艺术，也彰显着使用者和空间完美的融合与交流。这也体现了室内设计的价值所在，就是满足人们的需求。人们在这门艺术中发挥着多重的作用，不仅创造着建筑和适宜的空间，还是空间的使用主体。存在于空间之中的人们，通过多种动作行为，实现了空间设计的功能。与此同时，还使得特定的空间变得生动活跃。室内空间设计之所以存在，就是为了满足人们日常休息和工作的环境要求，没有了人类这个主题，陈设艺术根本无从谈起。

陈设设计旨在满足人们在精神和物质双方面对于空间环境的需求，不单单是日常生活的场所，更多的是情感上、精神上的重要寄托和表达。设计师只有全面深入地研究这门艺术的每个方面，结合具体的设计方案，将理论与实际有机结合起来，注重人在其中的重要作用，才能设计出优秀的人性化作品。这样的作品，不仅能够保障人们的日常生活，还能提升生活品质，美化生活环境，实现完美的空间享受。除了掌握空间设计的基本理念以外，还应该注重创新，在继承原有设计文化精髓的同时，结合新的技术和观念，实现设计艺术的发展和传承，创造出具有时代感和个性化的设计作品。

(二) 坚持继往开来的设计手法

在现代社会，对于空间的设计理念可以说是对老一辈传统智慧的继承和发展，继承和发展过程中，经过长时间的洗礼留下了精华，体现出了珍贵的历史价值。现代，人们的复古情节促使人们倾向于在设计过程中添加适当的古典元素。在家中陈列仿古的家具，但是从设计的角度来讲，这些行为根本不是对传统文化的尊重和向往，只是在表面上做文章。在家中摆放一些古代家具，更谈不上继承和发扬了。

我们要做的不是拘泥于表面形式的模仿，而是充分发挥中华民族与生俱来的文化创造力，透过现象看本质，通过现存的能够反映传统文化的老物件，领悟和学习古人的文化思维、设计理念，把对传统文化的研究融入日常生活中，感悟传统文化的真谛。只有这样，我们才能真正地传承和发扬传统文化。

在建筑领域，对于传统设计的传承通常包含两部分：一部分体现在最基本、最表面的建筑构造方面；另外一部分则是通过分析具体构造所展现出来的设计价值理念和审美需求，甚至是文化特征。有时也会在创作手法上有所体现。同样，在室内陈设设计领域，对于原有设计理念的传承和进一步发展也是有不同含义的。较高水平的传承是对于外在表现所映衬出的对美的追求以及所展现的文化内涵的探究和延续，这才是艺术继承的关键所在。不仅仅停留在表面的继承与发扬才是更明智的。

我们在进行陈设设计时，应该秉承着探寻其背后隐藏的历史文化精髓的思想，创造出更有内涵的设计方案。

在继承和发扬传统设计理念的基础上，满足多样化的设计风格，主要有两个方向。一个方面是将传统的设计手法与现在新的设计技术有机地融合在一起；另一个方面则是在保持传统空间设计的基础上，将新的艺术形式加入其中。尽管人们的需求在随着时代的变化不断更新，传统的设计已经不太适合现代的建筑要求，但是传统建筑中渗透的深刻精神观念，还是有很重要的参考价值和借鉴意义的。

对传统文化的吸收运用，在陈设艺术设计中，包括现实存在的物质文化和对传统文化精神的普及，这两者完美结合，形成对传统文化的继承发展。现实存在的物质文化就是现实可见的表层结构文化，不仅是外观样式，还包括对传统构件的结构原理的理解。传统文化精神属于人的思想的精华部分，不同的民族文化拥有不同的思想。在现代空间设计中运用这些设计理念，在表面上产生形式上的亲切感，注重精神文化的表达，这也是空间的精髓所在。陈设艺术设计对传统文化的理解，不能仅停留在表面形式，要深层次地追求传统文化的神韵，就像中国画，要求神似和意境的表达。不管社会如何发展，一味强调简单的继承而没有发展，只会造成停滞不前。

室内空间中的陈设艺术，除了三维空间的真实存在，还有时间的因素。陈设艺术有很强的时间性。随着社会的发展，文化风格的改变，这些都会影响到陈设艺术，尽管陈设艺术是一门相对独立的艺术。既然社会是不断发展的，文化也是日益更新，设计也不可能停滞不前。要在人们对文化需求不断改变的基础上进行陈设艺术的设计，这种发展也不是没有根据和方向的。任何的艺术形式都应该以中华丰厚的历史文明为基础，取其精华，满足人类需求，设计出人性化的陈设艺术。

第六节　室内色彩设计

一、色彩原理——色彩三要素

色相、明度和纯度是色彩的三要素。

色相是色彩的表象特征，通俗地讲，就是色彩的相貌，也可以说是区别色彩用的名称。所谓色相是指能够比较确切地表示某种颜色的色别名称，如玫瑰红、橘黄、柠檬黄、钴蓝、靛青、翠绿等等，用来称谓对在可视光线中能辨别的每种波长范围的视觉反应。色相是彩色的最重要的特征，它是由色彩的物理性质所决定的。由于光的波长不同，特定波长的色光就会显示特定的色彩感觉。在三棱镜的折射下，色彩的这种特性会以一种有序排列的方式体现出来，人们根据其中的规律性，制定出色彩体系。色相是色彩体系的基础，也是我们认识各种色彩的基础，有人称其为"色名"，是我们在语言上认识色彩的基础。

明度是指色彩的明暗差别。不同色相的颜色，有不同的明度，黄色明度高，紫色明度低。同一色相也有深浅变化，如柠檬黄比橘黄的明度高，粉绿比翠绿的明度高，朱红比深红的明度高等等。在色彩体系中，明度最高的色为白色，明度最低的色为黑色，中间存在一个从亮到暗的灰色系列。

"纯度"又称"饱和度"，它是指色彩鲜艳的程度。纯度的高低决定了色彩包含标准色成分的多少。在自然界，不同的光色、空气、距离等因素，都会影响到色彩的纯度。比如，近的物体色彩纯度高，远的物体色彩纯度低，近的树木的叶子色彩是鲜艳的绿，而远的则变成灰绿或蓝灰等。

二、色彩的情感效应

色彩的情感效应及所代表的颜色，见表6-2。

表6-2　色彩的情感效应

色彩情感	产生原理	代表颜色
冷暖感	冷暖感本来是属于触感，然而即使不用手去摸而只是用眼看也会感到暖和冷，这是由于一定的生理反应和生活经验的积累共同作用而产生的。色彩冷暖的成因：作为人类的感温器官，皮肤上广泛地分布着温点与冷点，当外界高于皮肤温度的刺激作用于皮肤时，经温点的接受最终形成热感，反之形成冷感。	暖色，如紫红、红、橙、黄、黄绿。冷色，如绿、蓝绿、蓝、紫。
轻重感	轻重感是物体质量作用于人类皮肤和运动器官而产生的压力和张力所形成的知觉。	明度、彩度高的暖色(白、黄等)，给人以轻的感觉，明度、彩度低的冷色(黑、紫等)，给人以重的感觉。按由轻到重的次序排列为：白、黄、橙、红、中灰、绿、蓝、紫、黑。
软硬感	色彩的明度决定了色彩的软硬感。它和色彩的轻重感也有着直接的关系。	明度较高、彩度较低、轻而有膨胀感的暖色显得柔软。明度低、彩度高、重而有收缩感的冷色显得坚硬。

色彩情感	产生原理	代表颜色
欢快和忧郁感	色彩能够影响人的情绪，形成色彩的明快与忧郁感，也称色彩的积极与消极感。	高明度、高纯度的色彩比较明快、活泼，而低明度、低纯度的色彩则较为消沉、忧郁。无彩色中黑色性格消极，白色性格明快，灰色适中，较为平和。
舒适与疲劳感	色彩的舒适与疲劳感实际上是色彩刺激视觉生理和心理的综合反应。	暖色容易使人感到疲劳和烦躁不安；容易使人感到沉重、阴森、忧郁；清淡明快的色调能给人以轻松愉快的感觉。
兴奋与沉静感	色相的冷暖决定了色彩的兴奋与沉静，暖色能够促进我们全身机能、和促进内分泌和脉搏增加；冷色系则给人以沉静感。	彩度高的红、橙、黄等鲜亮的颜色给人以兴奋感；蓝绿、蓝、蓝紫等明度和彩度低的深暗颜色给人以沉静感。
清洁与污浊感	有的色彩令人感觉干净、清爽，而有的浊色，常会使人感到藏有污垢。	清洁感的颜色如明亮的白色、浅蓝、浅绿、浅黄等；污浊的颜色如深灰或深褐。

三、色彩性格及在室内设计中的应用

（一）红色

红色是一种热烈而欢快的颜色，它在人的心理上是热烈、温暖、冲动的颜色。[①]

红色运用于室内设计，可以大大提高空间的注目性，使室内空间产生温暖、热情、自由奔放的感觉，另外红色有助于增强食欲，可用于厨房装饰。

（二）绿色

绿色具有清新、舒适、休闲的特点，有助于消除神经紧张和视力疲

---

① 红色能烘托气氛，给人以热情、热烈、温暖或完满的感觉，有时也会给人以愤怒、兴奋或挑逗的感觉。在红色的感染下人们会产生强烈的战斗意志和冲动，红色有积极向上、活力、奔放、健康的感觉。

劳。[1]绿色运用于室内装饰，可以营造出朴素简约、清新明快的室内气氛。

(三) 黄色

黄色具有高贵、奢华、温暖、柔和、怀旧的特点。[2]黄色是室内设计中的主色调，可以使室内空间产生温馨、柔美的感觉。

(四) 蓝色

蓝色具有清爽、宁静、优雅的特点，象征深远、理智和诚实。[3]蓝色运用于室内装饰，可以营造出清新雅致、宁静自然的室内气氛。

(五) 黑色

黑色具有稳定、庄重、严肃的特点，象征理性、稳重和智慧。[4]黑色运用于室内装饰，可以增强空间的稳定感，营造出朴素、宁静的室内气氛。

(六) 白色

白色具有简洁、干净、纯洁的特点，象征高贵、大方。[5]白色运用于室内装饰，可以营造出轻盈、素雅的室内气氛。

(七) 紫色

紫色具有冷艳、高贵、浪漫的特点，象征天生丽质，浪漫温情。紫色具有罗曼蒂克般的柔情，是爱与温馨交织的颜色，尤其适合新婚的小家庭。

---

[1] 绿色象征青春、成长和希望，使人感到心旷神怡，舒适平和。绿色是富有生命力的色彩，使人产生自然、休闲的感觉。

[2] 黄色能引起人们无限的遐想，渗透出灵感和生气，使人欢乐和振奋。黄色具有帝王之气，象征着权利、辉煌和光明；黄色高贵、典雅，具有大家风范；黄色还具有怀旧情调，使人产生古典唯美的感觉。

[3] 蓝色使人联想到天空和海洋，有镇静作用，能缓解紧张心理，增添安宁与轻松之感。蓝色宁静又不缺乏生气，高雅脱俗。

[4] 黑色是无彩色系的主色，可以降低色彩的纯度，丰富色彩层次，给人以安定、平稳的感觉。

[5] 白色使人联想到冰与雪，具有冷调的现代感和未来感。白色具有镇静作用，给人以理性、秩序和专业的感觉。白色具有膨胀效果，可以使空间更加宽敞、明亮。

紫色运用于室内装饰，可以营造出高贵、雅致、纯情的室内气氛。

(八) 灰色

灰色具有简约、平和、中庸的特点，象征儒雅、理智和严谨。灰色是深思而非兴奋、平和而非激情的色彩，使人视觉放松，给人以朴素、简约的感觉。此外，灰色使人联想到金属材质，具有冷峻、时尚的现代感。灰色运用于室内装饰，可以营造出宁静、柔和的室内气氛。

(九) 褐色

褐色具有传统、古典、稳重的特点，象征沉着、雅致。褐色使人联想到泥土，具有民俗和文化内涵。褐色具有镇静作用，给人以宁静、优雅的感觉。中国传统室内装饰中常用褐色作为主调，体现出东方特有的古典文化魅力。

四、室内色彩的搭配与组合设计

色彩的搭配与组合可以使室内色彩更加丰富、美观。室内色彩搭配力求和谐统一，通常用两种以上的颜色进行组合，要有一个整体的配色方案，不同的色彩组合可以产生不同的视觉效果，也可以营造出不同的环境气氛。

黄色 + 茶色 (浅咖啡色)：怀旧情调，朴素、柔和

蓝色 + 紫色 + 红色：梦幻组合，浪漫、迷情

黄色 + 绿色 + 木本色：自然之色，清新、悠闲

黑色 + 黄色 + 橙色：青春动感，活泼、欢快

蓝色 + 白色：地中海风情，清新、明快

青灰 + 粉白 + 褐色：古朴、典雅

红色 + 黄色 + 褐色 + 黑色：中国民族色，古典、雅致

米黄色 + 白色：轻柔、温馨

黑 + 灰 + 白：简约、平和

第七节　室内灯饰及自然光设计

灯饰是指用于照明和室内装饰的灯具。从定义上可以看出室内灯饰的两大功能，即照明和室内装饰。照明是利用自然光和人工照明帮助人们满足空间的照明需求、创造良好的可见度和舒适愉快的空间环境。室内灯饰设计是指针对室内灯具进行的样式设计和搭配。室内灯具是分配和改变光源分布的器具，也是美化室内环境不可或缺的陈设品。

一、室内灯饰的分析与设计

(一) 特征及应用：室内灯饰的类别

1. 吸顶灯

吸顶灯是一种通常安装在房间内部的天花板上，光线向上射，通过天花板的反射对室内进行间接照明的灯具。吸顶灯的光源有普通白炽灯，荧光灯、高强度气体放电灯、卤钨灯等。[1]

吸顶灯主要用于卧室、过道、走廊、阳台、厕所等地方，适合作整体照明用。

吸顶灯灯罩一般有乳白玻璃和 PS (聚苯乙烯) 板两种材质。吸顶灯的外形多种多样，有长方形、正方形、圆形、球形、圆柱形等，主要采用白炽灯、节能灯。其特点是比较大众化，而且经济实惠。吸顶灯安装简易，款式简单大方，能够赋予空间清朗明快的感觉。

另外，吸顶灯有带遥控和不带遥控两种，带遥控的吸顶灯开关方便，适用于卧室中。

2. 吊灯

吊灯是最常采用的直接照明灯具，因其明亮、气派，常装在客厅、接待室、餐厅、贵宾室等空间里。吊灯一般都有乳白色的灯罩。灯罩有两种，一种是灯口向下的，灯光可以直接照射室内，光线明亮；另一种是灯口向

---

[1] 随着装饰装修的不断升温，吸顶灯的变化也日新月异，不再局限于从前的单灯，而向着多样化发展，既吸取了吊灯的豪华与气派，又采用了吸顶式的安装方式，避免了较矮的房间不能装大型豪华灯饰的缺陷。

上的，灯光投射到顶棚再反射到室内，光线柔和。

吊灯可分为单头吊灯和多头吊灯。在室内软装设计中，厨房和餐厅多选用单头吊灯，客厅多选用多头吊灯。

吊灯通常以花卉造型较为常见，颜色种类也较多。吊灯的安装高度应根据空间属性而有所不同，公共空间相对开阔，其最低点离地面一般不小于 2.5m，居住空间不能少于 2.2m。

吊灯的选用要领主要体现在以下几个方面。

（1）安装节能灯光源的吊灯，不仅可以节约用电，还有助于保护视力（节能灯的光线比较适合人的眼睛）。另外，尽量不要选用有电镀层的吊灯，因为电镀层时间久了容易掉色。

（2）由于吊灯的灯头较多，通常情况下，带分控开关的吊灯在不需要的时候，可以局部点亮，以节约能源与支出。

（3）一般住宅通常选用简洁式的吊灯；复式住宅则选用豪华吊灯，如水晶吊灯。

3. 射灯

射灯主要用于制造效果，烘托气氛，它能根据室内照明的要求灵活调整照射的角度和强度，突出室内的局部特征，因此在多用于现代流派照明中。

射灯的颜色有纯白、米色、黑色等多种。射灯外形有长方形、圆柱形，规格、尺寸、形状不一。射灯造型玲珑小巧，非常具有装饰性。

射灯光线柔和，既可对整体照明起主导作用，又可局部采光，烘托气氛。

4. 落地灯

落地灯是一种放置于地面的灯具，其作用是用来满足房间局部照明和点缀装饰家庭环境。落地灯一般布置在客厅或休息区域，与沙发、茶几配合使用。落地灯除了可以照明，也可以制造特殊的光影效果。一般情况下，灯泡功率不宜过大，这样的光线更便于创造出柔和的室内环境。

落地灯常用作局部照明，强调移动的便利，对于角落气氛的营造十分实用。落地灯通常分为上照式落地灯和直照式落地灯。

5. 筒灯

筒灯是一种嵌入顶棚内、光线下射的照明灯具。筒灯一般装设在卧室、客厅、卫生间的周边顶棚上。它的最大特点就是能保持建筑装饰的整体统一，不会因为灯具的设置而破坏吊顶艺术的完美统一。

6. 台灯

台灯是日常生活中用来照明的一种家用电器，一般应用于卧室以及工作场所，以解决局部照明。绝大多数台灯都可以调节其亮度，以满足工作、阅读的需要。台灯的最大特点是移动便利。

台灯分为工艺台灯（装饰性较强）和书写台灯（重在实用）。在选择台灯的时候，要考虑选择台灯的目的是什么。

一般情况下，客厅、卧室多用装饰台灯，而工作台、学习台则用节能护眼台灯，但节能灯的缺点是不能调节光的亮度。

7. 壁灯

壁灯是室内装饰常用的灯具之一，一般多配以浅色的玻璃灯罩，光线淡雅和谐，可把环境点缀得优雅、富丽、柔和，倍显温馨，尤其适于卧室。壁灯一般用作辅助性的照明及装饰，大多安装在床头、门厅、过道等处的墙壁或柱子上。

壁灯的安装高度一般应略超过视平线 1.8m 高左右。卧室的壁灯距离地面可以近些，大约在 1.4～1.7m。壁灯的亮度不宜过大，以增加感染力。

壁灯不是作为室内的主光源来使用的，其造型要根据整体风格来定，灯罩的色彩选择应根据墙色而定，如白色或奶黄色的墙，宜用浅绿、淡蓝的灯罩；湖绿和天蓝色的墙，宜用乳白色、淡黄色的灯罩。在大面积一色的底色墙布上点缀一盏醒目的壁灯，能给人幽雅清新之感。另外，要根据空间特点选择不同类型的壁灯。例如，小空间宜用单头壁灯；较大空间就用双头壁灯；大空间应该选厚一些的壁灯。

（二）风格表达与比较

室内灯饰风格是指室内灯饰在造型、材质和色彩上呈现出来的独特的艺术特征和品格。室内灯饰的风格主要有以下几类。

1. 欧式

欧式风格的室内灯饰强调以华丽的装饰、浓烈的色彩和精美的造型达到雍容华贵的装饰效果。其常使用镀金、铜和铸铁等材料，显现出金碧辉煌的感觉。

2. 中式

中式风格的室内灯饰造型工整，色彩稳重，多以镂空雕刻的木材为主要材料，营造出室内温馨、柔和、庄重和典雅的氛围。

3. 现代风格

现代风格的室内灯饰造型简约、时尚，材质一般采用具有金属质感的铝材、不锈钢或玻璃，色彩丰富，适合与现代简约型的室内装饰风格相搭配。

4. 田园风格

田园风格的室内灯饰倡导"回归自然"的理念，美学上推崇"自然美"，力求表现出悠闲、舒畅、自然的田园生活情趣。在田园风格里，粗糙和破损是允许的，因为只有这样才更接近自然。田园风格的用料常采用陶、木、石、藤、竹等天然材料，这些材料粗犷的质感正好与田园风格不饰雕琢的追求相契合，显现出自然、简朴、雅致的效果。

(三) 原则及设计

1. 主次之分

室内灯饰在设计时应注意主次关系的表达。因为室内灯饰是依托室内整体空间和室内家具而存在的，室内空间中各界面的处理效果，室内家具的大小、样式和色彩，都对室内灯饰的搭配产生影响。为体现室内灯饰的照射和反射效果，在室内界面和家具材料的选择上可以尽量选用一些具有抛光效果的材料，如抛光砖、大理石、玻璃和不锈钢等。

室内灯饰设计时还应充分考虑灯饰的大小、比例、造型样式、色彩和材质对室内空间效果造成的影响，如在方正的室内空间中可以选择圆形或曲线形的灯饰，使空间更具动感和活力；在较大的宴会空间，可以利用连排的、成组的吊灯，形成强烈的视觉冲击，增强空间的节奏感和韵律感。

2. 体现文化品位

室内灯饰在装饰时需要注意体现民族和地方文化特色。许多中式风格的空间常用中国传统的灯笼、灯罩和木制吊灯来体现中国特有的文化;一些泰式风格的度假酒店,也选用东南亚特制的竹编和藤编灯饰来装饰室内,给人以自然、休闲的感觉。

3.风格相互协调

室内灯饰搭配时应注意灯饰的格调要与室内的整体环境相协调。如中式风格室内要配置中式风格的灯饰,欧式风格的室内要配置欧式风格的灯饰,切不可张冠李戴,混杂无序。

二、室内设计中自然光的表现方式

(一) 充分利用自然光线的美感

科学研究表明,自然光照明的一些功效是人工照明所没有的,自然光照明可以弥补人工照明的功能缺陷。通过太阳光的照射,可以给人们带来温馨的视觉感受。比如诺曼·福斯特设计的香港汇丰银行。[1]

(二) 遵循自然光的时间规律

光的性质和照射的角度,在一年四季的更替,甚至同一天的不同时间段中,都发生着改变。所以室内设计中,对于自然光的应用,要遵循并利用其时间规律。

(三) 发挥自然光在室内空间中的引导作用

室内空间设计中,必须要通过研究空间的组织序列和空间内人流方向等因素来综合考虑自然光的引导作用,使人们在不经意间进行预定的转移。同时,自然光也会因材料的不同产生反射光、扩散光、漫射光、直射光等,使空间产生一定的秩序感。

---

[1] 他顺应空间的个性,在建筑的南立面上,通过悬挑楼面来形成阴影区域,使建筑在南向上获得清晰的视域;在建筑北立面上,利用大片的玻璃墙来漫反射照进室内空间的柔和自然光;在建筑的东西立面设计了一个遮阳板,以此来限制直射进空间的过强光线,并且调整自然光的强度。对于汇丰银行底层中庭的采光设计,设计师利用了计算机来控制反光板跟随太阳运转,从而直射的阳光反射进室内的全部空间角落,最终实现完美的自然采光。

（四）自然光对室内空间的分割和联系

在室内空间设计中，通过自然光与其他元素在色彩、形态、质地等方面的巧妙组合，可以丰富空间层次，活跃空间气氛。

（五）自然光对室内空间不同情感氛围的表达

以不同的形式表现自然光，制造出来的室内艺术氛围也不一样。[①] 在室内设计中，对光的设计与运用，应该符合光的艺术表现规律。

---

① 比如按照室内空间设计的构图规律，可以分为前景和衬景，直线光构图影像和间接光晕构图影像；根据光的照射形式不一样，形成的造型、光影空间效果也都不一样，尺度和比例、黑白灰、光影的层次都要符合艺术视觉的设计规律。

第七章　回归自然——原生态材料在室内设计中的应用研究

随着时代的变迁，生态健康的生活理念已经悄然走进人们心中，人们越来越多地关注起我们生活的这个群体和我们居住的这个环境。而基于原生态理念下的室内设计不仅仅是集人文、生态、健康于一体的生活空间设计，而且还应该符合外界环境互为补充、与人和谐共生的理念。居住空间不是一个独立的元素，它的存在必然与所处的建筑空间和空间外的自然环境互相交流。

第一节　原生态材料概念与内涵

一、原生态材料的相关概念界定

（一）材料的概念

材料是构成万物的基础，是制作工具、产品等的物质，它是造型的要素之一，设计中的功能或形态都必须由材料得以体现和维持。材料在我们的物质领域中发挥着不可替代的作用，同时在我们的精神生活领域也为我们提供了丰富的创作灵感。从某种角度看，设计活动中物化的过程，也就是材料被文化的过程。由于材料种类的纷繁多变，所以设计师才能够将多种不同种类的材料进行组合创造，才形成了今天丰富多元的生活空间。我们存在的这个世界、我们眼里看到的东西、触摸到的物质，之所以能够看到、感觉到，都要归结于材料的存在。材料遍布我们身边，它是构成世界的物质基础，在所有的设计过程中，材料扮演了非常重要的角色，从设计角度看，它不仅仅是构成设计方案的基本元素，同时也是方案成果得以实现的最终条件，是设计案例的骨骼和脉络，设计的每一个步骤和进程都离不开材料的参与。而且材料本身拥有自己的语言和表现方式，不同形态、不同材质、不同构成的材料所呈现出来的效果是不同的，材料依据自身的形态特点并与巧妙构思的设计方案结合，最终的形成设计方案。

所以，材料在设计中是举足轻重的，它是我们设计成败的物质保障。对于材料，不同文化背景的人反应是不同的。比如同样是花岗石，工程师所关心的是材料的技术性能（材料密度、吸水性、抗冻性、耐磨性）；居住者最关心的是材料是否含有放射性物质、能否对人的身体健康产生危害；工人对材料的直接反应是材料的加工性能、规格和等级；作为设计师，会首先关注材料能给人带来什么样的视觉效果和其对空间的塑造，以及给人带来的触觉和心理反应等。

在各行各业中，人们都会接触到各种类别的材料，材料对任何人来讲都不会陌生。由于材料类型的多种多样，其划分也没有统一的标准，例如将材料按化学性质来划分，材料可分为无机材料和有机材料。无机材料又可分为金属材料和非金属材料；有机材料又分为天然和人造材料。按照状态来划分，材料又可分为固体材料和液体材料。按照硬度划分，又可分为硬质材料、半硬质材料和软质材料。从材料与生态的角度划分，可分为生态材料和非生态材料，生态材料坚持可持续发展理念，强调天地人和谐共生原则，节能减排，注重生态平衡和资源循环再生。非生态材料一般主要指某些不可再生材料，长久应用会对环境产生负面效应，破坏生态平衡。在室内设计角度按照材料的不同使用功能划分，可以分为结构材料、围护材料和功能材料三类。

结构材料是指构成建筑物或构筑物的受力构件或结构，包括梁、柱、板、地基等部位所使用的材料。这类材料的性能决定了建筑物的结构安全，其要求是要具备必要的强度和耐久度。从传统建筑的斗拱、立柱、枋等，到现代建筑的钢筋混凝土结构、钢结构等都体现了材料的发展。

围护结构是指除去结构部分之外，用于填充建筑物空余部位所使用的材料，如墙体、门窗、屋面等部位的材料。随着科技的进步、社会的发展，对建筑物的各方面要求更加严格，因此它们除了要具备必要的强度和耐久度外，还要具有良好的防水、防风、保温、隔热、隔声等功能。为实现节能的目标，轻质高强、保温隔热和防水性能的改善，是这类建材发展的主导方向。

功能材料是指具有某种特殊建筑功能的材料，如防水材料、保温材料、吸声材料、绝热材料、隔声材料、采光材料等。这类材料是未来室内设计发展的重点，随着现代居室设计水平的提高，新型功能材料将会不断出现。

（二）原生态材料的概念

原生态材料来源于自然材料。它是自然的一部分，原生态材料作为一种由来已久的生态材料，其良好的使用性能和环境协调性不仅使其在过去广为使用，而且在未来仍然具有非常长远的发展前景。原生态材料环境污染小、循环再生性高，在使用过程中对人类、社会和自然三者间的协调关系不会造成破坏。原生态材料所追求的不仅仅是材料自身所实现的功能价值，更多的在于原生态材料的环境效应，这是原生态材料区别于传统材料的最大特点。包括材料在满足基本使用功能外，在制造、使用、废弃乃至再生的整个寿命周期中所必须具备与生态环境的协调共存性、舒适性。它是在人类认识到保护生态环境的重要性和当今可持续发展大势下提出来的，是未来材料发展的必然趋势。[①]

二、原生态材料内涵

（一）原生态材料的特性

材料是建筑中必不可少的一部分，绿色建材作为现在建材家庭的新成员，其优点是必须符合可持续利益，即在满足当代人最深切的愿望与诉求的同时，不会对后代人的环境和需求造成影响。这就要求它的特性要符合生态健康型和环境友好型的特点。归结起来，原生态材料的特性主要有以下几点。

---

① 张志刚．家具与室内装饰材料 [M]．北京：中国林业出版社，2002.

1. 安全特性

对于居住者来说，安全健康是最基本也是最重要的条件，一方面要求建筑材料的坚固耐用性能，另一方面要求材料对人体必须是健康无害的，对周围环境是友好的。这不仅仅是原生态材料的最低要求，也是人类未来建材的最终诉求。所以，在未来家居装修中要避免一系列不健康的装修环节和危害性废弃物的产生所带来的危害。其中很关键的一环是材料在使用和处置过程中必须不能对地球环境产生不利影响，譬如大气臭氧层消耗、全球温室效应、资源消耗、生态破坏等。

2. 节能特性

地球中的能源分为可再生和不可再生能源，可再生包括风能、太阳能、地热能、水能、生物能等，这类资源特点是更新速度快，无污染，且对环境和生态危害负荷小，符合人类可持续发展长远计划。不可再生能源主要包括地球中的岩石矿物和化石燃料，这类资源是在地球长期演化过程中，在一定阶段、地区和条件下，历经漫长的地质时期而形成的。与人类社会的发展历史相比，不可再生能源生成周期非常漫长，在人类正常生存条件下，其周期更替几乎不能完成。人类的发展史中，对不可再生资源的开发和利用，只会消耗，而不可能使其保留原量。所以，从整个宏观生态角度出发，原生态材料必须符合节能环保方面的特性。

3. 可循环特性

易循环可再生要求原生态材料的周期更新速度快，在使用中不会对环境造成危害和资源短缺。它是从纵向层面要求我们在扩宽材料使用种类范围的同时又要适应自然生态更新的法则。如竹子生长周期很快，且材质优良，短期内成材速度很快，且在使用过程中不会对环境造成重大破坏。同时，竹子的整个使用周期包括栽种、使用、废弃都是一个完整的生态系统，都不会对环境造成破坏。

4. 普遍适用性特性

我们在进行设计活动时，从生态循环角度出发，应根据对象的使用期限选择耐久性和自洁性较好的材料。使用耐用的材料从整个设计角度来讲，减少了材料更新的次数，减少了废弃物的处置问题，降低了成本，且减少了维修保养的过程，可以节约时间、劳力和金钱。另外，多数材料都有一个地域适应性，即不同的环境状况下，材料的使用性能是不同的，譬如在北方工作良好的材料在南方热带气候下未必能发挥应有的作用，这要求材料要具备一个优良的特性和普遍适应性，便于大面积普及和使用。

(二)原生态材料的原则

原生态系统是一个根据环境不断自我调整和修复完善的系统，它的存在可以改善周围环境，最终达到各方面的综合和谐。总结各家观点，可以简要的归纳为以下几点。

1.整体平衡原则

生态系统是一个有机的整体，它的这种结构决定了组成它的每一个单体都不是独自存在的，而是互相作用，互为依存的。同时，原生态材料作为生态系统的一个元素，它们在维持自身运作、发挥自身功能的同时，也要求与周围关系是融洽和互补的。这就像一组运转完好的齿轮一样，要求组成它的每一个齿轮都是完美且符合相应法则的，同时齿轮之间在尺度和距离上要达到完整统一才能使机器运行起来。它们的协调互动组成了一个完善的复杂系统。一套完整的室内空间设计方案，由多个不同的功能使用区组成，在设计的时候就要求它的功能规划要遵循人们的生活习惯和兴趣爱好，然后设计出来的方案才能得到客户的认可。所以，只有在这样的规则指引下建立起来的空间、才能像链条一样发挥各自完善的功能，从而产生自身价值。因此，要达到整体平衡，必须发掘原生态材料的内在特性，使其协调自然环境、缓解资源紧张的优势得到充分发挥。

2.循环原则

循环原则是相对于整个纵向原生态系统来说的。生态系统内部有许多有机的元素，其中每一个元素是下一个元素的"源"，又是上一个元素的"汇"，生态系统中没有"因"和"果"及"废物"之分，每一个元素都能在纵向循环系统中得到充分利用和转化，从而使生态系统反复循环进行。以寻常室内设计中的材料举例：如装饰材料的新陈代谢，这些材料在应用的过程中会渐渐氧化或者老化、挥发进而转化为其他物质。在转变的过程中，某些材料由于其非生态性会被生态系统淘汰，从而得不到重复利用转化为废弃物被人类淘汰。原生态材料相对于这些材料来说，具有无可比拟的优越性。因为自然是一个非常庞大复杂的系统，我们人类生存于自然中所产生的一些垃圾会被自然消化吞食掉，从而转化为适合人类的新生物。与其创造某些不适合人类短期利益的材料，不如开发拓宽自然中的可再生材料使用用途，经过改造使其为人类生活服务。这样就符合了自然和人类的共同利益，从而使人类生态系统达到循环的功能。

3. 调节生态原则

由于原生态材料自身的一些优异性和生态系统的特性，使它无论存在于任何空间，都会与周围的环境产生积极互动，进而影响周围环境，同时在这种交流过程中，它可以将周围的不利因素通过自身的修复体系不断进行调节，以此达到最终的平衡环境，这是由原生态材料的性质决定的。

第二节 室内设计视角的原生态设计

一、室内设计的原生态设计背景

(一) 环境容纳客观背景

人类社会发展到今天，经历了奴隶社会、封建社会和文明社会三个阶段，人类的社会制度和经济发展模式都呈现出了空前的繁荣，尤其现在随着科技的融入所带来人们的生活方式的极大转变，两百年的工业文明给人类带来巨大财富的同时，也带来了巨大的潜在危机，我们的生存环境发生了巨大的改变。人类赖以生存的一切自然资源都在急剧地恶化、减少。如果人们现在仍按过去的工业发展模式一味地发展下去，我们的地球将不再是人类的乐园。现实问题迫使我们必须重新思考今后应采取一种什么样的生活方式和发展模式，是以破坏环境为代价来改善我们的生活空间，还是以注重生态保护、通过转变设计观念来探寻新的发展契机，达到人类生活空间和地球生态环境共赢。作为一个室内设计师，必须树立职业责任感，对我们所从事的工作进行深刻反思，要主动承担起保护生态、保护环境的职责，并且树立改善人类自身生活环境的长远目标。[①]

(二) 人为观念主观背景

1. 材料选择问题

我国的室内设计由于起步晚，发展时间短，相应法规比较滞后，尤其是部分不良商家利欲熏心，普遍存在选用不健康材料作为施工材料。例如我们平时所使用的涂料、油漆等都含有污染环境和对人体有害的物质。无公害、健康型和绿色建筑材料的开发是当务之急。现在我们施工中经常看到的是一间小小的家居空间，木工、瓦工、油工、电工等一并涌入，电锯、电锤声齐鸣，烟尘漫天，刺激的气味和微尘弥漫空中，管理秩序非常混乱。据有关资料统计，在环境总体污染中，与建筑业有关的环境污染比例高达34%。而在建筑业对环境造成的污染中，有相当大的比例是因为室内装修中的材料造成的。

我国室内装修投资在工程总投资中所占的比例越来越高，随着物质生活的丰富，人们也越来越看重室内生活的奢华，盲目攀比。殊不知，这样恰恰为投机取巧者制造了很多机会，另外错误导向的室内设计所带来的资源和能源的高消耗，导致对环境的破坏也越发严重。据调查显示，国内每年室内装修消耗的长期成材木材占我国木材总消耗量的一半左右。此外，在我国住宅装修过程中，豪华装修不仅浪费材料也不利于健康。如果室内过多地使用色彩艳丽的石材作为装饰材料则容易引起放射性超标，对身体健康有害。另外我们也会看到即使使用达标合格的产品装修出来的房子，依然存在污染问题。因为目前的产品达标仅仅只是一个市场准入标准，它是参考了国际标准和国内现状制定的，并非是一个完全理想的确保健康的标准，所有这些都是我们的室内设计行业将要解决的现实问题。我们面临的现实情况异常严峻。

2. 审美观念问题

国内的室内装饰设计普遍缺乏前沿性。目前国内的室内装修行业的更新速度比较快，比如一套家居装修，少则10年、多则20年进行一次装修

---

① 何亮. 从生态室内设计谈室内环境的创造 [J]. 四川建材，2009(03).

更替，盲目跟风，大量的材料未得到充分利用就被抛弃，这说明装饰设计缺乏前沿性，设计师在考虑设计的时候目光短浅，只重视近几年的装饰效果，而没从全局观念进行考虑，在设计时盲目跟风，追逐潮流，如此不仅浪费了财力物力，而且对整个生态环境系统的破坏也日益加重。对于被替换掉的材料，由于得不到循环利用，只能被作为废弃物抛弃。而这些往往是难以被分解的，可能在自然环境下几百年也不会分解掉，成为污染的源头，进而破坏了整个自然生态系统，也威胁到人类的传承发展。

室内设计是建筑设计的一部分。建筑设计以非个性化的形式出现，室内设计则充分展示了设计师的个人创造力，所以要求我们在追求审美趋势和时尚潮流的同时，不要忽略了我们生活的环境的整体美。

3. 设计理念问题

在理想状态下我们居住的空间应该是一个活体的形态，居住在其中，我们的空间可以自我修复不完善的地方，调整室内微环境，进而达到一个平衡的健康状态。这就要求材料选择要采用原生态材料。由于受室内装修风格影响，所选择材料多是成品加工的，这些材料本身对环境不能产生互动交流，只能在视觉上或装饰上达到一个平衡点，而在与居室湿度、温度和声光热等方面关联性很小，只有靠人工或器械来达到这种平衡。因而，它所形成的空间在物理功能上是孤立的，材料与环境没法互动和沟通。人们为了营造舒适的内部空间，只有选择额外的器械来达到这种要求，这无疑增加了许多开支，同时伴随着空调和加湿器等家电的使用，对环境和资源也会产生不利影响，从长远来看，也是一种非生态的居住环境。

二、室内设计的原生态设计目标

原生态设计在文化层面上来说是科学、艺术与生活的综合体，所体现的是功能、形式与技术的全面协调。通过物质条件的塑造与精神品质的追求，创造一个人性化的生活环境成为室内设计的最高理想和目标。同时在当今的条件下更要求原生态室内设计具有全方位绿色可持续性和生态环保性。现如今的室内设计是一个复杂交叉的学科，它的设计过程不是设计师个人单方面学科的独立过程，而是综合各行各业专业人士利用不同学科门类来共同协作的一个步骤。在此过程中还要求设计师以大环境为前提，尊重自然、尊重生态，以自然中的一份子来履行自己应尽的职责。

三、室内设计的原生态设计原则

（一）居住健康原则

原生态室内设计是以人的健康为中心，它包括两方面：一方面是保证人的身体健康，另一方面是保证人的心灵健康。因为室内设计的最终目的是建造一个适宜的环境。人是居住者，环境为人服务，人是室内空间的主体，人的健康与否是决定室内设计成败的最根本标准。原生态原则要求在保证材料对人体无害的基础上，还要讲求室内的光照、空气、温度、湿度等符合人体健康标准。此外还要保证人的心灵健康。虽然人的心灵健康并不完全取决于室内环境，但一个良好的室内空间环境对人的内心思想会产生直接影响。良好的室内环境要符合人的审美趋向，一个能给人带来内心愉悦感受的空间是维持心灵健康的基本条件。

（二）环境协调原则

这是从原生态空间本身来说的，任何室内空间的创造必然涉及天然材料或人造材料，对于常规性的材料选择使用它的原因是材料的使用性能和成本因素，而材料的环境表现没有得到足够的重视和考虑。他们多以消耗自然资源为代价，且使用过程中会产生大量不可转化的废弃物，进而破坏环境和无法被自然消化掉，长久下来将会导致生态失衡，环境破坏，最终威胁到人类自身的利益。而以节约资源、保护环境为目标的原生态材料则从设计之初就避免了资源的过度消耗，使资源的消耗维持在自然可更新的范围内，重视材料的循环再生。可以说，原生态室内设计追求在材料的整个使用周期中达到与生态环境的最佳协调状态。

（三）生态优化效应原则

人们对生态材料的研究，已经不仅仅局限于防止污染、减少废弃物、替代有害物质、利用自然能源、资源优化等方面，更上升到主动净化环境、创造新的生态环境的层面上。目前的材料研究，已不仅仅停留在被动的改造环境基础上，而是进一步主动地营造有利于人类居住的环境条件，这要求我们要综合分析自然环境的内在因素，并营造适合人类和自然共性的因素，综合考虑对人类有害的物质，科学地将其限定在某一范围内，或将其转化为有利于人和自然的因素。

三、原生态材料在现代室内空间运用的优势

（一）适于多种室内空间的塑造

随着人们审美意识的不断提升，对室内设计也有着更高的需求。传统的空间形式已经无法满足人们的需要，目前人们对室内空间更加侧重于空间氛围的营造。原生态材料包括竹木、天然石、藤、草等拥有不同的属性，通过视觉可以让人产生灵巧与稳重、精致与粗犷等心理感受，而且原生态材料的样式充满随机性，为其在不同空间使用提供了可能。[①]

（二）具有艺术化的表现力

原生态材料本身就是大自然的艺术品。在室内空间中艺术化的表现力主要体现在形态与肌理两个方面。由于原生态材料是在天然状态下形成，所以无论是形态还是肌理都带有明显的随机性。将这种随机性材料进行切割重构，会产生一种独特的表现形式。

（三）具有情境的体验性

"情境"指感情与景色，见景生情，原生态材料蕴含生命的特征和自然环境的因素，当人们通过视觉或触觉接触到该材料的时候，会得到材料所传达的内在信息，让人们产生对室内空间的模糊性认知，仿佛回到自然环境，达到对空间情境的塑造，产生深层次的心灵共鸣。

原生态材料是大自然赐予人类的礼物，它来源于原始自然环境，具有自然物的特征，让人感受到生命的延续。由于其独特性和生态性符合可持续生态发展观，设计师对其进行创造性地运用，形成对空间的感知和理解，

① 王勇. 室内装饰材料与应用（第2版）[M]. 北京：中国电力出版社，2012.

成为表现情感与精神的媒介。

四、原生态材料在室内设计中的创新手法

(一) 叠合

原生态材料的叠合包括重叠和错叠两种方式。同质材料的重叠能形成平行整齐的排列，产生规律的肌理感受。错叠是同种材料或不同材料不对称的、错位的、不规则的排列，原有规律性组合形式被打破，材料元素间的位置关系与关联方式产生了变化。错叠不是杂乱无序，而是在对立统一的美学基础上，对材料组合方式的一种突破。[①]

(二) 曲折

原生态材料的弯曲造型是基于材料本身可塑性，材料经过曲折变化后，相对平面的材料变得立体，不同质地与不同曲折程度的原生态材料形成的节奏感、韵律感和疏密感，使材料单一的表情变得丰富。

(三) 解构

原生态材料的解构表现为对传统秩序的否定，动摇了传统的构造方式，具有很强的设计感与人为性。通过不同的人工处理手法，使其产生不同的状态。其人工化的手法为撕裂、刻痕、切割、打磨等。使材料在形式表达上更加丰富和完善，同时包含了原始的材料个性，满足细节的要求。

(四) 排列

排列是将原生态材料根据不同的比例、尺度等进行排序。材料规律排列可以获得有序规整的视觉效果，非规律排列通过聚散得当、疏密有致的构成，给人自由活泼的感觉。这种表现方式通常为垂直布置、水平布置、倾斜布置等，会使人产生跳跃与平静、刚硬与柔和、聚合与分散等心理感受。

[①] 陈思捷. 室内设计中生态理念的应用实践及研究 [J]. 大众文艺，2017(22).

五、生态理念逐渐融入设计的主要途径

室内设计中生态理念的应用从整体设计、循环制约再到调节平衡的钻研和探究都蕴含着对生态理念的把控。

(一) 原生态材料的使用

从建筑装饰材料的选择和使用入手，尤其是原生态材料的使用和开发是当下室内设计体现生态理念的一个重要途径。面对当今生态资源的大幅度消耗，室内设计师在选择材料时，不仅要考虑是否对人体有害，更要考虑是否污染环境、破坏生态等问题。室内材料的选用和设计构造包括不同性质材料的结合、不同结构部分的组合以及各种附件的安装等。在室内设计中，材料质地的选用是十分重要的环节，直接关系到设计的最终效果和经济效益。巧于用材是室内设计师运用生态理念进行设计的必备素质之一。日本学者山本良一教授于20世纪90年代初提出生态环境材料的概念，是21世纪材料科学的一个新的可持续发展的发展方向的代表。原生态材料来源于自然材料，它是自然的一部分，且具有资源、能源消耗少，环境污染小，再生循环利用率高等良好的环境协调性和使用性能。

(二) 室内设计师将生态理念融入设计

室内设计师对室内环境的设计理念开始向着生态环境的构架与保护、生态设计理念靠拢，也是生态理念逐渐融入设计的主要途径。生态理念融入室内设计，不再是如何使用多少资源进行设计，而是将现有的资源进行整合并做出最合理的利用和最精彩的设计。生态设计也称作绿色设计或生命周期设计，是指将设计对象周围的生态环境融入设计之中，启发设计的同时决定决策方向，将设计对象与其周边的生态环境最大程度地融合并通过设计将整个系统人性化和生态化。生态设计要求在所设计的室内环境的整个生命周期减少对自然环境的影响，在设计的所有阶段均考虑环境因素，并使最终设计能够具有可持续性和发展性。设计师不仅需要对项目所处地区的自然生态、人文历史进行深入的解析，还需要在现有的条件下进行最合理的生态设计、最大程度节约所消耗的资源、让人们所处的空间充分与

自然相结合，降低能耗，低碳环保。在这一方面，国外的设计师已经先于中国开始研究和使用了。

(三) 室内设计师在设计中对生态理念的把控

室内生态环境设计是一种可持续发展的设计，以保护环境为己任的室内环境设计师应该将环境意识贯穿于设计的整个过程。"注重环境"听起来谁都不会反对，但实施起来需要靠整套政策、经济、技术作为支柱，投资者，设计者，城市管理部门要很好的配合，而且在绝大多数情况下，费用确实会增大。针对以上这些方面，一些日本的项目进行了较为完备的诠释。日本千叶县印藩郡的 MABUCHIMOTOR 技术中心就是很好地进行生态理念设计的例子。它由日本的竹中工务店建筑事务所设计，该设计以创造"自然的光、水、风、绿"的空间为设计理念，在被树林包围着的场地内建有研究楼、食堂、实验工厂等三栋楼，各栋楼间以桥连接，并在连接各楼的中庭设休息空间，南亭有缓坡和水池，将天空和建筑物景观映照于池中。建筑物外部以混凝土的墙、梁、柱框架构成。架空的构架内有表示 MOTOR 意念的半圆形体。各楼间连接共享空间，研究者可在充满自然光的空间中得到精神的调节，共享空间因季节变换而产生不同的景观。该设计完美地阐释了空间中生态环境的自然融入，将设计理念定义为自然界的光、水，风、绿。就此奠定了该设计的生态性，再加上人性化的分区布局，让人们身处工作的环境中，依然可以拥抱自然，享受宁静。

德国汉堡办公楼及健康中心获得了德国绿色可持续建筑委员会金牌认证。该建筑绿色生态的理念也在设计中得到了完美的诠释。新建的办公建筑并没有像该区域周边建筑群那样横平竖直，而是被设计成由四个回旋镖形状的单体组合而成的几何体。创造了一个开放型的入口和一个庭院，并人性化的由一条道路将行人流线连接到后面的住宅。此建筑设计不仅为工作生活在里面的人们提供了宽阔的视野，还让人们在享受到阳光温暖的同时一览窗外的绿色。整体办公建筑使用具有"蓝天"认证的可持续的环保材料。新大楼不仅采用了简单明了的建筑形式，还对它的表面进行了优化，部分区域可灵活使用和简单调整以满足用户未来需求。交错排列的高绝缘体玻璃幕墙新颖独特，其自然通风的外立面，低能供暖以及堆芯冷却还有优化耗能的照明概念等，都减少了建筑对能源的消耗。

（四）生态理念在室内设计中的要求

以生态理念思维进行室内设计，既要满足人们室内活动的功能性需要又需要节能环保并与环境和谐共生，还要为消费者提供健康的生活空间。并以此来促进环境的可持续发展。由此可见，设计中融入生态环保理念不仅仅是一种设计理念，也是一种生活态度，它要求人们保护环境，节约资源，尽最大努力改善环境生态失衡的现状，恢复生态系统的稳定，将绿色环保意识融入日常生活，创造可持续发展的生存环境。

第三节　原生态材料与现代室内设计的结合

历史是一个进化的过程。随着时代的发展，人们对居住空间的要求也逐步提高，我们传统居所在功能上没有考虑到的地方，在现今的室内设计中都得到了充分弥补。现在人们对居住的要求越来越高了。另外，随着中西文化的交流，西方的居室观念也融入我们的文化中来，渐渐形成了现代的室内设计理念。譬如现代室内空间讲究温湿度、光照值、抗菌性、防噪音、静空间、动空间、虚空间，材料的循环性、自洁性、保温、防水、隔热等等特征。现代室内设计是一个综合各方面条件，将各方面指标按照人们居住原则有序归纳的一个空间。处于当今的时代，人们的生活节奏加快，高强度的生活使人们渐渐远离大自然，人们对健康的关注越来越高，所以，以生态理念为基础的原生态室内空间应运而生。它要求以创造生态健康、节约资源、循环利用、人和自然共生为原则的室内空间。原生态室内设计的实现策略主要表现在以下几方面。[①]

一、被动式室内空间界面规划

室内被动式空间布局是根据被动式建筑理念而来的。被动式建筑主要

---

① 陈思捷. 室内设计中生态理念的应用实践及研究 [J]. 大众文艺，2017（22）.

是指不依赖于自身耗能的建筑设备，而完全通过建筑自身的空间形式、围护结构、建筑材料与构造的设计来实现建筑节能。而对于室内空间来说，如何组织空间，各功能区如何协调有序运行，这种规划设计不仅要满足人的使用条件，而且还要做到与外界环境功能上有序沟通。秉承着原生态理念，将外界环境引入室内空间，根据建筑结构，把开窗大小，风向位置、温度湿度等有序的联系起来，从基础上将生态理念融入室内空间，这要求设计师从整体观念出发，掌控室内空间与室外环境的共通因素，利用室外环境营造室内小环境。由于影响室内环境的最大因素是室外环境，不同地区的室外环境差别是很大的，而这些室外环境包括气温、风速、风向、气候干湿度、光照值等，它们决定了房屋的建造和功能趋向。所以被动式室内空间的设计需要解决室内通风、散热、采光等综合技术的利用问题。

（一）原生态室内通风设计

室内通风包括主动式通风和被动式通风。主动式通风指利用机械设备作为动力来达到室内通风，但这种通风方式会对人的身体健康产生伤害，因为这种风源及流动性的局限性会引发空调病等相关疾病。被动式通风指的是采用天然或人工的风压、热压作为驱动，并在此基础上充分利用土壤、太阳能等作为冷热源对空间进行降温或升温的通风技术。被动式通风要解决的问题包括如何处理好室内的气流、提高通风效率，保证空气卫生，节约能源。另外室内开窗的方向和大小，以及结合外界环境确定开窗的数量等也会关系到室内通风的状况。被动式通风包括风压通风、热压通风和风压、热压共同作用的通风。

1. 风压通风

风压通风是自然通风的一种，因为迎风面空气压力增高，背风面空气压力降低，从而产生压差，形成从迎风面吹向背风面的空气流动。风压通风的形态一般为水平方向，即空气流水平通过室内空间，这种通风方式可在过渡季节获得最佳的自然通风效果，所以在建筑布局上要最大限度地面向所需要的风向展开，并设计成进深相对较浅的平面，使流动的气流易于穿过室内空间，从而达到室内良好通风的效果。

2. 热压通风

热压通风是由室内外空气温度差形成密度差，从而产生压差形成热气向上冷气向下的空气流动现象。表现形式通常为竖向通风形态。热压通风最常见的形式就是所谓的"烟囱效应"。因为空气密度差，使得室内外的空气会在竖直方向形成压力差。如果室内温度高于室外，在建筑物的顶部会有较高的压力，而下部存有较低的压力，当二者互相连通时，空气通过较低的开口进入较高的空间；如果室内温度低于室外温度，气流方向相反。在实际应用上，设计师多采用烟囱、通风塔、天井中庭等形式，为热压通风提供有利条件，使室内空间获得良好的通风。

3. 风压、热压共同作用的通风

上面已经讲述了风压通风和热压通风，实际情况往往是建筑中的自然通风一般是风压和热压共同作用的结果，只是二者受到环境的限制，使二者的作用有强有弱。由于风压会受到天气、风向、建筑形状等条件影响，变动系数比较大，风压与热压所呈现的作用并不是简单的线性叠加。因此，设计师要充分考虑各种因素，使风压和热压作用能够密切配合、互为补充，这样才能达到室内空间的良好通风。

自然通风作为新时代生态环保观念的倡导，在实际案例中的应用以世博会万科馆为例，万科馆在内部通风处理上采用了风压、热压两套自然通风系统，力求以自然动力为主导，尽可能减少空调等设备的使用时间，在大多数筒状建筑的屋面安装了数量不等的无动力自然通风器。此通风器在温和季节只需要靠自然风力便可运行，不需要人为动力即可抽出室内空气而达到换气的目的。可见，人的智慧是无限的，只要经过精心巧妙的设计，就可以达到甚至超越机械通风的效果，进而减少资源的浪费和环境污染，这对我们未来的设计是一种启示。

(二) 生态室内采光设计

当前的室内空间中采光主要包括人工和天然采光。不同的功能空间中自然光和人工光比例是不同的。自从人类发明了电灯之后，人工照明被大大的应用在室内设计中，它可以模拟出自然光的效果而将光线方便地应用于不同居室空间中。同时，通过技术手段制作出某些彩色炫光效果则广泛被应用于 KTV、酒店等空间中，给室内带来独特出众的氛围。但在当今的社会条件和生态压力下，随着绿色生态观念在人们思想中的渗入，人们也慢慢将关注点转移到自然光的利用技术上来。

1. 天然采光

自然光相比人工光具有更加环保的优势。自然光的节能、生态、对人体无害以及其优良的显色性均远远超出人工光。现在人们已经认识到自然光的重要性，并开始做了许多尝试来扩大自然光的应用范围。居室中自然采光形式目前主要包括侧面采光、顶部采光和两者均有的混合采光。在实际应用中，引入自然光并不是简单地增加几扇窗户或扩大窗户的面积，自然采光要结合建筑功能及空间布局进行设计。影响自然光对室内光环境的因素包括：窗户的朝向、窗户的倾斜度、周围的遮挡情况（植物配置、其他建筑）、周围建筑的光反射、室内进深等。总体来说，在设计自然采光时要注意以下几点：

（1）自然采光的朝向

房间的采光问题在最初设计时就要考虑进去，在设计考察的时候要对周围环境和空间做详细调查，尽量利用外围的自然环境，注意附近建筑物光线遮挡和不同时刻的光影变化，选择最有利的因素加以利用，另外在考虑朝向问题时要注意风向的因素。

（2）侧窗设计要点

侧窗的造型和面积要结合建筑外形、光照值、自然通风和能耗等因素综合考虑，大面积的窗户虽然带来了充足的自然光照，但是也可能散失大量的热量，增加室内热负荷和冷负荷，对居室温湿度会产生不利影响。一般来说，窗户面积是室内面积的20%左右，在普通开窗情况下，日光照射深度为窗户高度的2.5倍。所以设计时通常是根据室内进深确定窗户高度以取得最佳光照效果。

（3）屋顶采光要点

有的建筑在室内顶部采光，这种设计虽然会提供更良好更广泛的自然光照，其照明效果是相同面积的垂直窗户的3倍，但带来的问题是会引起室内过高的温度，在湿热地区尤不合适，所以在应用这种采光方式的时候要统筹考虑室内通风的因素。

(4) 避免直射光、炫光

由于太阳光照射角度的变化，通常早晨会出现室内炫光等问题。为了避免直射光，目前我们采取的应对措施是采用遮阳板和遮阳百叶的设计，并根据阳光射入角度的不同而采取相应的调整。炫光的产生一般与窗格反射板的设计和材质有关，可利用窗格反射板将直射阳光改变为漫反射，再进入室内空间，同时，二次折射或漫反射带来的效果可能会使室内整个光环境更加均匀，从而弥补了局部空间过度明亮或昏暗的效果。

(5) 开高侧窗、通风天窗

对于进深较大的室内空间，有效地保证室内照明的做法是开高侧窗、通风天窗，并保持顶棚高度和窗户高度的合适比值，这样可以有效提高室内空间的光照均匀度。另外，室内通风效率也会大大提高。

二、原生态室内空间的防噪音设计

(一) 室内噪音的来源、危害

随着时代的发展、生活节奏的加快，导致人们越来越向聚集型模式发展。这就导致了一个不得不面对的现实问题——噪音污染。目前噪音污染已被世人公认为仅次于大气污染和水污染的第三大公害。噪音污染的危害非常严重，控制噪音污染是当务之急，但我们首先应认清一个问题：什么样的声音称为噪音呢？我们国家制定的《中华人民共和国环境噪声污染防治法》中把超过国家规定的环境噪声排放标准，并干扰他人正常生活、工作和学习的现象称为环境噪声污染。声音的分贝是声压级单位，记为 dB。用于表示声音的大小。按照国家标准规定，住宅区的噪音，白天不能超过50dB，夜间应低于45dB。若超过这个标准，便会对人体产生危害。那么，室内环境中的噪声标准是多少呢？国家《城市区域环境噪声测量方法》中第5条第4款规定：在室内进行噪声测量时，室内噪声限值要低于所在区域标准值10dB。

我们平时生活空间内的噪声主要有三大来源，分别是：生活区间的噪声、生产噪声和交通噪声。生产噪声的来源主要是一些工厂企业和施工工地，交通噪声来源于交通车辆等，住宅内部的噪声主要来自暖气、通风、冲水、浴池等使用过程和居民生活活动。噪音传播途径主要通过空气和建筑物实体进行传播。噪声正日益成为环境污染的一大公害，在生活中，其危害主要表现在：

第一，强的噪声会导致耳部的不适，如耳鸣、耳痛、听力受损。据测定，超过115dB的噪声还会造成耳聋。噪音还会损害心血管。噪声是心血管疾病的一大诱导因素，经常在噪声的辐射下会加速心脏衰老，增加心肌梗塞等发病率，其发病率比普通人高出30%左右，尤其是夜间噪音的危害更大，发病率更高。

第二，噪音使工作效率降低，影响睡眠。研究发现，噪声超过85dB，会使人感到心烦意乱，因而无法专心地工作。久而久之，就会诱发神经衰弱症，最直接的表现是失眠、耳鸣、疲劳。

第三，噪声对儿童身心健康危害更大。因为儿童发育尚未成熟，各组织器官十分脆弱，对外界不利环境抵抗力低，噪音刺激可损伤其听觉器官，使听力减退或丧失。据统计，当今世界上有7000多万耳聋者，其中相当大一部分是由噪声所致。

针对以上诸多情况，许多国家都对噪音问题采取了相应措施，对不同环境、不同功能区间的噪音幅度制定了详细的标准。

（二）控制传播途径降低噪音危害

1. 提高墙体隔音性能

众所周知，墙体除了具有分割空间和室内保暖的作用外，还具有隔音的作用。它是众多预防噪音媒介中最主要的一项，将墙体的隔音措施处理好将大大降低噪音对室内环境的危害。如现代的建筑墙体已经失去了承重的作用，主要起到隔断作用，在做墙体的时候就要考虑选用既保温又隔声的材料。墙体除了其建筑基材要处理好隔音措施外，门窗、阳台等的处理也关系到外界噪音对室内的危害程度。声音往往从墙面的孔洞传入。这些是人们常常忽视的地方，譬如门窗缝隙、空调孔等。所以在设计之初要选择好的隔音门窗，有效控制噪音危害。

2. 解决漏音问题

室内的漏音问题主要在门窗的施工设计方面。要提高门窗的隔声能力，一方面要改善窗扇的轻、薄、单，尽量采用双层结构，降低共振的频率。选择质量较好的门窗可以有效降低噪音的传入。另一方面门窗要做到密封，减少缝隙漏声。可采用隔声门，及安装消声器等减少噪音。众所周知，发电机运作时会产生巨大噪音，不仅会打扰人们工作而且时间久了会导致神经衰弱等疾病。发电机房的消音设计则成为重中之重，要求所用材料质量、房屋设计标准、施工规范等都要严格按照规定执行，才能有效降低噪音辐射。

3. 提高减震措施

声音是通过物体的震动传播的。研究发现，可以通过改变室内物体的振动频率来降低噪音传播。室内空间中，地面传声占很大比重，如在铺装地面时采取地面浮着隔音工艺，可以大大降低楼板传声，在地面或通道部分铺装地毯或采用专业的隔音吊顶，也会降低噪音传播。

（三）通过材料物理性能解决噪音危害

这方面主要是针对产生于室内的噪音寻求解决方法。室内装修中所用的材料多种多样，通过对装修材料物理性能研究，我们可以根据声音的传播特性从而选择隔音和吸音效果好的原生态装饰材料，来装饰室内空间。通过各方面调研分析发现，从材料角度影响吸声性能的因素，主要包括：

1. 材料的表现密度

对同一种多孔材料来说，当其表现密度增大，即孔隙率减少时，对低频的吸声效果显著，而对高频的吸声效果则降低。利用这一原理我们可以根据室内空间的不同而有针对性地选择材料，例如电影院、KTV等空间，往往是高频率的声音占多数，所以选用的装饰材料以孔隙率多些效果好。应用到具体设计上，多数是以不同密度的纤维材料作为吸声用材。一般的家庭居室噪音来源主要在下水道和厨房操作间，下水管道可用隔音的纤维材料包裹来消音，或用瓷砖封闭处理。厨房主要靠严密的封闭性来隔绝噪音。

2. 材料的厚度

增加材料的厚度可以提高低频的吸声效果，而对高频吸声没有多大影响。因而，为提高材料的吸声能力，盲目增加材料的厚度是不可取的。

3. 材料的孔隙特征

孔隙越多、越细小，吸声效果越好；孔隙太大，则吸声效果差。互相连通的开放的孔隙越多，材料的吸声效果越好。最常见是 KTV 里面的隔音设计。

4. 温度和湿度的影响

温度对材料的吸声性能影响并不十分显著。温度的影响主要改变入射波的波长，使材料的吸声系数产生相应的改变。湿度对多孔材料的影响主要表现在多孔材料由于其自身结构特征容易被空气中的微尘或水分子填塞变形或滋生微生物，从而使吸声性能降低。所以，隔音效果良好的材质在使用了一段时间后，出现隔音效果差的现象，往往是这方面的原因。

三、原生态室内空间的保温隔热设计

（一）室内空间温热影响因素

室内的保温设计是室内设计中的一项重要环节，尤其对于我国北方地区的用户来说，室内的保温设计是重中之重，影响室内保温隔热的因素主要包括外环境因素和建筑自身因素。

1. 外环境因素

环境是时刻变化的，不同的外界环境往往对室内空间的微环境产生重要影响。同时，建筑处于外界环境中，它不可能完全阻断与外界的任何联系。建筑设计则要趋利避害。在气候宜人的地区，要尽可能多地利用外界环境以达到适宜的居住标准；在气候恶劣的地区，建筑设计的目的则要对抗外界环境，以创造最舒适的室内居住空间。

2. 建筑自身问题

任何建筑都是不同的，不同的建筑标准和所用材料决定了它本身对外界环境的应对能力。同时，外界环境的恶劣程度以及建筑材料的耐久度也是建筑对抗外环境的重要因素。在气候潮湿地区，一般要求建筑具备防潮、耐蚀、干燥等特性，在寒冷地区则要求建筑具备保温、防寒等特性。

（二）界面材料设计改善温热状况

1. 自保温墙体

墙体自保温系统是指按照一定的建筑构造，采用节能型墙体材料及配套专用砂浆，使墙体热工性能等物理指标符合相应标准的建筑墙体保温隔热系统。其各项性能和应用材料要符合相关技术标准规定，该技术体系要具有工序简单、施工方便、安全性能好、便于维修改造等特点。稻草捆围护结构墙体具有优异的保温隔热效果，且施工方便，无污染，符合自保温墙体的指标。以下分别介绍位于瑞士的"压制稻草住宅"、世博会万科馆和珍珠岩墙体材料。

稻草是一种可再生的农业废弃物，价廉、容易建造，它可以像早期的内布拉斯加州式民居那样作为结构构件使用，可以替代木材混凝土等使用。由于木材成材时间长、数量有限，而稻草来源广泛，质量轻，对生命健康威胁小，对环境破坏轻，所以比木材更适合普遍使用。稻草捆结构是一种对环境影响小的节能策略，干稻草捆要建在具有防湿措施的地基上，并用钢筋或竹竿砌在一起防止变形，外层用交错的钢丝网加在墙上，再加石膏板或灰泥就成了稻草捆墙。如果防潮措施做得很好，稻草墙能够适应任何气候条件。此外，它的防火性比木结构更好。稻草捆墙属于被动式太阳能结构，因为热阻值比较高，所以保温效果很好。瑞士的压制稻草住宅，所用墙体材料由稻草捆组成，经过高度压缩形成稻草板，然后按照预先设定好的尺寸进行组装。

在中国上海举行了世界博览会，其中中国万科馆的建筑设计因其独特的材料和建筑理念尤其引人注目。它的墙体用材是由植物秸秆制作而成。秸秆通常指小麦、水稻、玉米、棉花等农作物在收获后所剩余的茎叶部分。秸秆板是以秸秆为原始材料，经热压等一系列程序后成形所制成的建材。世博会万科馆的建筑外围结构就是以秸秆板经特殊工艺围合而成，这种材料不仅对环境友好，可以大大降低二氧化碳的排放，同时对建筑材料的选用也是一次探索和尝试。新型原生材料的应用在保温、防水、防火和对环境以及对人的影响上都达到了理想的效果。另外秸秆板的自然纹理和金黄色泽带给人的亲切感和朴实感，都会让人感受到生命的健康和回归。

珍珠岩是一种保温效果非常好的材料，因此广泛应用于室内空间保温隔热设计。它是来自火山喷发的酸性熔岩，经急剧冷却而成的玻璃质岩石。珍珠岩矿包括珍珠岩，黑曜岩和松脂岩。三者的区别在于珍珠岩具有因冷凝作用形成的圆弧形裂纹，称珍珠岩结构。珍珠岩是一种看上去像玻璃纤维的硅岩材料。通常将珍珠岩灌注到水泥砌块的空间里，它具有密度轻、不易燃、导热系数好、吸湿能力小，且无毒、无味、防火、吸音。生产珍珠岩的过程极少产生污染，而且安装过程中对呼吸的刺激也很小。在建造室内保温墙体的时候，可以在墙体中间处留有适度的空间、进行灌注珍珠岩粉末。珍珠岩独特的保温作用能有效隔绝外界寒冷的空气进入室内从而达到保暖的效果。

2. 水地暖保温设计

室内空间地面保温占很大比重，数值约为40%，所以，室内地面的保温系数对室内整体保温具有很重要作用。一般在居室中，由于条件限制，往往对地面保温关注比较少。在当今的条件下，由于施工技术和设备的进步，在保证室内健康舒适的条件下，使用水作为保温材料已经成为多数人的首选。水地暖相对其他取暖方式具有以下优点：首先，节约空间、舒适健康，水地暖的应用取消了暖气片及其支管，增加使用面积，便于装修和家居布置。由于水地暖均匀铺设在地面，所以室内热空气由下而上均匀升起，这种供暖方式不易造成污浊空气对流，能够保持室内空气洁净。其次，水地暖相对来说高效节能、热稳定性好。由于水的比热容比较大，在传热过程中热损失小，可以有效的节约能源。最后，适应性强、使用寿命长。水地暖设备不受室外空气的影响，大大延长了采暖使用的寿命。

(三) 空间规划设计改善温热状况

原生态室内空间利用空间规划改善温热状况效果，与直接利用材料保温相比，效果不很明显，主要是在设计之初就要统筹考虑，包括建筑所处的外围环境、地理位置等，建筑是否处于迎风坡、是否常年日照、是否光线充足，并根据周围小环境选择建筑朝向和开窗位置等。同时，开窗的大小和方向、所选材料及施工效果等都会影响到室内温热状况。这些需统筹考虑，并不是单方面因素决定的。

四、原生态室内空间的空气干湿度设计

(一) 室内空气干湿度影响因素

室内空气湿度的定义是：表示空气中水汽多少，即干湿程度的物理量。世界卫生组织规定"室内湿度要全年保持在40%~70%之间"。研究证明，人生活在相对湿度45%~65%的环境中是最舒适的。有调查结果显示，当相对湿度为20%~30%时，80%以上的人感到空气干燥；而相对湿度在30%~55%时，约40%的人感到空气干燥。由于室内空间是一个相对开放的空间，室内的空气干湿度往往受外环境影响比较大。不同的地区，气候干湿特征是不同的。这要求我们设计的时候要酌情考虑，具体应用。另外，室内家具和陈设的用材也影响居室的干湿度。某些家具也可以吸收空气中的水分，在密度比较高时进行吸收，密度低时进行释放。这只占空气干湿影响因素的一小部分。随着人们对生活要求的不断提高，在当今的生活中，空气的健康与否已经日益受到重视。目前室内调节干湿度主要是通过空调或空气加湿器等设备来实现。作为室内设计师，在室内设计的初期就要考虑到这些问题，当前的室内空气干湿度除了后期用器械进行调节外，还可以在设计之初从装饰材料的选择上下手来缓解这一问题。

(二) 乡土材料调节空气干湿度

1. 硅藻土材料

硅藻是一种植物，是地球原生态生物链中的一员，是最早在地球上出现的一种单细胞藻类，形体非常微小，只有几微米到十几微米。它可以进行光合作用提供氧气，生存在海水或者湖水中，繁殖速度非常快。硅藻死亡后的遗骸会沉积下来，历经时间堆积形成硅藻土，而硅藻土就是我们现在室内新型生态涂料所需要的。它的表面有很多细小的孔洞，这些小孔可以吸附、分解空气中的异味，另外遍布的微小细孔可储存空气中的水分子，因而具有调节空气干湿度的功能。日本北见工业大学的研究成果表明，用硅藻土生产的建筑装饰涂料、装修材料除了不会散发出对人体有害的化学物质外，还有改善居住微环境的作用。可见，硅藻土作为室内应用材料具

有明显的生态优势。从室内设计角度分析硅藻土的有效用途，我们可以发现以下优点：

第一，可以自动调节室内湿度。由于硅藻土的主要成分是硅酸质，而硅酸质参与的室内外涂料、壁材具有超纤维、多孔质的特性，其超微细孔比木炭还要多出 5000 倍。在相同条件下，其吸附性比木炭效果要好很多。当该种材料应用在室内墙壁上时，随着室内的温度上升，硅藻土中的超微孔隙便能够自动吸收空气中的水分，并将其储存起来，而当室内空气中的水分减少、湿度下降的时候，它就可以将储存的水分释放出来缓解室内干燥的空气，从而达到调节室内湿度的目的。

第二，硅藻土壁材还具有消除异味、保持室内清洁的功能。研究和实验结果表明，硅藻土能起到除臭剂的作用。如果在硅藻土中添加氧化钛制成复合材料，就可以长时间消除异味，吸收、分解空气中的有害化学物质，并且能够长期保持室内墙面清洁，即使家中有吸烟者，墙壁也不会发黄。

第三，研究报告认为，硅藻土还具有医疗效果，参有硅藻土的材料能够自发吸收和分解引起人过敏的物质，硅藻土壁材由于孔隙非常微小和密集，在对水分的吸收和释放过程中能够产生瀑布效果，可以将水分子分解为正负离子。这些正负离子具有清洁杀菌效果。

2. 藤麻质地材料

居室微气候中空气的干湿度对人体可以产生直接的影响，直接关系到人们的身体状况。所以我们在营造室内气候环境的时候要加强对湿度的重视程度。通过留心生活中的常识，我们发现藤麻等材质对水分的把控比较敏感，因此可以借助水分在常温下挥发特性和麻藤等纤维多孔材料吸水性好的特点，来营造室内的湿环境。例如在现代的室内空间中一些大型办公场所，通常会在中庭设有水景区，不仅能营造舒适轻松的办公环境，而且景观中的水分子会在空气干燥的时候起到调节作用，家具的材料包括木制、竹制、藤麻。藤麻和芦苇等材料其本身的松散材质能储存水分子，并在需要的时候释放出来。室内植物不仅可以吸收空气中的二氧化碳和有害气体，释放氧气和水分子，而且在营造室内气氛、柔化空间界面等方面也具有非常好的效果。未来室内设计的方向是在虚空间和微环境上继续提高标准，同时随着人们对居室环境要求的不断提高，我们也要去发掘更多施工方法如，适应性广、且可以调节室内微气候的原生材料。

五、原生态室内空间的人文氛围营造

如果把室内比作一个人，那么合理的空间布局、健康安全的装饰材料、舒适的居住环境就象征着这个人拥有一个健康的体魄，独特的人文氛围营造则象征这个人的精、气、神。室内人文情怀的塑造是决定室内空间设计成败的标志，是室内空间性格的展现。另外，空间的人文精神是具有潜移默化的效应的，健康的室内氛围对人的精神理念具有积极的效应，而消极、沉闷的空间氛围对人的思想具有反作用。空间的氛围形成是多方面作用的结果。何种色彩的构成、何种室内材质的搭配和装饰以及空间的布局和光线冷暖明暗等，都会对室内的氛围营造起到决定性作用。原生态室内空间所选材料主要来自大自然，设计的理念是追求材料的质朴、原生态和自然循环性，材料的装饰往往不需雕琢，以原生形态展示自然最原始的面貌。原生态室内空间的氛围营造可以归结为以下几点。

(一) 原生态材料质感烘托室内气氛

质感美是原生态材料与生俱来的，是本身特有之美。这种美质朴、纯净，所展现的不仅是舒畅的美感，更有直达人们心灵的意韵。质感美包括形态、质地和肌理等几个方面。人们主要是通过触觉和视觉来体味和感受不同装饰材料所呈现的美感。对于原生态室内空间的美学原则，设计师不必过多的追求施工工艺的精巧和空间细部造型，而应把重点放在如何更多地呈现材料自身的肌理特色和对比搭配，来起到营造室内空间气氛的效果。材料的质感表现通常可分为自然肌理和人为再造肌理。自然肌理包括材料天然形成的肌理，如木材、石材的天然纹理和人工材料的二次肌理，以及经过精巧手艺达成的藤条编织物、织毯等，再造肌理是指主要通过后期技术手段达到的人为肌理。自然肌理主要突出原生材质的自然材质美感。原生态材料除了将自身的形态、质感等特色应用于室内空间外，还可以与其他材质混在一起，进一步丰富室内装饰效果。不同质感的装饰材料所体现出来的性格特色是不同的，如钢材等金属材料具有冷硬、现代的效果，原木、竹石等材料具有使人们亲近自然、修养情怀的感觉。不同种类的材料所展现的感觉是不同的。另外，在不同功能空间环境中，何种材料互相搭配能取得何种效果也是很复杂的。概括起来讲，装饰材料质感的组合，重点在于材料肌理与质地的组合运用，在实际运用中表现为三种方式：

第一，同材质感的组合。如果室内装修采用相同种类的装饰材料进行造型设计的话，可以根据肌理的横竖走向和纹路变化进行对缝、拼角、压线等施工。

第二，相似质感的组合。如同属木制质感的桃木、梨木、柏木等材料，因为生长地域、环境、时间的不同所形成的纹理会有差异性，这些相类似的材料组合在一起，由于差异性不强烈，所以在整体效果上会起到过度的作用。

第三，对比之感的组合。质感差异性较大的材料组合在一起，利用其强烈的对比，会得到意想不到的效果。例如，将原木与石墙组合在一起，因为二者都具有粗犷、朴实的特色，因而能贴切的组合到一起。而将木材、原石和玻璃组合在一起，经过精巧的工艺组合，在效果上也会产生强烈的冲突对比。生活中的符合原生态理念又具有朴实的视觉美学效果的材料有很多，譬如：竹材、藤条、泥土、沙子、树枝、羽毛等等。下面介绍以藤条、沙石、树枝为元素在室内空间中的应用。

藤条作为一种原始的作物材料，不仅取材广泛而且性能质地也具有非常大的设计空间。中国上海世博会西班牙馆"藤条篮子"式建筑，展现了原生性的视觉美学。西班牙馆占地 7000m^2，由 8524 块藤条板组成。建筑外表层全层覆盖着有规律的藤条板，藤条板是手工编织，按照传统美学编制出朴素的质感肌理。其实每一块藤条板本身就具有非常美的肌理效果，再将一块块板以规律性的设计形式进行编辑叠加，就形成了韵律感十足的建筑形态。由于藤条之间编制过程中会留有间隙，所以阳光和空气可以透射而入，这样质朴无华的装饰材料和光线就完美地搭配在一起，再加上独特的空间造型，西班牙馆的空间氛围得到了非常完美的展现。

沙和土作为生活中的常见材料，其使用功能和装饰效果也具有很大的潜力。我国疆域辽阔，土资源非常丰富，种类繁多。按照所含矿物质的成分不同，以及所处的地理位置不同，土质颜色也各不相同，主要呈现为五种颜色：中黄、东青、西白、南红、北黑。土是可以直接应用于室内装饰的一种材料，造价低廉、施工简便，可以营造出陈旧、尘封、朴实自然的效果，沙土根据外貌的不同，可以分为细砂、中砂和粗砂。砂子可以小面积铺设裸露于地面，配合灯光营造出特殊的光影效果，或是用较粗的砂砾展现肌理效果，既可以营造出自然的环境气氛又便于清洁维护。

树枝是天然木本植物的枝杈部分，表面颜色多为黑褐色，个别为灰白色，触感大部分较为粗糙生涩，视觉效果朴素、粗犷，树枝形状的千差万别造就了迥然不同的形态，朴实中透漏出自然的气息。另外，树枝由于取材方便，往往不需要加以过多修饰便可应用于室内装饰，是一种既环保又经济的可再生材料。经过特殊艺术处理的树枝可以给室内带来生气，同时通过光影变化可以塑造迷离的效果。例如，用树枝的断面以序列的方式排列作为室内空间的隔断，可以获得出其不意、朴实自然的视觉效果；同时顶棚处随机点缀些树枝，配合顶部灯光便可以打破室内僵硬的光影效果，营造出乡村自然的室内风格。树枝除了可以作为室内的修饰外，还可以制成木雕工艺品陈设在室内，其朴实粗犷的表面肌理和室内素净的界面冲突，可以给室内空间带来艺术灵动的视觉效果。

（二）室内陈设烘托室内气氛

室内陈设是室内设计的重要组成部分。室内陈设作为构成室内空间、塑造室内氛围的主要营造者，其表现方式主要有两点：一个是材料，一个是造型。二者是相辅相成的关系，陈设设计最终目的在于调动空间中的一切媒介，利用空间体块关系，营造空间的审美效果，赋予空间以独特的个性。它不仅是视觉和美学的体现，同时也是生活观念的体现。室内陈设艺术隶属于室内空间设计，它的设计手法要在室内整体风格之下进行并完善，在构思上要统筹思考，局部深入。在选材上，可根据主人爱好选择个性化或趣味性的东西，也可根据空间和室内氛围需要进行取材。原生态室内空间的室内陈设品选择要结合原生态设计理念和室内整体风格来决定。既要讲究视觉上的美感又要遵循生态循环、节约能源的原则。美学角度的室内陈设艺术主要分为以下几点。

1. 陈设美感

对于陈设设计的形式美感而言，不仅包括它在室内空间中扮演的角色，还包括它自身所采取的形式，陈设美是美学的一个分支，美的构成主要包括：比例、对比、和谐、节奏、层次、独特等。而将美学原则应用到室内空间中，则要结合室内空间的功能形态和氛围需求进行设计。室内空间的比例美原则，其最直接的体现便是黄金比例，比例美在设计上可涉及造型、疏密、大小、高低等因素。同时这些原则之间不是互相孤立的，而是互相联系互为基础的。

对比美法则是一种很常见的形式美法则，应用到室内空间中可以提高事物之间的区别性和差异性。在整体设计中既要对比又要统一，才可以使设计作品达到和谐的效果。对比根据其各方面的因素可以归纳为形状对比、色彩对比、位置对比、空间对比、数量对比。

和谐美是一种包容性的美。简言之，凡是给人以融洽愉快感觉的形式都是和谐的形式。和谐分为类似和谐和对比和谐，不管是哪种和谐，采取哪种形式，其最终的目的是达到一个整体的均衡统一之感。

节奏原本是诗歌、音乐、舞蹈的艺术形式，它在美学的构成形式上具有很关键的作用，具体涉及物体的形状、大小、色彩、肌理、方向、位置等诸多因素。这些因素的不同组合就会产生不同的节奏效果。

室内设计要追求空间的层次感。如造型从大到小，从圆到方，从高到低，从冷到暖，从单一到复杂，从实到虚等，都可构成不同的陈设效果。但需要一定的美学知识和巧妙的设计技巧，才能设计出适宜的层次之感，取得良好的装饰效果。

独特是指突破原有观念束缚，标新立异，以巧妙的构思达到恰到好处的效果。如万绿丛中一点红、红花绿叶等，但独特若想取得良好的效果需要把握度的概念。掌握良好的度在室内设计中才可做出具有突破性、个性化和独特效果的作品。

2.陈设造型

室内空间的陈设主要是造型、色彩、光线等要素共同作用形成的。室内空间造型风格多样，主要特点是可以创造室内性格。方正的块面、直线、直角造型表现简洁明快的室内感觉。而采用曲线、柔软的材料和淡雅的光线和色彩，则表现婉约柔美的空间性格。室内空间造型在塑造空间性格的同时，也要结合使用功能定位设计。例如家具的设计在满足新材料和新结构造型的同时，要符合方便使用的要求。另外，造型的美感还会对人体精神层面产生影响：优雅的造型可以使人产生愉快、兴奋、舒适的感受；而低级的设计不仅会对空间氛围的烘托起到反作用，而且会使人可产生焦躁、压抑和沉闷的副作用。在设计的时候要综合不同艺术门类从多角度思考，使陈设造型更加贴合室内空间。

3. 陈设布局

室内空间的陈设布局是将室内空间中的陈设物作为丰富空间、搭配空间的灵活元素来考虑的。它包括室内的功能性陈设和欣赏性陈设，这两种陈设都要满足基本功能要求，除此之外，美学上要起到装点室内空间环境、营造氛围的效果。

(1) 功能性陈设布局

功能性陈设顾名思义在室内空间中首先要以满足实用性功能为主，同时在符合室内整个风格的同时，力求塑造其独特的外形，使它的参与能给空间带来独特的氛围和艺术魅力。在原生态风格的室内空间中，饰品的形态要以体现自然原生为主，包括从材料的造型、肌理、色彩、质感等角度入手设计，涉及空间的具体陈设则包括餐具、家具和一些辅助性的陈设物等。

(2) 欣赏性陈设布局

欣赏性陈设应用在室内空间中在满足塑造室内氛围，丰富空间界面的同时，要起到陶冶情操、使参与者赏心悦目的目的。另外，陈设品还能表现出主人的人文品位和兴趣爱好，具体陈设物包括绘画、雕塑、陶艺、盆景等。

原生态室内空间的设计理念是不断发展的，世界上各种事物无时无刻都在运动变化中不断前进，人们对自身生活水平的需求也在不断转变中得到提高。现实生活，环境污染、生态破坏、家居污染现象普遍存在。对于这种状况我们必须提出改善方法，一种具有科学理论依据且能在未来得以实施又能符合现实条件的策略。地球是人类的，我们都渴望一个温馨自由而又舒适的居住环境，这不仅关系到我们的现在，而且关系到未来人类的生存发展。未来的室内设计理念，不论如何修改、完善，它的目标应该是明确的：即在致力于解决人和环境的矛盾中不断寻求自身生存和发展的空间。原生态理念空间则更倾向于利用自然的力量来为人类居住空间服务，所选元素更多地体现一种自然和人的和谐关系。

第四节　原生态材料在室内设计中的可持续性应用

随着我国现代化进程的加快，现代室内设计领域也在悄然发生着变化。从早期的精装、豪装到简洁温馨的简约装修；从轻装修、重装饰转为个性化、文化装修。如今消费者更倾向于选择环保装修、绿色装修。绿色装修和环保装修的内容十分宽泛，被公众认同的是装修材料的环保性。含有甲醛、苯、氨等有刺激性气味或有害气体的装饰材料能够造成室内污染。据国家权威部门公布，全国每年因室内污染致病的人数达 22.3 万人，80% 以上装修材料能造成污染，新装修的室内环境需 4 至 6 个月的充分通风才可入住。健康是幸福的根本，出于健康的考虑，绿色环保的理念已经深植公众心中。绿色环保装修一是指所用材料安全，不会对身体造成伤害；二是指材料环保，反对对资源的恶意性开发和浪费性使用，即装修材料的可持续性。[①]

一、装修材料的可持续性

装修材料的可持续性体现在原生态材料在室内设计中的广泛应用，也是"中国式雅致生活"的体现。"中国式雅致生活"是指中国人所特有的以智慧、闲适和觉醒为主要特征的艺术的人生态度和生活方式，是对"乡土中国"的追忆、对农耕时代田园牧歌生活的精神向往、对抱朴守真心灵生活的崇尚回归。"中国式雅致生活"是中国传统文化孕育出的一种古典生活方式，是现阶段室内绿色环保设计的刚性需求，体现在原生态装修材料的应用上。原生态材料的应用更能体现室内设计的可持续性，首先从材质上，原生态材料属天然材料，如木材：各种植物的枝、干、茎、根、花、叶、果实等；如石材：各种质地、密度、纹理的山石、沙土等；如动物材料：各种

---

① 周浩明. 生态室内环境设计——一种可持续发展的设计 [J]. 室内设计与装修，2006（03）.

动物的毛皮、骨、角、牙等，甚至一些标本类生物的枯体；如漆与胶：天然大漆、树漆、生漆、腰果漆、松香、樟脑油（樟树油）、桐油、茶油、麻油、虫胶、骨胶、橡胶等；如金属材料：铁、铜、锡、金、银、钢、铝、铅等，其中有些材料虽然表面看不属于天然材料，其实是某种天然材料的萃取。

原生态材料寄托着人对自然的崇尚与敬仰，是自然与文化环境的依托，更能体现"中国式雅致生活"返璞归真的生活态度。原生态材料是中国文明发展史的承载体，从中可以学到先人的智慧。在中国古代没有大工业时代的集成材料、合成材料、高分子材料和化工材料，但每一个物件都蕴含着文化，是古人利用自然的伟大智慧的体现，这也是"中国式雅致生活"的根源所在。秦朝时的一块砖现在仍可使用，甚至有使用之外的更多价值。

原生态材料作为传统艺术与传统工艺的物质载体，是文明的继承与发展。中国有五行物质观，认为大自然由金、木、水、火、土五种物质组成，它们相生相克、轮回不息，也是物质持续性轮回使用的表现。金、木、水、土四种物质是自然界所有物质的根本，而火是人类文明与进步的力量，水生木（有水木生），木生火（木是五行中唯一可燃的），火生土（燃烧殆尽回归尘土），土生金（金属是土中矿物质的沉淀），金生水（金属是冷的，容易在上面凝结成冰）。与五行学说相对应的，中国有很多传统的、针对物质自然属性衍生而来的工艺手段，是人类在自然生活中智慧的结晶。

二、现代室内设计应注重传统工艺的继承与发展

自然界中的五行物质和人类文明，以及针对五行学说所传承下来的工艺手段，正是人与自然的完美结合，是"天人合一"的体现。木工（木匠）的中式榫卯工艺和针对木质材料产生的各种样式与结构，以及雕刻工艺，都是人类智慧结晶，可谓巧夺天工。金工（针对金、银、铜、铁、锡等金属进行加工制作）早期的青铜器、金银器皿，以及后来的铜铁锡等制品都是不可多得的上等工艺品。日本的铁壶至今还是各国收藏界的宠儿，韩国的锡制品食器不仅是工艺品、艺术品，更代表着一种文化和对文化的态度，也是文明的传承手段。陶工（针对各种不同土质、釉料及窑火烧制成绝美的瓷器、陶物），中国制陶历史几千年，陶瓷艺术品举世闻名，"瓷器"的英文"China"与"中国"相同。陶瓷是五行之器，集金、木、水、火、土于一身，

是人类利用自然，与自然和谐相处的产物。因此，陶瓷制品被称为"神器"。漆工（利用天然植物的果实、汁液等提炼出油或漆，涂于器物表面，起到保护与装饰作用），中国传统漆器美不胜收，春秋战国达到鼎盛，漆是最早的饰面材料，被誉为"神血"。中国是世界最大的生漆生产国，占世界生漆总产量70%以上，但生漆很少作为当前的装饰材料。这些传统工艺使室内空间设计熠熠生辉，室内设计对于承载传统工艺复兴，具有无法取代的作用。

　　原生态材料在室内设计中的可持续性，主要体现在以下几方面：一是材料物质本身的自然属性是可持续性的；二是在人类的自然情感中，传统文化的传承、文明的延续应是持续性的；三是中国的所有传统工艺和艺术表现形式都依托在原生态材料上面，而且工艺和技艺已经有深厚的基础。室内设计是与民众接触最为密切的一种艺术形式，贴近生活，其责任也更重，更应该引导公众正确对待室内设计。保持自然、传统、可持续性，又不失现代、时尚、具有文化传承的设计方案和理念是室内设计的核心。原生态材料是绿色、可持续性的材料，符合人类的自然情怀和传统文明的传承，要依托精湛的传统工艺和艺术形式，使原生态材料真正表现出其可持续性的本质——持续承载人与自然和谐相处的原则、人类的文明与进步，以及物质材料本身，至百年、千年。[①]

① 周浩明. 生态室内环境设计——一种可持续发展的设计 [J]. 室内设计与装修，2006（03）.

参 考 文 献

[1]　梁旻，胡筱蕾．室内设计原理 [M]．上海：上海人民美术出版社，2013.

[2]　马澜．室内设计 [M]．北京：清华大学出版社，2012.

[3]　陈岩．室内设计 [M]．北京：水利水电出版社，2014.

[4]　张琦曼．室内设计的风格样式与流派（中央美术学院）[M]．北京：中国建筑工业出版社，2006.

[5]　[英] 文尼·李著；周瑞婷译．室内设计 10 原则 [M]．济南：山东画报出版社，2013.

[6]　[英] 吉布斯著；吴训路译．室内设计教程（第 2 版）[M]．北京：电子工业出版社，2011.

[7]　文健．室内设计 [M]．北京：北京大学出版社，2010.

[8]　李强．室内设计基础 [M]．北京：化学工业出版社，2010.

[9]　郑曙旸．环境艺术设计 [M]．北京：中国建筑工业出版社，2007.

[10]　郑曙旸．室内设计·思维与方法 [M]．北京：中国建筑工业出版社，2003.

[11]　郑曙旸．室内设计程序 [M]．北京：中国建筑工业出版社，2005.

[12]　易西多，陈汗青．室内设计原理 [M]．武汉：华中科技大学出版社，2008.

[13]　郝大鹏．室内设计方法 [M]．重庆：西南师范大学出版社，2000.

[14]　朱钟炎，王耀仁，王邦雄．室内环境设计原理 [M]．上海：同济大学出版社，2003.

[15]　齐伟民．室内设计发展史 [M]．合肥：安徽科学技术出版社，2004.

[16]　汤重熹．室内设计 [M]．北京：高等教育出版社，2003.

[17] 潘吾华.室内陈设艺术设计 [M].北京：中国建筑工业出版社，2006.

[18] 张志刚.家具与室内装饰材料 [M].北京：中国林业出版社，2002.

[19] [美] 保罗·拉索著；周文正译.建筑表现手册 [M].北京：中国建筑工业出版社，2001.

[20] [美] 史坦利·亚伯克隆比著；赵梦琳译.室内设计哲学 [M].天津：天津大学出版社，2009.

[21] [美] 菲莉丝·斯隆·艾伦，[美] 琳恩·M.琼斯，[美] 米丽亚姆.F.斯廷普森著；胡剑虹等译.室内设计概论 (第 1 版)[M].北京：中国林业出版社，2010.

[22] 高钰.室内设计风格图文速查 (第 1 版) [M].北京：机械工业出版社，2010.

[23] 盖永成.室内设计思维创意 [M].北京：机械工业出版社，2011.

[24] 王勇.室内装饰材料与应用 (第 2 版) [M].北京：中国电力出版社，2012

[25] 吴昊.环境艺术设计 [M].长沙：湖南美术出版社，2004.

[26] 董万里，段洪波，包青林.环境艺术设计原理 (第 3 版) [M].重庆：重庆大学出版社，2010.

[27] 高嵬，刘树老.室内设计 [M].上海：华东大学出版社，2010.

[28] 邱晓葵.室内设计 (第 2 版) [M].北京：高等教育出版社，2008.

[29] 胡海燕.建筑室内设计——思维、设计与制图 [M].北京：化学工业出版社，2009.

[30] 安晓波，王晓芬.艺术设计造型基础 [M].北京：化学工业出版社，2006.

[31] 钟蕾，李洋.低碳设计 [M].南京：江苏科学技术出版社，2014.

[32] 杜娟，夏日军，杨天佑.低碳教育理论与实践 [M].长春：吉林出版集团有限责任公司，2014.

[33] 陈杨梅.我们只有一个地球：节能和低碳生活方式 [M].上海：上海科学普及出版社，2011.

[34] 张坤民等.低碳经济论 [M].北京：中国环境科学出版社，2008.

[35] 低碳经济课题组编著. 低碳战争：中国引领低碳世界 [M]. 北京：化学工业出版社，2010.

[36] 牛文元. 中国可持续发展总论 [M] 北京：科学出版社，2007.

[37] 雷鹏. 低碳经济发展模式论 [M]. 上海：上海交通大学出版社，2011.

[38] 任力. 低碳经济与中国经济可持续发展 [J]. 社会科学家，2009(2).

[39] 杨志等. 推开低碳经济之窗 [M]. 北京：经济管理出版社，2010.

[40] 汤吉军. 科斯定理与低碳经济可持续发展 [J]. 社会科学研究，2012(6).

[41] 何亮. 从生态室内设计谈室内环境的创造 [J]. 四川建材，2009(03).

[42] 周浩明. 生态室内环境设计——一种可持续发展的设计 [J]. 室内设计与装修，2006(03).

[43] 毛雪，周于婷. 对新常态下生态室内设计发展的探析 [J]. 现代装饰（理论），2016(05).

[44] 陈思捷. 室内设计中生态理念的应用实践及研究 [J]. 大众文艺，2017(22).